U0182141

物联网安全
——理论与技术

毛剑 刘建伟 刘文懋 关振宇 编著

清华大学出版社

北京

内 容 简 介

本书对物联网安全课程的知识体系进行了重构。本书的编写思路是基础理论→核心技术→前沿进展,从物联网安全基础理论入手,讨论感知层、网络层、应用层安全威胁、机制与问题,在此基础上引入前沿研究最新进展,通过典型物联网安全案例分析将相关理论、技术与实际场景相结合。全书共 10 章,主要内容包括:物联网安全概述、密码学及其应用、网络层关键技术、认证技术、访问控制技术、感知层终端安全威胁与防护、网络层安全问题与防御技术、应用层安全防护技术、物联网隐私安全、物联网安全标准化。

本书以物联网技术的发展与层级部署为引导,注重核心理论与前沿技术的融合;强调内容间的逻辑关系,由浅入深,通俗易懂;表现形式丰富多样,立体化呈现重难知识点;理论联系实际,以例题及知识应用案例强化知识点的应用。

本书可作为高等学校网络空间安全、计算机、电子信息、自动化等专业及相关理工科专业本科生、研究生的物联网安全教材,也可供有关科技人员学习参考。

图书在版编目(CIP)数据

物联网安全:理论与技术/毛剑等编著. —北京:清华大学出版社,2024.4
网络空间安全学科系列教材
ISBN 978-7-302-65910-5

Ⅰ. ①物…　Ⅱ. ①毛…　Ⅲ. ①物联网－安全技术－高等学校－教材　Ⅳ. ①TP393.4 ②TP18

中国国家版本馆 CIP 数据核字(2024)第 064199 号

责任编辑:张　民　战晓雷
封面设计:刘　键
责任校对:申晓焕
责任印制:丛怀宇

出版发行:清华大学出版社
　　网　　　址:https://www.tup.com.cn,https://www.wqxuetang.com
　　地　　　址:北京清华大学学研大厦 A 座　　　　　　邮　　编:100084
　　社 总 机:010-83470000　　　　　　　　　　　　邮　　购:010-62786544
　　投稿与读者服务:010-62776969,c-service@tup.tsinghua.edu.cn
　　质量反馈:010-62772015,zhiliang@tup.tsinghua.edu.cn
　　课件下载:https://www.tup.com.cn,010-83470236
印 装 者:三河市铭诚印务有限公司
经　　销:全国新华书店
开　　本:185mm×260mm　　　印　　张:15　　　字　　数:349 千字
版　　次:2024 年 4 月第 1 版　　　印　　次:2024 年 4 月第 1 次印刷
定　　价:49.00 元

产品编号:091856-01

网络空间安全学科系列教材　　　# 编委会

顾问委员会主任：沈昌祥（中国工程院院士）

特别顾问：姚期智（美国国家科学院院士、美国人文与科学院院士、
中国科学院院士、"图灵奖"获得者）

何德全（中国工程院院士）　　蔡吉人（中国工程院院士）

方滨兴（中国工程院院士）　　吴建平（中国工程院院士）

王小云（中国科学院院士）　　管晓宏（中国科学院院士）

冯登国（中国科学院院士）　　王怀民（中国科学院院士）

钱德沛（中国科学院院士）

主　　任：封化民

副 主 任：李建华　俞能海　韩　臻　张焕国

委　　员：（排名不分先后）

蔡晶晶	曹春杰	曹珍富	陈　兵	陈克非	陈兴蜀
杜瑞颖	杜跃进	段海新	范　红	高　岭	宫　力
谷大武	何大可	侯整风	胡爱群	胡道元	黄继武
黄刘生	荆继武	寇卫东	来学嘉	李　晖	刘建伟
刘建亚	陆余良	罗　平	马建峰	毛文波	慕德俊
潘柱廷	裴定一	秦玉海	秦　拯	秦志光	仇保利
任　奎	石文昌	汪烈军	王劲松	王　军	王丽娜
王美琴	王清贤	王伟平	王新梅	王育民	魏建国
翁　健	吴晓平	吴云坤	徐　明	许　进	徐文渊
严　明	杨　波	杨　庚	杨义先	于　旸	张功萱
张红旗	张宏莉	张敏情	张玉清	郑　东	周福才
周世杰	左英男				

秘 书 长：张　民

出版说明

　　21世纪是信息时代,信息已成为社会发展的重要战略资源,社会的信息化已成为当今世界发展的潮流和核心,而信息安全在信息社会中将扮演极为重要的角色,它会直接关系到国家安全、企业经营和人们的日常生活。随着信息安全产业的快速发展,全球对信息安全人才的需求量不断增加,但我国目前信息安全人才极度匮乏,远远不能满足金融、商业、公安、军事和政府等部门的需求。要解决供需矛盾,必须加快信息安全人才的培养,以满足社会对信息安全人才的需求。为此,教育部继2001年批准在武汉大学开设信息安全本科专业之后,又批准了多所高等院校设立信息安全本科专业,而且许多高校和科研院所已设立了信息安全方向的具有硕士和博士学位授予权的学科点。

　　信息安全是计算机、通信、物理、数学等领域的交叉学科,对于这一新兴学科的培养模式和课程设置,各高校普遍缺乏经验,因此中国计算机学会教育专业委员会和清华大学出版社联合主办了"信息安全专业教育教学研讨会"等一系列研讨活动,并成立了"高等院校信息安全专业系列教材"编委会,由我国信息安全领域著名专家肖国镇教授担任编委会主任,指导"高等院校信息安全专业系列教材"的编写工作。编委会本着研究先行的指导原则,认真研讨国内外高等院校信息安全专业的教学体系和课程设置,进行了大量具有前瞻性的研究工作,而且这种研究工作将随着我国信息安全专业的发展不断深入。系列教材的作者都是既在本专业领域有深厚的学术造诣,又在教学第一线有丰富的教学经验的学者、专家。

　　该系列教材是我国第一套专门针对信息安全专业的教材,其特点是:

　　① 体系完整、结构合理、内容先进。

　　② 适应面广。能够满足信息安全、计算机、通信工程等相关专业对信息安全领域课程的教材要求。

　　③ 立体配套。除主教材外,还配有多媒体电子教案、习题与实验指导等。

　　④ 版本更新及时,紧跟科学技术的新发展。

　　在全力做好本版教材,满足学生用书的基础上,还经由专家的推荐和审定,遴选了一批国外信息安全领域优秀的教材加入系列教材中,以进一步满足大家对外版书的需求。"高等院校信息安全专业系列教材"已于2006年年初正式列入普通高等教育"十一五"国家级教材规划。

2007 年 6 月,教育部高等学校信息安全类专业教学指导委员会成立大会暨第一次会议在北京胜利召开。本次会议由教育部高等学校信息安全类专业教学指导委员会主任单位北京工业大学和北京电子科技学院主办,清华大学出版社协办。教育部高等学校信息安全类专业教学指导委员会的成立对我国信息安全专业的发展起到重要的指导和推动作用。2006 年,教育部给武汉大学下达了"信息安全专业指导性专业规范研制"的教学科研项目。2007 年起,该项目由教育部高等学校信息安全类专业教学指导委员会组织实施。在高教司和教指委的指导下,项目组团结一致,努力工作,克服困难,历时 5 年,制定出我国第一个信息安全专业指导性专业规范,于 2012 年年底通过经教育部高等教育司理工科教育处授权组织的专家组评审,并且已经得到武汉大学等许多高校的实际使用。2013年,新一届教育部高等学校信息安全专业教学指导委员会成立。经组织审查和研究决定,2014 年,以教育部高等学校信息安全专业教学指导委员会的名义正式发布《高等学校信息安全专业指导性专业规范》(由清华大学出版社正式出版)。

2015 年 6 月,国务院学位委员会、教育部出台增设"网络空间安全"为一级学科的决定,将高校培养网络空间安全人才提到新的高度。2016 年 6 月,中央网络安全和信息化领导小组办公室(下文简称"中央网信办")、国家发展和改革委员会、教育部、科学技术部、工业和信息化部及人力资源和社会保障部六大部门联合发布《关于加强网络安全学科建设和人才培养的意见》(中网办发文〔2016〕4 号)。2019 年 6 月,教育部高等学校网络空间安全专业教学指导委员会召开成立大会。为贯彻落实《关于加强网络安全学科建设和人才培养的意见》,进一步深化高等教育教学改革,促进网络安全学科专业建设和人才培养,促进网络空间安全相关核心课程和教材建设,在教育部高等学校网络空间安全专业教学指导委员会和中央网信办组织的"网络空间安全教材体系建设研究"课题组的指导下,启动了"网络空间安全学科系列教材"的工作,由教育部高等学校网络空间安全专业教学指导委员会秘书长封化民教授担任编委会主任。本丛书基于"高等院校信息安全专业系列教材"坚实的工作基础和成果、阵容强大的编委会和优秀的作者队伍,目前已有多部图书获得中央网信办和教育部指导评选的"网络安全优秀教材奖",以及"普通高等教育本科国家级规划教材""普通高等教育精品教材""中国大学出版社图书奖"等多个奖项。

"网络空间安全学科系列教材"将根据《高等学校信息安全专业指导性专业规范》(及后续版本)和相关教材建设课题组的研究成果不断更新和扩展,进一步体现科学性、系统性和新颖性,及时反映教学改革和课程建设的新成果,并随着我国网络空间安全学科的发展不断完善,力争为我国网络空间安全相关学科专业的本科和研究生教材建设、学术出版与人才培养做出更大的贡献。

我们的 E-mail 地址是 zhangm@tup.tsinghua.edu.cn,联系人:张民。

"网络空间安全学科系列教材"编委会

前　言

　　物联网是继计算机、互联网与移动通信网之后又一次信息产业变革。我国已将物联网作为战略性新兴产业重点推进,在零售、物流、交通运输、医疗等跨行业信息化建设方面产生了变革性的影响。近年来,针对在物联网云/边缘端中产生和收集的多维度、海量数据,借助大数据分析与人工智能技术,最终形成了面向应用的智能化物联网生态体系,实现了跨终端、跨系统平台、跨应用场景之间的互融互通,从而衍生了智慧城市、智慧家居、智慧农业、智慧交通、灾难恢复、智慧医疗等多种应用场景。物联网高速发展带动了智能家居、智慧医疗、智能制造等各方面应用,使其在优化生活、健康护理、家居安全、自动控制等方面显示了强大的功能。然而,物联网在给人们带来便利的同时,其开放性、泛在性、多源异构性也令其在设备、网络、应用等的安全问题上面临着严峻的威胁,安全问题日显突出,安全攻击层出不穷。物联网安全成为网络空间安全、信息安全、物联网工程等专业方向的重要内容。在此背景下,作者结合多年从事网络安全教学实践与物联网安全研究的积累,编写了这本适合本科生和研究生教学的物联网安全教材。

　　围绕教育部高等学校网络空间安全专业教学指导委员会发布的《高等学校信息安全专业指导性专业规范(第 2 版)》,本书设计了物联网安全知识体系和知识点。本书力求基本概念清晰,语言表达流畅,分析深入浅出。本书内容涵盖了物联网安全理论与技术,可作为网络空间安全、信息安全、信息对抗、物联网工程、计算机、通信等专业高年级本科生和研究生的教材,也可作为广大网络安全工程师、网络管理员和物联网相关从业人员的参考书与培训教材。

　　本书主要有 4 方面特色。

　　特色 1:基本概念脉络清晰,表述深入浅出。在基本概念的阐述上,力求准确而精炼;在语言的运用上,力求顺畅而自然。作者借助大量的图表阐述理论知识,力求做到简繁合理。

　　特色 2:教材内容丰富翔实,重点知识突出。与其他物联网安全教材不同,本书并未将重点集中于密码学内容上,而是重点阐述物联网各层核心安全理论与基本技术,充分考虑高年级本科生和研究生的特点,力求做到既有广度又有深度。

　　特色 3:内容编排有层次,知识呈现立体化。基于基础理论→核心技术→前沿进展这一认知路线,层次化编排教材内容,使读者能够深入而全面地掌握安全技术具体应用,提高在安全实践中独立分析问题和解决问题的能力。

特色 4：突出案例应用，强化理论联系实际。 本书结合物联网实际案例和丰富多样的例题、习题，将课程知识点与工程实际紧密结合，注重培养学生发现问题、解决问题、评估问题的工程实践能力，提高综合应用与创新能力。

本书第 1、3、4、5、7、8、9 章由毛剑编著，第 2 章由毛剑和刘建伟共同编著，第 6 章由毛剑和关振宇共同编著，第 10 章由毛剑、刘文懋编著。全书由毛剑、刘建伟统稿。感谢北京航空航天大学网络空间安全学院王娜博士对本书第 2 章内容的认真审校。感谢北京航空航天大学伍前红教授、尚涛教授、白琳教授、吕继强研究员对本书的支持与建议。

感谢西安电子科技大学王育民教授。他学识渊博、品德高尚，无论是在做人还是在做学问方面，一直都是作者学习的榜样。作为他的学生，作者始终牢记导师教诲，丝毫不敢懈怠。

感谢北京航空航天大学的研究生们为本书的顺利出版所做的贡献，他们是李响、刘千歌、林其箫、刘力沛、吕雨松、李嘉维、戴宣、徐骁赫、刘子雯、熊婉寅、祝施施、徐智诚、杨依桐等。在本书编写过程中，作者参阅了大量国内外同行的文献，在此谨向这些文献的作者表示衷心感谢。

最后，作者感谢清华大学出版社的编辑们在本书撰写过程中给予的支持与帮助。限于作者水平，书中难免存在不当之处，恳请读者批评指正。

本书得到了国家重点研发计划"通用可插拔多链协同的新型跨链架构（2020YFB1005601）"、国家自然科学基金"基于多源事件复合推演的物联网安全溯源与异常检测机理研究（62172027）"、北京市自然科学基金"基于深度关联分析的软件定义网络安全机理研究（4202036）"、教育部产学合作协同育人项目"网络安全实训与竞赛平台建设"等项目的支持。

作　者

2023 年 12 月于北京

目　录

第1章

物联网安全概述

　　物联网被看作继计算机、互联网与移动通信网之后的又一次信息产业变革,我国已将物联网作为战略性新兴产业重点推进,物联网在我国快速发展,对零售、物流、交通运输、医疗等多个行业的信息化产生了深远的影响。与此同时,物联网本身的发展中还存在着诸多技术问题亟待解决,而安全性正是其主要问题之一。物联网的安全性涉及终端安全、通信/网络安全、应用安全、系统安全与平台安全等方面。本章首先对物联网进行概要介绍,包括物联网的定义与发展历程、主流的物联网三层体系结构以及物联网在各种场景(工业、社会民生产业、国家安全产业三大类产业)中的应用现状;然后针对物联网所面临的安全威胁和对应的安全需求进行分析;最后从典型的物联网安全事件入手,分析物联网中存在的基本安全问题。

1.1　物联网概述

1.1.1　物联网的定义

　　简单来说,物联网(Internet of Things,IoT)就是物物相联的网络[1],该网络由相互关联的计算设备、机械设备、数字设备、物体、动物或人组成,这些组成元素都具有唯一的标识符,并且能够通过网络传输数据。

　　从 20 世纪 70 年代开始,关于智能设备联网的概念就已经出现。卡内基-梅隆大学的可口可乐自动售卖机是第一台联网的应用设备[2],程序员可以通过 Web 查看其库存和饮品温度。在对 21 世纪计算机的展望中,Mark Weiser 认为未来的网络必须具备支持在一个房间内连接成百个设备的能力[3]。在 1994 年,Reza Raji 将物联网功能描述为"向大规模节点转发小的数据包,使家用设备乃至整个工厂的设备融为一体并实现自动化"[4]。1993—1997 年,有多个基于物联网思想的解决方案产生,如微软公司的 Work、Novell 公司的 NEST 等。1999 年,美国麻省理工学院(MIT)的 Auto-ID 研究中心提出了射频识别(Radio Frequency Identification,RFID)系统,把所有物品通过射频识别设备等信息传感设备与互联网连接起来,实现智能化识别和管理[5-6]。在此基础上,Kevin Ashton 于 1999 年在宝洁公司的一次演讲中首次提出物联网的概念[7]。

　　2005 年,国际电信联盟(ITU)发布报告 *Internet Reports 2005: the Internet of*

Things,从产业特征、相关技术、潜在市场、全新挑战、应用前景等方面介绍了物联网技术[8]。报告指出,物联网包括人与物、物与物之间的连接,使得在任何时间、任何地点,任何主体都可以互相连接和通信,实现信息交互。

目前主流的物联网定义[9-10]为:物联网是通过二维码读取设备、射频识别装置、红外感应器、全球定位系统、激光扫描器等信息传感设备,按约定的协议,把任何物品与互联网相连接,进行信息交换和通信,以实现智能化识别、定位、跟踪、监控和管理的一种网络。随着通信感知等技术的发展,物联网的定义也由于新兴技术的融合而不断发展。

物联网的特征主要体现在以下 3 方面:

(1)**全面感知**。利用射频识别、传感器、二维码(QR code)等随时随地获取物品的信息。

(2)**可靠传输**。通过无线网络与互联网的融合,将物品的信息实时准确地传递给用户。

(3)**智能处理**。利用云计算、数据挖掘以及模糊识别等人工智能技术,对海量数据和信息进行分析和处理,对物品实施智能化控制。

从物联网的三大特征上看,物联网反映了人类对现实世界更深入、透彻地感知的需求,物联网是互联网和通信网的网络延伸和应用拓展,是对新一代信息技术的高度集成和综合应用。

1.1.2　物联网的发展历程

物联网的部署和发展得到了全球范围的普遍重视,已被许多国家作为国家战略的重中之重。美国最早提出物联网的概念,且非常重视物联网的战略地位。2008 年 7 月,美国国家情报委员会(NIC)发表的《2025 年对美国利益潜在影响的关键技术报告》中,就把物联网列为 6 种关键技术之一。此后美国更将新能源和物联网列为振兴经济的两大重点。美国凭借其在芯片、软件、互联网和高端应用集成等领域强大的技术优势,在军事、工业、农业、医疗、智慧城市、智能家居等领域大力推进物联网技术且取得诸多明显的成效。

欧盟在 2005 年公布了未来 5 年欧盟信息通信政策框架——i2010,在数字化、万物互联来临的时代,整合资源,统一管理,规范政策,以更好地引导技术、市场的发展。2006—2008年,物联网逐渐在欧洲获得广泛认可,第一届欧洲物联网会议在苏黎世召开。在 2012 年,物联网成为欧洲最大的互联网会议 LeWeb 的主题。2014—2017 年,欧盟共投资 1.92 亿欧元用于物联网的研究和创新,发展了智慧城市、智慧农业、智能电网等诸多国家基础设施。

日韩的物联网发展始终紧跟欧美各国。日本是世界上第一个提出泛在网战略的国家,物联网包含在泛在网的概念中。日本总务省(MIC)在 2004 年提出 U-Japan 战略,推广物联网在电网、远程监测、智能家居等领域的应用。韩国也紧随其后,在 2004 年提出为期 10 年的U-Korea战略,引入"无所不在的网络"的概念,让民众更好地享受物联网带来的智慧服务。

我国从 2009 年开始将物联网作为未来重要的发展战略。我国政府于 2010 年正式启动了"感知中国"计划,物联网开始广泛运用于电力、交通、安防、物流和金融等领域。未来,加快物联网标准的制定和推广,推动关键技术产业化、规模化,健全政府在政策的层面的指导和引领,是发展物联网关键。

图 1-1 列举了物联网的发展历程与世界主要经济体在物联网发展上的战略布局。

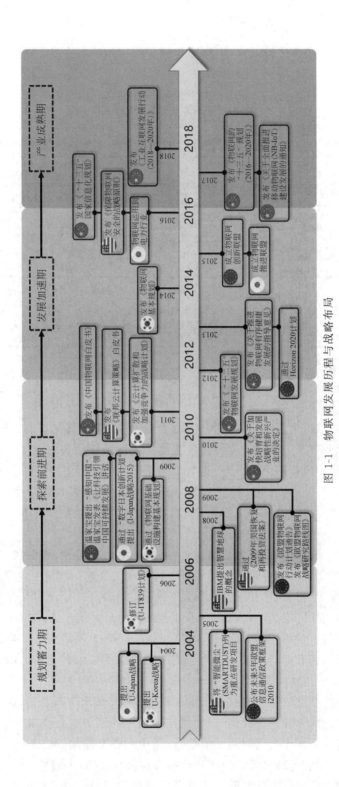

图 1-1　物联网发展历程与战略布局

1.1.3　物联网体系结构

目前业界公认的物联网体系结构由感知层、网络层、应用层 3 个层次构成,如图 1-2 所示。

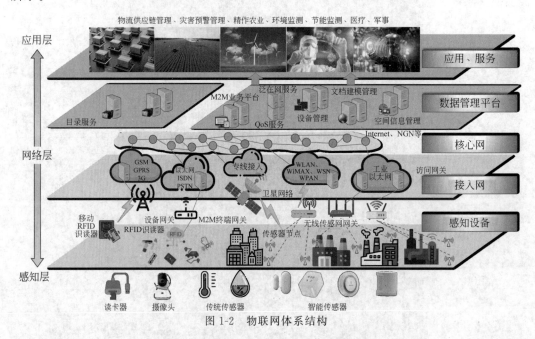

图 1-2　物联网体系结构

感知层位于物联网体系结构的最底层,用于实现对物理世界的智能感知识别、信息采集处理的自动控制,并通过通信模块将物理实体连接到网络层和应用层。感知层通常由传感器设备和无线传感器网络组成,通过数据采集设备(如 RFID 标签、传感器节点和摄像头等)收集数据,并使用 RFID、蓝牙或其他技术上传。该层是物联网系统的基础,其关键技术包括 RFID 技术、条形码、传感器技术、无线传感器网络技术、产品电子代码(Electronic Product Code,EPC)等。

网络层是物联网信息和数据的传输层,主要实现信息的传递、路由和控制,将感知层采集到的数据通过集成网络传输到应用层进行进一步的处理。网络层包括接入网和核心网。接入网可以是无线近距离接入,如无线局域网、ZigBee、蓝牙、红外;也可以是无线远距离接入,如移动通信网络、WiMAX 等;还可能是其他形式的接入,如有线网络接入、现场总线、卫星通信等。网络层的承载是核心网,通常是 IPv4 网络。该层是数据交互和资源共享的关键一层,是数据与服务的桥梁。网络层的关键技术包括 ZigBee、WiFi 无线网络、蓝牙技术和 GPS 技术等。

应用层是物联网三层架构中的顶层,主要提供数据处理和其他服务,接收来自网络层的数据,并交由相应的管理系统处理,以提供用户请求的服务。在物联网中,应用层既是用户的接口,也可以用作设备之间的通信信道,其中的各个应用具有不同的服务要求,如智能电网、智能交通、智能城市等。应用层包括应用基础设施/中间件和各种物联网应用,其中应用基础设施/中间件为物联网应用提供信息处理、计算等通用基础服务设施、能力及资源调用接口,并以此为基础实现物联网在众多领域的各种应用场景。应用层的关键技术主要有云计算技术、软件和算法、信息和隐私安全技术、标识和解析技术等。

1.1.4　物联网典型应用场景

近年来,物联网的发展势头尤为强劲,市场潜力获得产业界的普遍认可,技术和应用创新层出不穷。伴随着蓬勃发展的市场,物联网高速拓展已成必然之势。早在 2017 年,ARM 公司就在其白皮书 *The Route to a Trillion Devices* 中提到,到 2035 年,新的物联网设备将达到一万亿个[11]。GSMA 在 2020 年 3 月发布的 *The Mobile Economy 2020* 报告预测,2019—2025 年,全球物联网连接数将增加一倍以上,达到近 250 亿[12]。中国信息通信研究院在 2020 年 12 月发布的物联网白皮书中指出,2019 年我国的物联网连接数为36.3 亿,其中移动物联网连接数占比 28.5%,预计到 2025 年我国物联网连接数将达到80.1 亿[13],如图 1-3 所示。2021 年 1 月,《国际物联网产业新闻》(*IoT Business News*)给出了 Preddio 科技公司关于十大商业物联网应用领域的发展统计[14],如图 1-4 所示。

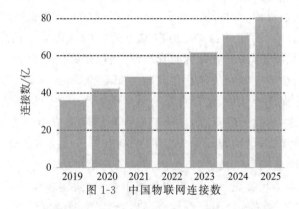

图 1-3　中国物联网连接数

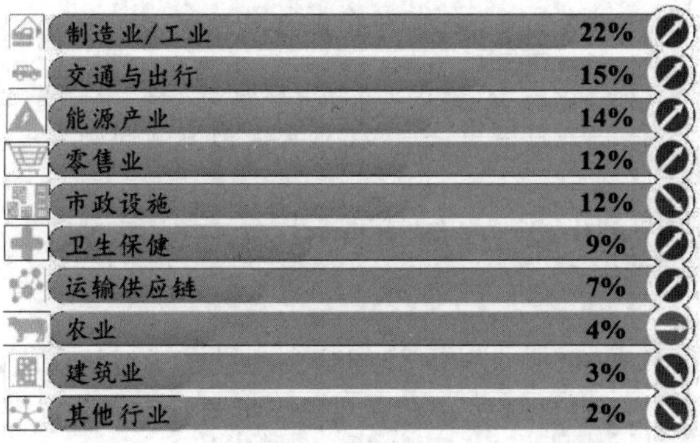

图 1-4　十大商业物联网应用领域的发展统计

在物联网发展的早期阶段,研发与应用方向主要是条形码、RFID 等技术在商业零售、物流领域的应用。随着传感器技术、近程通信以及计算技术等的发展革新,物联网的研发和应用已经拓展到越来越多的领域中,物联网行业应用版图不断增长,主要应用场景分为工业、社会民生产业和国家安全产业三大类。

物联网在工业中的典型应用包括智能电网、智能制造、智能物流等。智能电网能够实现电能的协同调度与智能管理,保证电网终端精确到户,实现电气节能,有效监测和预警电力系统与终端设备故障。智能制造则能够有效管理制造业供应链,优化生产过程工艺,监控管理产品设备,保障工业生产过程安全;特别是针对高污染行业,通过建立智能排污监测系统,可以有效防止重大污染事件发生。而智能物流通过 RFID 技术在不同物流场景中的应用,保证对物流全过程的管理、监控、追溯,建立物流信息公开平台。

物联网在社会民生产业中的应用包括智能家居、智能交通、智慧医疗、智能环保、智慧城市等。智能家居监控家庭电器、传感器的系统状态,通过活动识别、自动触发事件、远程访问与控制改善用户生活,通过本地与远程监控实施健康保障,通过用户与设备认证确保家庭安全。智能交通用于确保对交通网络的有效监控和控制,实现公共交通系统智能化调度;实时监控公共道路交通情况,保证智能导航系统的功能性;实现车与车之间的无线通信,保证运输网络系统的可靠性、可用性、效率和安全性。智慧医疗主要依靠可穿戴设备与医疗保健系统的连接,利用传感器设备收集患者的医疗数据和生命体征,自动诊断病症,跟踪患者身体状况并直接向医疗保健提供者上报异常情况。智能环保监测生态环境与人居环境,从森林、水资源、野生动植物等多个角度建立生态物联网,提供对空气、噪声、水体等影响人生活的环境要素的监测。智慧城市是物联网在城市信息化领域的高级应用,它集成了上述应用场景,实现城市智能管理,并提供多源信息服务。

物联网在国家安全产业的应用包括食品药品安全、军事安全等。物联网可以在物品追踪、识别、查询等方面发挥作用,实现食品药品生产过程中关键信息的采集与管理,保障食品药品可追溯,实现问题食品药品的准确召回。物联网可应用于多种军事场景。由于物联网有网络和信息优势,借助智能化分析手段,有利于形成决策优势,加快态势判断,有利于军事作战指挥;物联网灵活散播,可提高情报信息的准确性与实时性,增强军事情报侦察能力;物联网可帮助相关人员实时掌控武器平台状态,实现快速精准的武器控制;物联网可基于物联网的全域感知能力提升综合保障能力;物联网可用于人员管理,了解人员基本情况、作战状态等信息,利用智能手环、手表等可穿戴设备可对战斗人员作战状态进行动态掌控;物联网技术应用于军事物流中,利用传感器、射频识别技术、全球定位系统等采集各类物资、设备、装备的实时信息,可实现对军事物流的控制管理。

1.2 物联网安全威胁与安全需求

物联网作为传统网络的延伸和拓展,不可避免地继承了传统网络的安全特征,当前互联网面临的拒绝服务攻击、恶意脚本、病毒等安全风险在物联网中依然存在。由于物联网的感知设备存在特殊性,如资源受限、海量性等,传统的安全解决方案不能很好地应用于物联网。此外,物联网的应用场景丰富多样。这些都对物联网提出了新的安全挑战。

在感知层,节点设备的能源、算力有限导致传统安全解决方案无法很好地在物联网中部署,且对海量节点进行软硬件更新升级难度较大,节点设备容易遭受恶意攻击、恶意接入,甚至可能被恶意软件感染,形成僵尸网络,进而引发分布式拒绝服务攻击(Distributed Denial of Service,DDoS)等。网络层的主要安全问题是如何保证无线网络中海量数据的传输安全,因此无线通信协议的安全性、异构网络跨域认证等安全问题被引入物联网系统。基于物联网海量数据和海量用户的特点,过程隔离、信息流控制、访问控制、软件更新等传统应用层安全保障机制在物联网场景下都面临挑战。此外,应用层还需要考虑数据的生命周期管理、隐私保护、数据处理等安全问题。

因此,物联网的安全目标除了通用的信息安全特征(保密性、完整性、可用性、可控性和不可否认性),还有一些新特征,主要体现在普适性、轻量级、易操作性、复杂性和隐私保护等方面。

1.2.1　安全威胁

1. 感知层安全威胁

感知层的主要功能包括感知数据采集、处理和传输。可将感知层安全威胁划分为数据采集安全威胁、数据处理安全威胁和数据传输安全威胁。

(1) **数据采集安全威胁**。感知设备采集数据操作中最大的威胁是物理层面的安全威胁,不安全的物理环境可能造成感知设备丢失、位置移动或无法工作等问题。由于感知节点或设备本身算力有限,安全防护能力缺失,这些节点或设备可能被捕获、恶意控制。根据其在传感器网络中的不同功能,其被捕获和控制产生的危害程度也不同。常见攻击有两种:一是节点捕获攻击,以物理方式替换整个节点,从而获取访问权限,攻击者往往以节点捕获攻击为跳板,实现很多后续的复杂攻击;二是睡眠剥夺攻击,即破坏设备原有的睡眠程序,使设备保持唤醒状态,电池寿命缩短,从而导致节点关闭,这也是一种拒绝服务攻击。

(2) **数据处理安全威胁**。相较于云端,感知设备更贴近信息源,收集的数据中包含大量敏感数据,这些敏感数据可能会被攻击者直接篡改或加以利用,而多数感知设备缺少敏感数据保护手段,且没有明确的信息访问控制规范,因此感知层将面临更大的信息泄露风险。感知数据处理过程中常见的攻击有恶意代码注入攻击、节点复制攻击和虚假数据注入攻击。

(3) **数据传输安全威胁**。感知设备间的网络通信主要依靠无线通信协议,但适用于通用计算设备的安全防护机制由于感知设备计算资源等的限制很难在物联网中实现,物联网通信机制存在较大的安全隐患。感知设备通信传输的数据包括感知数据以及支撑感知应用所需的审计信息、认证信息、策略配置信息等数据,其面临的主要安全威胁包括窃听、重放攻击、密码分析攻击、边信道攻击等。

2. 网络层安全威胁

网络层通过各种网络接入设备与移动通信网和互联网等广域网相连,把感知层收集到的数据快速、安全地传输到应用层。网络层的主要安全问题包括单一网络内部的信息安全传输问题和不同网络之间的信息安全传输问题。现阶段对网络层的攻击仍然以传统网络攻击为主;但随着网络层通信协议的不断增加,数据在不同网络间传输会产生身份认证、密钥协商、数据机密性与完整性保护等安全问题。主要的网络层安全威胁可以分为以下三大类:

（1）**路由攻击**。作为一种传统网络攻击，路由攻击在物联网中广泛存在，例如对路径拓扑和转发数据等正常操作的恶意破坏行为，攻击者利用路由协议的漏洞和节点算力有限的特点进行 Sinkhole 攻击、Wormhole 攻击、选择性转发攻击、路由信息攻击等。

（2）**拒绝服务攻击**。拒绝服务（Denial of Service，DoS）攻击通过攻击网络协议或大流量轰炸物联网，消耗物联网中所有可用资源，使物联网系统的服务不可用。由于物联网节点资源有限，大部分节点都容易受到资源消耗攻击。除传统的拒绝服务攻击外，针对物联网还可以进行阻塞信道、消耗计算资源（带宽、内存、磁盘空间或处理器时间等）、破坏配置信息（如节点信息）等攻击。

（3）**身份认证攻击**。网络层的主要安全问题是接入安全，感知设备接入物联网传输网络需要进行身份认证，不同架构的网络在互联时面临异构网络跨网认证等安全问题。此外，根据物联网的传输介质不同，其面临的接入安全威胁也不同。总体来说，接入安全的主要威胁是身份认证攻击，具体有欺骗攻击、中间人攻击和 Sybil（女巫）攻击。

3. 应用层安全威胁

应用层安全威胁集中在软件攻击上，攻击者利用已知的软件漏洞破坏物联网应用程序。对应用程序的攻击主要破坏应用层数据的机密性、完整性和可用性：针对物联网产生的海量数据，不合理的访问控制会导致数据泄露；在数据传输过程中，非授权用户修改数据会破坏数据的完整性；恶意攻击期间保护数据的安全工具不能影响授权用户对数据的合法使用。主要的应用层安全威胁有以下三大类：

（1）**软件漏洞攻击**。攻击者通过向应用程序中注入蠕虫、特洛伊木马等，对物联网应用程序进行自我传播攻击，以感染应用程序，从而获取或篡改机密数据。利用蠕虫攻击可以在短时间内感染尽可能多的计算机，同时避免被检测到，进而远程控制受感染的计算机，也可以作为 DDoS 攻击、钓鱼攻击等的前序攻击。攻击者使用恶意脚本可以破坏物联网的系统功能，当用户向 Internet 请求服务时，攻击者可以轻易欺骗用户运行恶意脚本（Java 攻击小程序，Active X 脚本等），可能导致机密数据泄露甚至系统关闭等安全问题。

（2）**拒绝服务攻击**。攻击者通过应用层对物联网执行 DDoS 攻击，使一些关键的云服务消耗大量的系统资源，导致云服务器的响应变缓或没有响应，从而阻止合法用户访问云服务，还可为攻击者提供完整的应用层、数据库和私人敏感数据的访问权限。

（3）**隐私数据泄露**。攻击者借助钓鱼攻击欺骗受害者提供敏感信息，或诱导受害者访问恶意 URL 从而攻击受害者的系统。此外，物联网中产生的海量数据中包含用户隐私数据，应用程序的身份认证机制、数据保护技术和数据处理过程不够完善，会导致用户隐私数据泄露甚至会危害整个系统。在物联网的某些特殊上下文（例如定位服务）中存在位置隐私和查询隐私等隐私安全问题，攻击者利用这类隐私数据可以分析用户的居住位置、收入、行为等敏感信息，导致个人信息泄露。

1.2.2　安全需求

物联网的根本安全需求是保障物联网系统的机密性、完整性、可用性、可控性和不可否认性。图 1-5 总结了物联网的主要安全需求[15]。

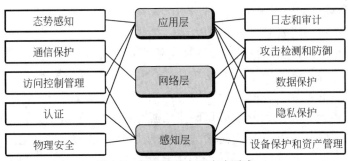

图 1-5 物联网的主要安全需求

- **物理安全**。尽可能部署已有的物理安全防护措施,增强节点或设备的物理安全性。

- **设备保护和资产管理**。对物联网设备进行全生命周期控制,定期审查配置、升级固件;通过数字签名对代码进行认证,以保护物联网系统免受恶意代码和恶意软件的侵害;用白盒密码应对逆向工程。

- **认证**。多数物联网设备访问无认证或认证采用默认密码、弱密码,从而很容易被破解,因此需要对物联网中的海量节点或设备进行强身份认证和访问控制。当新设备接入网络时,在接收或传输数据前应进行身份认证,正确识别新设备后再进行授权,确保恶意节点无法接入。另外,用户应提高安全意识,采用强密码并定期修改密码。

- **隐私保护**。物联网应用(如摄像头等)大多和用户生活息息相关,感知数据的采集会直接或间接地暴露用户的隐私信息。因此,在数据采集、数据传输、数据聚合和数据挖掘分析的过程中,需要部署隐私保护机制,包括通信加密、最小化和匿名化数据采集等安全机制,以确保隐私数据不会泄露。

- **访问控制管理**。对物联网中的海量设备进行身份和访问管理,使用安全访问网关以保证边界安全。基于物联网的海量数据和用户具有多样性,且不同应用需求对共享数据的访问权限不同,需要根据不同访问权限设计访问控制策略,对用户和应用进行访问控制,以确保数据的隐私和系统的安全。

- **数据保护**。物联网设备使用误差检测机制,确保敏感数据不被篡改,保护数据完整性。每个设备的 RFID 标签、标识(ID)和数据都需要加密,以保护数据保密性。特殊情况下进行匿名化数据采集和处理,以隐藏设备的敏感信息,如设备位置和标识。采用哈希算法、校验机制、密码算法保证传输过程和存储过程中数据(包括鉴别数据、重要业务数据、重要审计数据、重要配置数据等)的完整性和保密性。

- **通信保护**。物联网设备之间、设备与远程系统之间需要进行通信,通信保护需要对设备之间、设备与远程系统之间的通信进行加密和认证。

- **攻击检测和防御**。对物联网远端设备部署嵌入式系统以抵抗拒绝服务攻击,加强对节点的保护,同时提供有效地识别被劫持节点的检测机制。在网络边界,根据访问控制策略设置访问控制规则,删除多余、无效的访问控制规则,优化访问控制列表,应对数据包的源地址、目的地址、源端口、目的端口和协议等进行检查,进而判断是否应允许数据包传入和传出。

- **态势感知**。在物联网系统中,要对能够引起系统状态变化的安全要素进行获取、理解、显示并预测未来的发展趋势。利用异常行为检测机制分析网络,监视应用程序的行为、文件、设置、日志等,对可疑行为或异常行为进行报警。根据从多传感器中收集到的通信和事件数据对系统所处环境进行脆弱性评估,持续监控系统安全。态势感知还要求具备威胁情报交换、可视化展示和事件响应机制。

- **日志和审计**。日志分析和合规性检测有助于发现潜在的安全威胁。

1.3 物联网应用中的典型安全问题

随着物联网应用的不断升级和技术的不断发展,新的攻击方式和威胁也在不断变化,不断有新的安全问题涌现。这里从典型的物联网安全事件入手,介绍几种典型的安全问题。

1.3.1 物联网设备配置漏洞与分布式拒绝服务攻击

物联网设备具有分布广、功耗低、节点安全配置弱等特点。许多物联网设备厂商在生产设备时对安全性并不关注和重视,设备往往采用弱的默认密码且不允许用户修改,远程登录的端口默认开启,使得攻击者可轻易爆破设备,完成入侵。一旦感知终端、节点被物理捕获或者逻辑突破,攻击者就可以利用简单的工具分析出终端或节点所存储的机密信息,同时攻击者可以利用感知终端或节点的漏洞进行木马或病毒攻击,使节点处于不可用的状态,攻击者即可对设备进行非授权访问,使其成为僵尸设备,实施 DDoS 攻击。

2016 年,恶意软件 Mirai 感染摄像头等嵌入式物联网设备[16],造成美国网络大面积瘫痪,后续的新型变种攻击涉及多达 177 个国家的物联网设备。Mirai 已经成为各种物联网 DDoS 攻击的母体,使得物联网安全研究者注意到了物联网领域严峻的安全态势。2017 年 10 月 29 日爆发的代号为 IoTroop 的新型僵尸网络就是 Mirai 的一个变种。网络安全公司 Recorded Future 的威胁研究小组 Insikt Group 对 IoTroop 僵尸网络基础设施的使用和攻击时间进行了分析,推断该僵尸网络在短短一天内就连续发动了 3 次针对不同金融机构的 DDoS 攻击。2018 年 2 月,被恶意软件 JenX 感染的物联网设备发动 DDoS 攻击,不同于 Mirai 采用完全分布式扫描与漏洞利用,JenX 采用服务器执行扫描与攻击,构建中心化的物联网僵尸网络,其发动的 DDoS 攻击流量最高时超过 200Gb/s。

1.3.2 端口设置错误与开放端口利用

物联网设备端口的设置不正确容易导致攻击者恶意利用开放端口实施远程攻击。例如,利用 UPnP(Universal Plug and Play,通用即插即用)的脆弱性,攻击者可以在路由器的外网端口开启一个端口映射通道,该通道既可以通向内网,也可以通向其他外网地址,

从而将受控设备转化为一个网络代理,为攻击者的其他行为提供便利。2018 年,Akamai
等统计表明,在 350 万台物联网设备中,有 27.7 万台运行着存在漏洞的 UPnP 服务,已确
认超过 4.5 万台物联网设备在 UPnP NAT 注入攻击中受到感染[17]。网关处设置的网络
地址转换(Network Address Translation,NAT)可以为内网中的设备提供内部地址且对
外部屏蔽非必要的内网服务,可为内网设备提供一定安全防护。随着越来越多的物联网
设备在设计过程中采用了 UPnP 技术,攻击者可以直接接触网关背后的内网设备,威胁
智能终端与内网设备的运行安全与数据隐私。端口开放导致网络边界被扩大,攻击者的
攻击向量(attack vector)更加丰富。

1.3.3　设备与系统不能及时更新

工业物联网设备的部署加快了工业自动化进程,在国家经济基础的关键环节发挥了
重要的作用。近年来,全球爆发过多起针对工业物联网的安全事件,主要原因包括设备和
系统不及时更新、人员知识储备不足等。

2016 年 6 月 8 日和 2016 年 6 月 17 日,卡巴斯基实验室发现了一个针对多个区域的
有针对性的攻击,即 Operation Ghoul(食尸鬼行动)网络攻击。攻击者使用钓鱼邮件引诱
受害者运行恶意软件,从而获取目标网络中的重要商业数据。Operation Ghoul 已经成功
攻击了 30 个国家的 130 多个机构的网络,主要攻击对象为制造业和工业设备,涉及行业
多,范围广,跨多个国家,给人民生活和国家安全带来了重大的威胁。2018 年 8 月 3 日至
2018 年 8 月 6 日,台积电公司有 3 家工厂因遭受病毒攻击而停工,造成的损失超过 10 亿
元人民币。据台积电公司总裁魏哲家说,该病毒发作是因为工人没有按照安全规范对新
产品进行隔离并做安全检查就直接上线,导致恶意软件感染了生产线和总部。

1.3.4　新兴技术引入的安全风险

为了满足物联网发展所要求的有大量连接设备、低成本、低功耗、高数据速率、低时
延、高可靠性、庞大网络规模、大规模数据等需求,学术界与工业界都尝试引入新一代智慧
技术,包括在感知层与网络层引入网络协议新技术(如 5G、IPv6 等),在网络层引入组网
架构新技术(如 SDN、NFV 等),在应用层引入数据处理新技术(如 AI、GAN、大数据等)。
5G 技术主要应用于数据传输、集群技术、能源供应、物联网架构等方面。IPv6 技术主要
解决网络寻址问题。SDN(Software Defined Network,软件定义网络)与 NFV(Network
Functions Virtualization,网络功能虚拟化)技术主要用于网络控制、威胁管控与服务优
化。AI(Artificial Intelligence,人工智能)、GAN(Generative Adversarial Network,生成
对抗网络)等技术则被用于实现物联网安全、决策支持、边缘计算等功能。大数据技术可
从决策支持、数据管理、云端服务等方面为物联网提供支撑服务。当然,新兴技术在给万
物互联带来机遇的同时,也会带来新的技术挑战,例如 5G 互联网的网络可扩展性、技术
与监管方案标准化、SDN 的安全性、NFV 技术的性能损失与整合成本控制、深度学习、大
数据等。

1.4　本章小结

从物联设备的出现到物联网概念的提出,直至物联网成为各国的重要战略规划并得以广泛部署应用,已经有几十年的历程。在这一历程中,物联网各层的关键技术不断得以突破创新。随着广泛的应用和新技术的引入,物联网安全问题也层出不穷,新的安全攻击面与安全攻击技术对物联网系统各层已有的安全防护机制带来了严峻挑战。

习题

1. 简要描述物联网的定义。
2. 物联网的三大特征包括_____、_____、_____。
3. 简要描述物联网的三层架构和各层的关键技术。
4. 简述物联网的起源和发展。
5. 简要描述物联网的主要安全目标。
6. 简要分析物联网安全问题与传统网络安全问题的不同。
7. 简要描述物联网各层主要的安全需求。

第2章

物联网安全基础
——密码学及其应用

密码是保障数据安全的核心技术，也是认证、访问控制、可信计算等安全机制的关键支撑组件。相比传统计算机系统，物联网系统有大量终端感知设备，其物理安全性较传统PC终端更为脆弱，设备间的信息传输通道也更易遭受窃听或旁路攻击。与传统网络相同，物联网安全离不开密码技术的支持。本章将介绍与物联网安全相关的密码学基础理论、算法与协议。

2.1 密码学概述

密码技术是信息安全保障的关键安全组件。对于包括物联网系统在内的信息系统中所存储、传输的数据，密码技术的运用能实现对其机密性、完整性、消息真实性与不可否认性的保护。明文与密文相互变换的法则称为密码体制，影响这种变换的关键参数为密钥。根据密钥的特点，密码体制分为单钥密码体制和双钥密码体制两类。一个密码系统由以下5部分构成：

- 明文消息空间 M：所有可能的明文（plaintext）消息组成的有限集。
- 密文消息空间 C：所有可能的密文（ciphertext）消息组成的有限集。
- 密钥空间 (K, K')：所有可能的密钥（key）组成的有限集。其中，K 用于加密，K' 用于解密。
- 有效的加密（encryption）算法 E：$M \times K \rightarrow C$。
- 有效的解密（decryption）算法 D：$C \times K' \rightarrow M$。

对于加密密钥 $k_e \in K$、明文 $m \in M$ 以及解密密钥 $k_d \in K'$，加密、解密变换过程分别如式（2-1）与式（2-2）所示：

$$c = E_{k_e}(m) \tag{2-1}$$

$$m = D_{k_d}(c) \tag{2-2}$$

其中，c 是 m 在经由密钥 k_e 加密后的密文，m 是 c 经由密钥 k_d 解密的明文。由上面两式易知式（2-3）：

$$D_{k_d}(E_{k_e}(m)) = m \tag{2-3}$$

上面定义的符号对于单钥和双钥两种密码体制都适用。在单钥密码体制中，$k_e = k_d$，故单钥密码体制又称为对称密码体制（symmetric crypto system）。而在双钥密码体制中，k_e 与 k_d 互相匹配但不相等，故双钥密码体制又称为非对称密码体制（asymmetric crypto system）。通用的密码体制如图 2-1 所示。

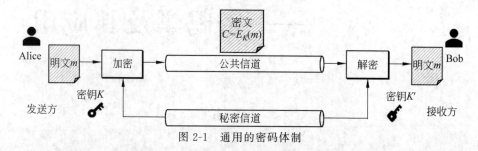

图 2-1 通用的密码体制

荷兰密码学家柯克霍夫于 1883 年列举了 6 条关于密码设计和使用的基本原则[18]，进而形成了密码学的基本原则之一——柯克霍夫原则（Kerckhoffs Principle）：密码系统的内部工作原理对于攻击者是完全可见的，唯一的秘密就是密钥。即，所谓一个密码系统是安全的，意味着可以公开除密钥外的密码系统的全部细节。

结合柯克霍夫所列举的密码设计必备条件以及香农对密码体制的语义描述，好的密码体制需要具备以下性质：

（1）能够做到加解密算法 E 与 D 均无秘密成分，即密文的安全性只取决于密钥的安全性，与算法是否公开无关。

（2）加密算法 E 能将明文消息空间均匀地分布在密文消息空间中，进而阻止诸如统计之类的方法[19]达到攻击目的。这一点主要由香农所提出的两种设计密码体制的基本方法，即**扩散**（diffusion）和**混淆**（confusion）实现。其中，**扩散**指让明文中的每一位影响密文中尽可能多的位，从而可以隐藏密文和明文之间的关系；而**混淆**则是借助非线性映射等工具让密文的每一位取决于密钥的几部分，使得密文与密钥的统计关系变得尽可能复杂，从而隐藏密文和密钥之间的关系。

（3）加解密算法应是实际有效的，这对于算力受限的物联网系统尤为重要。

2.2 常用密码算法

本节将从单钥密码、公钥密码及哈希函数 3 方面介绍常用的密码算法。代换（substitution）和置换（transposition）是两种最基本的数据编码方法，被应用于多种密码算法。代换密码指将明文中的每个 $m \in M$ 映射为密文中相应的 $c \in C$，置换密码则借助置换矩阵将消息中的元素进行重排而不改变元素本身。

代换和置换两种数据编码方法结构简单，易于广泛应用。但显而易见的是，两者均不能抵抗频度分析攻击，其应用在安全性上备受质疑。事实上，简单密码算法的精巧结合能够产生更安全的密码算法，代换和置换仍是构造现代对称加密算法的核心技术。

2.2.1 单钥密码

1. 流密码

流密码是一种重要的单钥密码体制,也是手工和机械密码时代的主流。流密码将明文划分成字符(如单个字母,逐个字节处理)或其编码的基本单元(如 0、1 数字,逐位处理),字符分别与密钥流进行加密运算,解密时以同步产生的同样的密钥流实现,其基本原理如图 2-2 所示。其中,KG 为密钥流生成器,K 为初始密钥(也称密钥源)。流密码强度完全依赖于密钥流生成器所生成的序列的随机性和不可预测性,其核心问题是密钥流生成器的设计。保持收发两端密钥流的精确同步是实现可靠解密的关键技术。

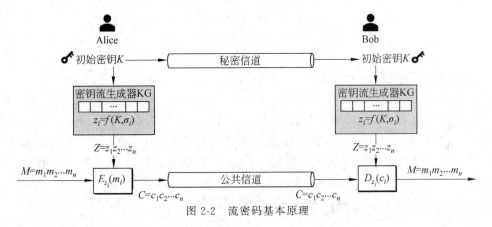

图 2-2 流密码基本原理

流密码的基本思想是利用初始密钥 K 产生一个密钥流 $Z=z_1z_2\cdots z_n$,并使用如下规则对明文串 $M=m_1m_2\cdots m_n$ 进行加密:

$$C=c_1c_2\cdots c_n=E_{z_1}(m_1)E_{z_2}(m_2)\cdots E_{z_n}(m_n) \tag{2-4}$$

密钥流由密钥流生成器 KG 产生:$z_i=f(K,\sigma_i)$,这里 σ_i 是加密器中的记忆元件(存储器)在时刻 i 的状态,f 是由初始密钥 K 和 σ_i 产生的函数。

1) A5/1 加密算法

如前所述,流密码算法旨在得到密钥流,随后将它与输入进行异或运算实现加解密。A5/1 加密算法是 GSM 系统信息加密的关键技术,也是 A5 族算法使用最广的一个版本。该算法是基于线性反馈移位寄存器的流密码加密算法,用于为 GSM 手机到基站无线链路加密的流密码。

A5/1 算法使用了 3 个线性反馈移位寄存器(Linear Feedback Shift Register,LFSR),如图 2-3 所示,标识为 X、Y 和 Z。其中,X 寄存器有 19 位,标识为 $(x_0,x_1,x_2,\cdots,x_{18})$;$Y$ 寄存器有 22 位,标识为 $(y_0,y_1,y_2,\cdots,y_{21})$;$Z$ 寄存器有 23 位,标识为 $(z_0,z_1,z_2,\cdots,z_{22})$。A5/1 算法的初始密钥 K 为 64 位,作为 3 个线性反馈移位寄存器的初始填充。其中 x_8、y_{10}、z_{10} 这 3 位分别为寄存器 X、Y、Z 的时钟位。

在每一步生成密钥流比特时,都首先以 3 个时钟位的值为输入,并利用式(2-5)计算多数投票函数 maj 的值:

$$m=\mathrm{maj}(x_8,y_{10},z_{10}) \tag{2-5}$$

若 $x_8=m$，则 X 进行如下运算：

$$t=x_{13} \oplus x_{16} \oplus x_{17} \oplus x_{18} \tag{2-6}$$

$$x_i=x_{i-1}, i=18,17,\cdots,1 \tag{2-7}$$

$$x_0=t \tag{2-8}$$

若 $y_{10}=m$，则 Y 进行如下运算：

$$t=y_{20} \oplus y_{21} \tag{2-9}$$

$$y_i=y_{i-1}, i=21,20,\cdots,1 \tag{2-10}$$

$$y_0=t \tag{2-11}$$

若 $z_{10}=m$，则 Z 进行如下运算：

$$t=z_7 \oplus z_{20} \oplus z_{21} \oplus z_{22} \tag{2-12}$$

$$z_i=z_{i-1}, i=22,21,\cdots,1 \tag{2-13}$$

$$z_0=t \tag{2-14}$$

最终的密钥流比特 s 通过式(2-15)计算得出：

$$s=x_{18} \oplus y_{21} \oplus z_{22} \tag{2-15}$$

长度分别为 19、22、23 位的 X、Y、Z 寄存器的时钟位分别位于第 8、10、10 位。在每个周期中，找到 3 个时钟位中的多数值，使用它来控制产生一位密钥。由于线性反馈移位寄存器以硬件形式实现的性能比软件好，故 A5/1 算法常常在软件资源受限的设备上运行。

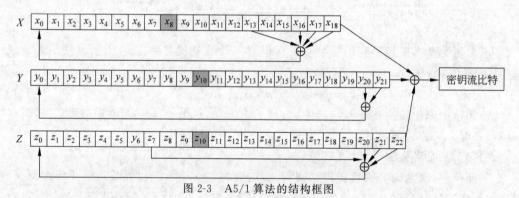

图 2-3　A5/1 算法的结构框图

安全性：有多种攻击 A5/1 算法的方式，如暴力破解、建立查找表、纯密文攻击等。如今，破解使用 128 位密钥的 A5/1 加密系统也仅需不到两小时。此外，由"棱镜门"事件中披露的文件显示，美国国家安全局(NSA)"可以处理加密的 A5/1 算法"。

2) RC4 加密算法

RC4 是 Ron Rivest 在 1987 年为 RSA 公司设计的一种流密码[20]。RC4 是一个可变密钥长度、面向字节操作的流密码算法，该算法以随机置换作为基础。相比 A5/1 算法，RC4 算法的每一步生成密钥流而不是密钥流的位，简单而高效，因此它被广泛应用于各种协议或标准，如 WPA 系统和 SSL 协议。RC4 使用密钥调度算法（Key Scheduling Algorithm，KSA），以可变长密钥初始化一个排列，随后使用伪随机数生成算法（Pseudo Random Generation Algorithm，PRGA）输出密钥流。

RC4 算法简单,易于描述,其结构框图如图 2-4 所示。用 1～256 字节(8～2048 位)的可变长度密钥初始化一个 256 字节的状态向量 S,S 的元素记为 $S[0]=0$,$S[1]=1$,…,$S[255]=255$;同时,建立一个由密钥 K 生成的临时向量 T。其中,若密钥 K 为 256 字节,直接把密钥的值赋给 T;否则,轮转地将密钥 K 的每一字节赋给 T,密钥 K 的长度不超过 256 字节;从始至终置换后的 S 包含 0～255 的所有的 8 位数。图 2-5 给出了 RC4 算法初始化伪码,图 2-6 给出了 RC4 算法密钥流字节生成伪码。对于加密和解密,字节 k_i(参见图 2-4)是从 S 的 255 个元素中按一个系统化的方式选出的一个元素生成的。每生成一个 k 的值,S 中的元素个体就被重新置换一次。

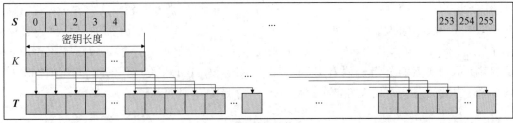

(a) S 和 T 的初始状态

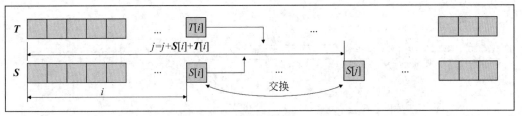

(b) S 的初始置换

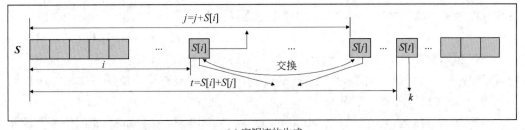

(c) 密钥流的生成

图 2-4　RC4 算法的结构框图

```
for i = 0 to 255
    S[i] = i
    T[i] = K[i mod N]
next i
j = 0
for i = 0 to 255
    j = (j + S[i] + T[i]) mod 256
    swap(S[i], S[j])
next i
i = j = 0
```

图 2-5　RC4 算法初始化伪码

```
i = (i + 1) mod 256
j = (j + S[i]) mod 256
swap(S[i], S[j])
t = (S[i] + S[j]) mod 256
k = S[t]
```

图 2-6　RC4 算法密钥流字节生成伪码

安全性：RC4 算法的密钥流会偏向某些序列，且密钥流的头部会暴露整个密钥流的信息。虽然采取丢弃初始部分等方法可以增强其安全性，但 RC4 算法的统计偏差特性仍然存在。针对 RC4 算法脆弱性的研究越来越成熟，互联网工程任务组（Internet Engineering Task Group, IETF）已在其发布的 RFC 7465 中禁止了 RC4 算法在 TLS（Transport Layer Security, 传输层安全）协议中的使用。Mozilla 和 Microsoft 公司也提出了类似的建议。

2. 分组密码

分组密码（block cipher）是将明文消息编码表示后的数字序列 $x_0 x_1 \cdots x_i \cdots$ 进行划分，构造成长为 n 的矢量 $\boldsymbol{x} = [x_0 \quad x_1 \quad \cdots \quad x_{n-1}]$，各组分别在密钥 $k = k_0 k_1 \cdots k_{t-1}$ 的控制下变换成等长的输出数字序列 $\boldsymbol{y} = [y_0 \quad y_1 \quad \cdots \quad y_{m-1}]$（长为 m 的向量），其加密函数为 $E: V_n \times K \to V_m$，其中，V_n 和 V_m 分别是 n 维和 m 维向量空间，K 为密钥空间，如图 2-7 所示。典型的分组密码有 DES、AES、RC 系列、IDEA、CLIPPER 和我国的 SM4 等。下面主要介绍具有代表性的 DES、AES 和 SM4 这 3 种算法。

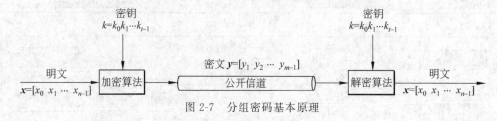

图 2-7　分组密码基本原理

1）DES 加密算法

数据加密标准（Data Encryption Standard, DES）算法是第一个并且也是十分重要的现代对称加密算法。1977 年 1 月，美国国家标准局公布了 DES，它是用于非保密数据（与国家安全无关的信息）的算法，该算法在世界范围内已经得到了广泛的应用。

DES 输入分组的大小为 64 位，不考虑 8 位的奇偶检验位，有效密钥长度为 56 位。即，DES 输入 64 位消息，使用 56 位密钥输出 64 位消息。解密算法使用与加密算法相同的结构，只是密钥的使用顺序相反。

DES 加密算法包括初始置换（Initial Permutation, IP）、16 轮（round）相同轮函数运算及最终置换（Final Permutation, FP），其中 FP 是 IP 的逆运算，即 $\mathrm{FP} = \mathrm{IP}^{-1}$。在实际应用中，IP 和 FP 分别对应一个置换表。DES 加密算法如图 2-8 所示。

DES 加密算法的 3 个步骤如下：

（1）对输入明文 Input_Block 做初始置换，分为左右两个 32 位分组 L_0 与 R_0，具体如式（2-16）所示：

$$(L_0, R_0) \leftarrow \mathrm{IP}(\text{Input Block}) \tag{2-16}$$

（2）迭代 Feistel 结构（如图 2-9 所示）16 轮，如式（2-17）所示：

$$L_i \leftarrow R_{i-1}, R_i \leftarrow L_{i-1} \oplus f(R_{i-1}, k_i), \quad i = 1, 2, \cdots, 16 \tag{2-17}$$

其中，k_i 是轮密钥，是 56 位输入密钥通过密钥扩展（key expansion）算法输出的 48 位字符串；f 称为 S 盒函数，是一个非线性的代换密码。交换分组则相当于一个置换密码。

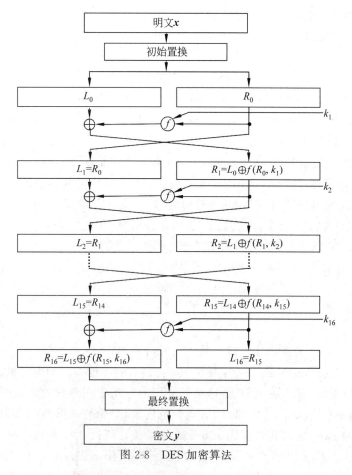

图 2-8　DES 加密算法

（3）做最终置换，得到输出密文（Output_Block），如式（2-18）所示：

$$\text{Output\_Block} \leftarrow \text{IP}^{-1}(L_{16}, R_{16}) \tag{2-18}$$

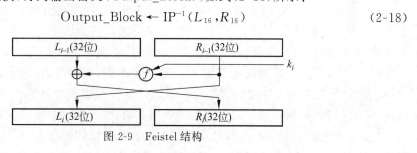

图 2-9　Feistel 结构

　　DES 的核心部分在 S 盒函数中，因为 S 盒函数实现了明文消息在密文消息空间上的随机非线性分布。这使得 DES 在增大了密钥空间的同时，也可以较好地抵抗差分密码分析（Differential Cryptanalysis，DC）攻击[21]。该技术的基本思想是通过分析明文对的差值对密文对的差值的影响恢复某些密钥流比特[22]。在 DES 中，S 盒函数输入和输出的变换关系由一个表给出，其中每一行定义了一个可逆代换。事实上，S 盒函数不必是可逆的，这并不影响加解密的正常进行[23]。

　　为了减轻在物联网设备上运行 DES 的负担，人们已经提出了多种轻量级 DES 算法。

例如,与 DES 相比,DESL 加密算法省略了初始置换和最终置换操作,并利用一个加强的 S 盒函数循环执行代替 DES 的 8 个 S 盒函数,很大程度上减少了资源消耗。但是,它无法抵御差分密码分析攻击[24]。

DES 的安全性主要受限于其密钥长度。DES 的实际密钥长度为 56 位,密钥量仅为 $2^{56} \approx 10^{17}$。目前,针对 DES 最实用的攻击是蛮力攻击(brute-force attack),即依次尝试密钥空间中每个可能的密钥(事实上只需要测试一半的密钥,这是由 DES 的互补对称性导致的)。早在 1977 年,Diffie 和 Hellman 便提出了一台可在一天之内找到 DES 密钥的机器的构想[25]。快速破解 DES 的可行性于 1998 年得到了证明,当时美国电子前沿基金会(EFF)的 DES 解密机可在约 56 小时内找到密钥。在 2012 年,可以在线付费使用的基于 FPGA 芯片的 DES 解密机可在约 26 小时内穷举 56 位 DES 密钥空间。

为了增强 DES 的安全性,人们提出了加密—解密—加密的三重 DES 方案(Triple DES,TDES 或 3DES),通过使用两个或三个密钥扩大密钥空间。但 TDES 的安全性是以性能大幅变差、计算所需耗电量急剧上升为代价的,不适用于物联网设备。为了解决 DES 安全性不足的问题,美国国家标准与技术研究院(NIST)于 2001 年宣布使用 AES 作为 DES 的替代算法。

2)AES 加密算法

1997 年 1 月 2 日,美国国家标准与技术研究院开始征集、遴选 DES 的替代算法,定名为高级加密标准(Advanced Encryption Standard,AES)。征集活动的目的是确保选出一个非保密的、可以公开技术细节的、全球免费使用的分组密码算法,作为新的数据加密标准。对 AES 的基本要求是:比三重 DES 运行速度快,至少与三重 DES 保持同等安全性,数据分组长度为 128 位,密钥长度为 128/192/256 位。经过 3 年多的讨论,Rijndael[26] 最终被选定为 AES 算法。该算法由比利时密码学家 Joan Daemen 和 Vincent Rijmen 设计。

AES 具有抗差分密码攻击能力强、对内存要求低、灵活性强等优点。AES 加密算法定义了将对存储在阵列中的数据(这个阵列又称为状态,state)执行的许多转换,分别为字节代换(SubBytes)、行移位(ShiftRows)、列混合(MixColumns)和轮密钥加(AddRoundKey)。AES 的解密算法和加密算法不同,如图 2-10 所示,输入明文分组为 128 位,密钥长度为 128 位,共包含 10 轮运算。尽管在加密和解密中密钥扩展的形式一样,但解密中变换的顺序与加密中变换的顺序不同。

在安全性方面,目前 AES 算法本身能够抵抗目前已知的攻击,它是一种可靠的密码。同时,AES 以增加了一定的空间开销为代价,较 DES、RC2 等算法效率更高。与 DES 相比,AES 在物联网应用中具有显著优势。

需要指出的是,Blowfish 算法[27]也是一种适用于物联网系统的分组加密算法。虽然它的知名度没有 AES 高,但它在运算性能及数据吞吐量上均比 AES 有进一步提升,因而它也是一种尚未被有效破解的、十分适用于物联网系统的密码算法。

3)SM4 加密算法

SM4[28]是中国无线网络标准中使用的分组加密算法。2006 年,中国国家密码管理局公布了无线局域网产品使用的 SM4(原名 SMS4)密码算法,这是我国首次公布国产商用

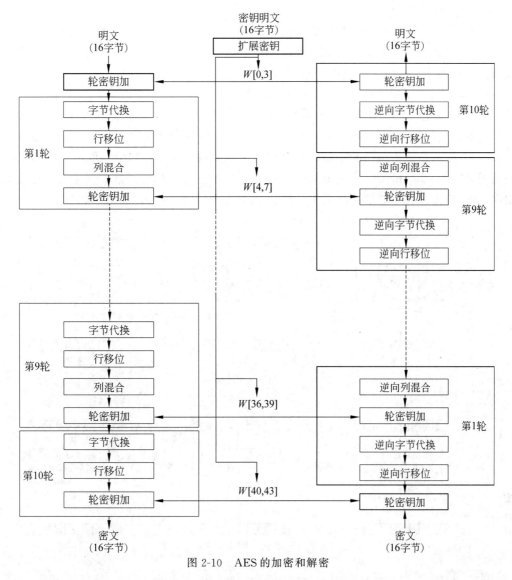

图 2-10   AES 的加密和解密

密码算法。作为国内广泛采用的 WAPI 无线网络标准中使用的加密算法,SM4 旨在加密与保护静态存储和传输信道中的数据。

SM4 加密算法为 Feistel 结构,数据分组长度为 128 位,密钥长度也为 128 位。加密采用 32 轮非线性迭代结构,每一轮迭代使用一个轮密钥,其中包含异或、循环左移、轮函数、合成置换、非线性变换、线性变换、S 盒变换等子运算。完整的加密过程包括加密算法和反序变换两部分。解密与加密的流程相同,包括解密算法和反序变换两部分,解密过程中的轮密钥使用顺序与加密过程相反。

在安全性方面,SM4 在计算过程中增加了非线性变换,理论上很大程度地加强了算法的安全性。SM4 算法与 AES 算法具有相同的 128 位密钥长度和分组长度。

4）分组密码工作模式

分组密码在加解密过程中，分组长度是固定的，实际加密消息的数据量是不定的。因此，使用分组密码对明文加密时，需要将数据分为多个固定大小的分组进行处理。这样的处理方式称为分组密码工作模式，共有如下 5 种。

（1）电码本（Electronic Codebook，ECB）模式。

ECB 模式是最简单的运行模式，如图 2-11 所示。它一次处理一组明文分组，每次使用相同的密钥加密，所以对每个明文分组只有一个唯一的密文与之对应。解密也是一次执行一个分组，且使用相同的密钥。ECB 模式最重要的特征是：如果一段消息有几个相同的明文分组，那么密文也将出现几个相同的密文分组。因此，它的缺点是不能很好地提供保密性，攻击者可以通过获取明文/密文对分析重复元素，也可以进行重放攻击。

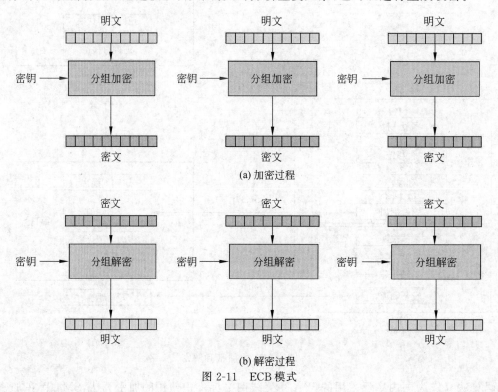

图 2-11　ECB 模式

正是因为攻击者可以分析明文/密文对识别出消息中的某些重复元素，故 ECB 模式在传送长信息时安全性较低，加解密短消息则是合适的。在实际应用中，可以使用这种工作模式传递密钥、初始向量等。

（2）密码分组链接（Cipher Block Chaining，CBC）模式。

CBC 模式将每个分组与前一个分组异或后再进行加解密，所以每个分组的输出都依赖于前一个分组，见图 2-12。特别地，第一个分组需要与一个初始向量（Initialization Vector，IV）异或，且令 $IV = C_0$。加解密运算分别如式（2-19）与式（2-20）所示：

$$C_i = E_k(P_i \oplus C_{i-1}) \tag{2-19}$$

$$P_i = D_k(C_i) \oplus C_{i-1} \tag{2-20}$$

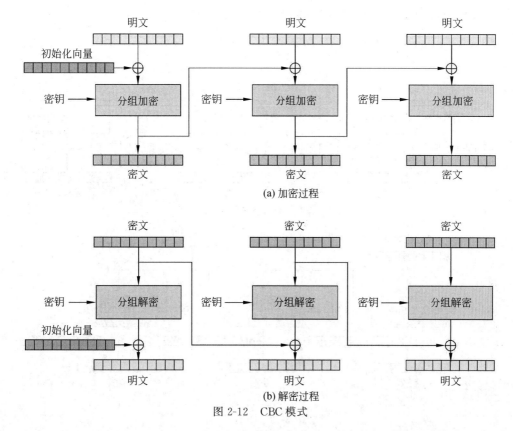

(a) 加密过程

(b) 解密过程

图 2-12 CBC 模式

CBC 模式的输入是当前明文分组和上一个密文分组的异或。解密时,每个密文分组解密后与上一个密文分组异或得到明文。对全部消息分组的加密和解密均使用同一密钥。另外,收发双方需要持有一致的初始向量 IV 才能确保正确加解密,且第三方不能预测该初始向量。

加密时,改变明文会导致其后的全部密文分组都发生改变,这一特性可以被用于构造消息认证码,因此,CBC 模式除了保证机密性以外,还能实现消息认证。而 CBC 模式在解密时,密文的改变只会导致它对应的明文分组和下一个明文分组发生改变,具有自纠错的特性。CBC 模式的缺点是加密过程只能串行进行。

(3) 密码反馈(Cipher Feedback,CFB)模式。

CFB 模式实质上基于分组密码实现了流密码加密,见图 2-13。CFB 模式无须进行明文填充。它与 CBC 模式类似,加密时明文被链接在一起,解密则类似于反置的 CBC 模式加密,分别如式(2-21)与式(2-22)所示:

$$C_i = E_k(C_{i-1}) \oplus P_i \tag{2-21}$$
$$P_i = E_k(C_{i-1}) \oplus C_i \tag{2-22}$$

加密的输入是 64 比特的移位寄存器中的值。初值是初始向量 IV,且令 $IV = C_0$。加密算法输出的 s 个高位与明文分组异或,得到 s 位的密文分组。下一个移位寄存器左移 s 位后,接收该密文分组到低 s 位。重复上述过程,直到所有明文分组被加密。

解密时,s 位的密钥与移位寄存器中的加密结果的高 s 位异或,得到明文分组。需要注意,解密过程中使用加密算法而不是解密算法。

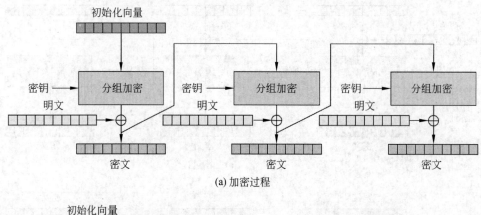

(a) 加密过程

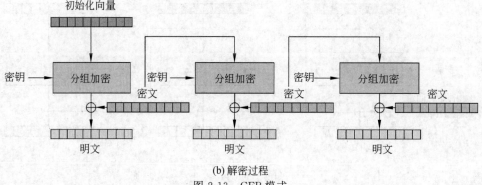

(b) 解密过程

图 2-13　CFB 模式

　　CFB 模式加密和解密都使用加密算法,且消息无须进行填充。但它的加密过程同 CBC 模式一样也无法并行化,而且 CFB 模式可能遭受重放攻击。CFB 模式除了能获得保密性外,还能用于认证。

　　(4) 输出反馈(Output Feedback,OFB)模式。

　　OFB 模式和 CFB 模式类似,唯一的区别是反馈到移位寄存器的是加密算法的输出而不是密文分组,见图 2-14。其加密和解密运算分别如式(2-23)和式(2-24)所示:

$$C_i = P_i \oplus O_i \tag{2-23}$$

$$P_i = C_i \oplus O_i \tag{2-24}$$

$$O_i = E_k(O_{i-1}), O_0 = \text{IV} \tag{2-25}$$

　　可以看到,解密时,当前密文分组的错误只会影响它对应的明文分组,故 OFB 模式相比 CFB 模式具有无差错传播的优点。

　　OFB 模式的缺点是它比 CFB 模式更容易受到针对消息流的篡改攻击。即密文中某位取反,恢复出的明文相应位也取反。另外,每个使用 OFB 模式的输出分组与其前面所有的输出分组相关,因此不能并行化处理。然而,由于明文和密文只在最终的异或过程中使用,因此可以事先对 IV 进行加密(预计算),最后将明文或密文进行并行的异或处理。

　　(5) 计数器(Counter,CTR)模式。

　　CTR 模式通过递增一个加密计数器以产生连续的密钥流,如图 2-15 所示。其中,计数器

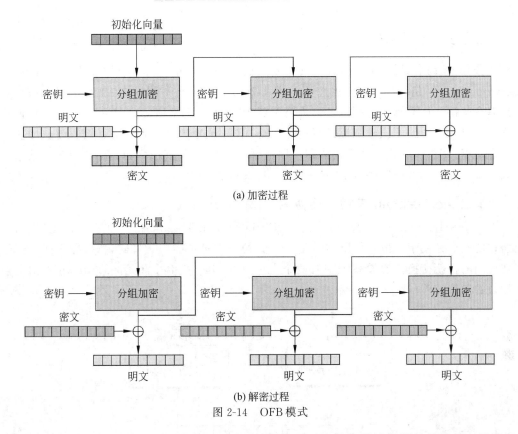

(a) 加密过程

(b) 解密过程

图 2-14 OFB 模式

可以是任意保证长时间不产生重复输出的函数,但使用一个普通的计数器是最简单和最常见的做法。由于加密和解密过程均可以进行并行处理,CTR 模式适用于多处理器的硬件[29]。

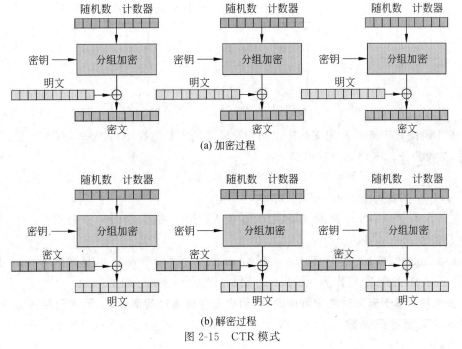

(a) 加密过程

(b) 解密过程

图 2-15 CTR 模式

2.2.2 公钥密码

公钥密码体制（public key cryptography）又称非对称密码体制（asymmetric cryptography），是指用于加密的密钥与用于解密的密钥是不同的，从加密密钥无法推导出解密密钥。这类算法之所以被称为公钥算法，是因为用于加密的密钥是公开的，任何用户都可以得到并使用加密密钥进行消息加密，但只有拥有对应的解密密钥的用户才能将消息解密。此外，一些公钥密码体制可以提供消息的源认证性，即可以对消息进行数字签名。典型的公钥密码算法有 RSA、ElGamal、ECC 和 SM2 等。

1. Diffie-Hellman 密钥交换协议

Diffie-Hellman 密钥交换协议由 W.Diffie 和 M.E.Hellman 于 1976 年提出[30-31]，该协议的安全性基于离散对数困难问题[32]。该协议本身不能用于加解密，仅用于两个通信实体间的密钥交换。假设系统中有两个实体——Alice 和 Bob，Diffie-Hellman 密钥交换协议的工作流程如图 2-16 所示。

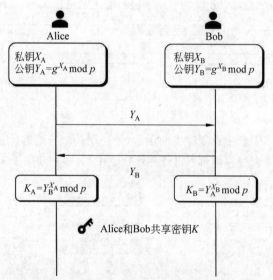

图 2-16　Diffie-Hellman 密钥交换协议的工作流程

在 Diffie-Hellman 密钥交换协议初始化阶段的参数选择中，p 是大素数，g 是 p 的本原根，二者公开。密钥交换过程如下：

（1）Alice 选取一个保密的、随机的大整数 X_A 作为私钥，同时计算公钥 $Y_A = g^{X_A} \bmod p$，并将其发送给 Bob。

（2）Bob 选取一个保密的、随机的大整数 X_B 作为私钥，同时计算公钥 $Y_B = g^{X_B} \bmod p$，并将其发送给 Alice。

（3）Alice 和 Bob 分别计算 $K_A = Y_B^{X_A} \bmod p$ 和 $K_B = Y_A^{X_B} \bmod p$，易知 $K = K_A = K_B = g^{X_A X_B} \bmod p$，由此 K 可作为 Alice、Bob 间共享的会话密钥。

安全性：基于离散对数困难问题，被动攻击者仅通过观测信道，无法利用信道中的公开参数计算出密码参数 X_A、X_B 以及共享密钥 $K = K_A = K_B$ 中的任何一个值。但在

Diffie-Hellman 密钥交换协议中,缺少对通信双方公开参数与发送者身份的绑定,该协议无法抵抗中间人(Man In The Middle,MITM)攻击。如图 2-17 所示,在中间人攻击中,攻击者 Mallory 可以对 Alice 冒充 Bob,也可以对 Bob 冒充 Alice。Mallory 不仅可以在没有异常网络延时等情况下窃听信息而不被发觉,而且可以修改、删除、伪造消息。Diffie-Hellman 协议之所以存在中间人攻击,根本的原因在于通信实体缺少对公钥真实性的认证。

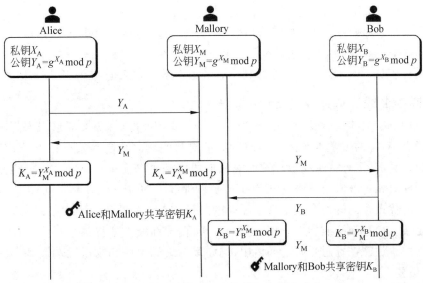

图 2-17　Diffie-Hellman 协议与中间人攻击

2. RSA 算法

RSA 算法由 R.Rivest、A.Shamir 和 L.Adleman 于 1978 年提出。该算法理论上可以用于数据加密、密钥分发和数字签名。但 RSA 算法包含大指数运算,运算速度较慢(其硬件实现的最快速度也仅为 DES 算法的千分之一),因此它不常用于直接加密用户数据。RSA 算法的核心组件如下:

(1) 密钥的产生。

① 选取两个大素数 p 和 q。

② 计算 $n=p×q$,欧拉数 $\varphi(n)=(p-1)(q-1)$。p 和 q 此时可以销毁,但不能泄露。

③ 取整数 e 满足 $1<e<\varphi(n)$,e 与 $\varphi(n)$ 互质。e 的典型值有 3、17、65 537 等。

④ 计算 d,满足 $de=1\,\mathrm{mod}\,\varphi(n)$。

(2) 加密。计算 $c=m^e\,\mathrm{mod}\,n$。

(3) 解密。计算 $m=c^d\,\mathrm{mod}\,n$。

安全性:RSA 密码算法的安全性建立在大整数分解难题之上。当加密指数 e 较小时,RSA 算法的安全性较弱。另外,由于 RSA 算法是确定性(deterministic)加密算法,所以可能遭受选择明文攻击。

3. ElGamal 算法

ElGamal 密码算法于 1985 年提出。相比 RSA 算法，ElGamal 算法增添了随机参数以提高安全性。与 RSA 算法类似，该算法加解密运算速度较慢，因此实际应用中大多使用对称密码体制进行消息加密，并使用公钥算法加密密钥，实现密钥的安全传递/分发。ElGamal 算法的核心组件如下：

(1) 密钥的产生。选择素数 p，设 $GF(p)$ 上的本原元为 g，私钥 $\alpha \in GF(p)^* (\alpha \neq 0)$，公钥 $\beta = g^\alpha \bmod p$。

(2) 加密。选择与 $p-1$ 互质的随机数 $(k, c) = (g^k, m\beta^k) \bmod p = (y_1, y_2)$。

(3) 解密。计算 $m = y_2 y_1^{-\alpha} \bmod p$。

安全性：ElGamal 算法的安全性建立在离散对数难题之上，在 p 足够大时是安全的。

4. 椭圆曲线密码体制与 SM2 算法

椭圆曲线密码体制（Elliptic Curve Cryptography，ECC）将明文消息嵌入有限域上的椭圆曲线上，对应的数学难题是椭圆曲线离散对数问题。在同等安全性下，ECC 使用的密钥较短。目前，多种基于离散对数的算法或协议都可以使用 ECC 实现，如椭圆曲线上的 Diffie-Hellman 密钥交换协议（ECDH）、椭圆曲线上的 ElGamal 算法（ECElGamal）等。椭圆曲线的优点是同等安全性条件下需要的二进制位数较少，但椭圆曲线本身的数学运算更为复杂。相对于标准的基于模运算的方法，椭圆曲线方法提供了很大的计算上的优势。椭圆曲线加密在资源受限的环境中（例如手持终端设备和物联网端设备上的诸多应用）尤其重要。

安全性：ECC 的安全性和它采用的椭圆曲线参数密切相关。有些椭圆曲线参数可能是非法的，或者包含后门。在中国国家密码管理局颁布的 SM2 椭圆曲线加密算法中，就没有像 ECC 一样采用美国国家标准与技术研究院和美国国家安全局推荐的椭圆曲线，而是通过算法产生，其安全性得到了很大增强。

SM2 是一组基于椭圆曲线的公钥密码算法。在 2010 年 12 月 17 日，中国国家密码管理局颁布了中国商用公要密码标准算法 SM2[33]。SM2 算法的安全性建立在椭圆曲线离散对数问题上，与 ECC 算法的密码机制类似。ECC 算法相比于 RSA 算法具有低耗能、低内存占用、低耗时的优势。在 ECC 算法的基础上，SM2 算法又加以改进，使用了安全性更强的签名和密钥交换机制。

2.2.3　哈希函数与消息认证

哈希函数（hash function）是一个公开函数，用于将任意长的消息 M 映射为一个较短的、固定长度的值 $h(M)$，作为认证符，称函数值 $h(M)$ 为哈希值或杂凑值。哈希值是消息中所有位的函数，因此提供了一种错误检测能力，即改变消息中任何一位或几位都会使哈希值发生改变。为了保证安全性，哈希函数需要拥有以下 3 个核心属性：

(1) 抗第一原像性（或单向性）。给定一个哈希值 y，找出一个 x 使得 $h(x) = y$ 在计算上不可行。

(2) 抗第二原像性（或弱抗碰撞性）。给定一个输入 x，找出一个 $x' \neq x$ 使得 $h(x') = $

$h(x)$ 在计算上不可行。

（3）抗碰撞性（或强抗碰撞性）。找出两个不相等的输入 x_1、x_2 使得 $h(x_1)=h(x_2)$ 在计算上不可行。

其中，前两个属性又称为完全单向性，即，给定哈希值或哈希值的差，找出输入串或输入串的差在计算上不可行。

哈希函数可以用于实现如下目标：

（1）敏感数据保护。例如存储口令的哈希值而不是口令明文，对口令进行保护。

（2）完整性验证。文件的任何改动都会引起其哈希值的变化，所以可以通过比较不同时刻的哈希值验证文件的完整性。此时的哈希值又名数字指纹（digital fingerprint）或消息摘要码（Message Digest Code，MDC）。

（3）消息认证。例如，将密钥追加在消息后再生成哈希值发送出去，接收者对原始消息追加密钥后生成哈希值并与接收到的哈希值进行比对，若相同，则说明发送者也持有正确的密钥。这种方法产生的哈希值又名消息认证码（Message Authentication Code，MAC）。特别地，在对消息进行数字签名时，通常先对消息进行哈希运算，对消息哈希值进行签名运算。

下面介绍 3 种常见的哈希函数。

1. MD5 算法

MD5（Message-Digest Algorithm 5）是 Rivest 于 1992 年提出的，它是目前被广泛使用的哈希函数。MD5 算法的功能是将数据运算变为另一固定长度值，是哈希算法的基础原理。MD5 算法以 512 位分组处理输入的消息，且每一分组又被划分为 16 个 32 位的子分组，经过一系列处理后，算法的输出由 4 个 32 位分组组成，将这 4 个 32 位分组级联后将生成一个 128 位的哈希值。

如上所述，MD5 算法的核心是一个压缩函数，它的输入分为两部分，即当前 512 位的分组和之前迭代计算的结果。该压缩函数的输出是一个 128 位的值，称为中间哈希值（IHV），这个结果将被输入下一次压缩函数的迭代计算中，直到当前分组是最后一个消息分组，则这个结果就是最终的 MD5 哈希值。其算法流程如图 2-18 所示，其中 IHV_0 为固定值。

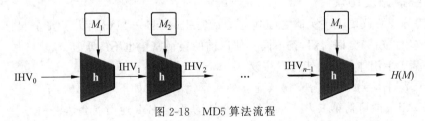

图 2-18　MD5 算法流程

2004 年 8 月 17 日，在美国加利福尼亚圣芭芭拉分校召开的美密会（Crypto 2004）上，中国的王小云、冯登国、来学嘉和于红波 4 位学者宣布，只需 1 小时就可以找出 MD5 的碰撞。虽然 MD5 算法已经不再使用，但其设计思想仍然对设计新的哈希函数具有重要的参考价值。

2. SHA-3 算法

SHA-3（Secure Hash Algorithm 3）以前名为 Keccak 算法。在 SHA-3 算法出现之

前,存在 SHA-1 和 SHA-2 算法。SHA-1 在 2017 年已经被 CWI Amsterdam 与 Google 团队破解。而 SHA-2 算法,特别是 512 版本的算法,安全强度是毋庸置疑的,但是 SHA-2 和 SHA-1 在设计上有类似的结构和基本数学运算,或许在若干年后 SHA-2 算法的缺陷也会被发现。SHA-3 中的哈希函数基于 Keccak 海绵结构(先将输入的消息"吸入"内部状态中,然后再根据内部状态"挤出"相应的哈希值)实现,它可以抵御最小的复杂度为 $O(2n)$ 的攻击。

3. SM3 算法

SM3 算法是中国国家密码管理局于 2010 年颁布的一种商用密码哈希函数,消息分组长度为 512 位,输出哈希值长度为 256 位。与 MD5 算法相似,SM3 算法采用 Merkle-Damgard 结构,如图 2-18 所示。SM3 算法的压缩函数与 SHA-256 的压缩函数具有相似的结构,但 SM3 算法的压缩函数的结构和消息拓展的过程都更加复杂。由于 SM3 算法的快速扩散能力,完整的 SM3 算法仍然可以抵抗各种已知攻击,具有非常高的安全性。

2.3 安全协议

2.3.1 安全协议基础

协议(protocol)是指由两个或两个以上的参与者为完成某项特定的任务而采取的一系列步骤。安全协议则是用于提供安全服务的协议,根据不同的分类方法有多种分类,例如,按照功能可以分为密钥分发协议(key distribution protocol)、认证协议(authentication protocol)、认证的密钥分发协议(authenticated key distribution protocol),按照 ISO 的七层参考模型可以分为高层协议(higher layer protocol)和低层协议(lower layer protocol),按照协议采用的算法可以分为单钥协议(secret key protocol)、双钥协议(public key protocol)和混合协议(hybrid protocol)。

1. 密钥分发协议

密钥分发协议用于在实体之间建立会话密钥(session key)。为了安全起见,每次通信不应重用以前的会话密钥,且不同实体以前的会话密钥也不应重复。

1) 基于单钥体制的密钥分发协议

基于单钥体制的密钥分发协议建立会话密钥的过程如下(图 2-19):

(1) Alice 向可信第三方 Trent 发出请求,获取与 Bob 通信的会话密钥。

(2) Trent 分别利用 Alice 和 Bob 所持有的密钥加密会话密钥 Key,并将密文 E_{K_A} (Key), E_{K_B} (Key) 返回给 Alice。

(3) Alice 解密,得到会话密钥 $Key = D_{K_A}[E_{K_A}(Key)]$。

(4) Alice 将 E_{K_B} (Key) 发给 Bob。

(5) Bob 通过解密获取会话密钥 $Key = D_{K_B}[E_{K_B}(Key)]$。

(6) 至此,Alice 和 Bob 可利用会话密钥 Key 建立双方保密通信。

针对物联网中资源受限的无线传感器网络,研究者也提出了基于随机数的广播会话

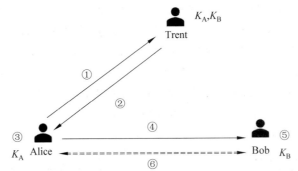

图 2-19　基于单钥体制的密钥分发协议建立会话密钥的过程

密钥(Broadcast Session Key,BROSK)协商协议,该协议最大的特点是不需要第三方,每个节点均直接与其邻居节点协商密钥,效率高。该协议假定网络中的所有节点都共享一个由安全管理中心预配置的主密钥 K。两个节点 A、B 间为了建立会话密钥,均会对外广播密钥协商消息,格式为 $\mathrm{ID}_i\|N_i\|E_K(\mathrm{ID}_i\|N_i)$,其中,$i$ 为发出协商消息的设备编号,ID_i 和 N_i 分别代表设备 i 的身份信息及该设备产生的随机数,$\|$ 为级联操作。可知,密钥协商的双方都可以在协商中确认对方持有正确的 K,而会话密钥则可以简单地约定为 $E_K(N_A\|N_B)$。然而,该协议的安全性建立在主密钥 K 的安全性上,因为难以保证每个节点均可安全地使用和存储 K,该协议易遭受入侵。一旦攻击者从任何一台设备中获取 K,那么整个物联网系统都会遭受安全威胁。

SNAKE[22]也是一种用于自组网系统的密钥协商协议,也不需要密钥服务器进行密钥管理。该协议不再基于所有节点共享预主密钥的假设,所以两个节点间需要经过三步握手和互相认证的步骤才能完成双向认证、随机数交换及密钥建立。该协议最大的缺点是三步握手过程不包含对拒绝服务(DoS)攻击的保护,攻击者可以通过重放攻击保持节点的响应状态,使其无法正常与其他节点进行连接或运行其他服务。所以,每个节点必须具备检测 DoS 攻击的能力,而该负载对于物联网中的传感器等设备来说过于沉重,故该协议也不是一种理想的基于单钥体制的密钥协商方案。

2) 基于双钥体制的密钥分发协议

基于双钥体制的密钥分发协议建立会话密钥的过程如下(图 2-20):

(1) Alice 从数据库获取 Bob 的公钥 K_{BP}。

(2) Alice 利用 Bob 的公钥加密会话密钥 Key,并将结果 $E_{K_{BP}}(\text{Key})$ 发还给 Bob。

(3) Bob 利用其私钥 K_{BS} 解密得到 $\text{Key}=D_{K_{BS}}[E_{K_{BP}}(\text{Key})]$。

(4) 至此,Alice 和 Bob 可利用会话密钥 Key 建立双方保密通信。

图 2-20　基于双钥体制的密钥分发协议建立会话密钥的过程

由于本协议没有对公钥的合法性进行验证,所以不能抵抗中间人攻击。为了确定公钥是由 Alice 发出的,需要采用数字证书技术对 Alice 的身份进行认证。

另外一个抵抗中间人攻击的方法是,将消息分为两部分,Alice 与 Bob 分别只发给对方利用对方公钥加密产生的密文的一部分,双方都需要将接收到的部分和自己持有的另一部分组合起来,再用自己的私钥解密,才能得到最终的输出。在实践中,两部分消息可以分别是密文输出和一个初始化向量 IV,也可以分别是加密消息的哈希值和密文输出。

在物联网领域,常常认为使用双钥体制的代价过大,因为双钥算法对计算资源、功耗等的要求更高。可通过利用受信任第三方完成密钥建立和分配、分层聚类管理节点等方式以减轻物联网设备及网络的负担[23]。

3) 单双钥结合的消息广播

单双钥体制的结合可以实现秘密消息的广播,如图 2-21 所示。其中的要点是,只有持有正确私钥的实体才可以解密,获取正确的会话密钥(通常是由 Alice 生成的一个随机数 K),进而解密发送者广播的消息。Alice 广播的内容是由随机数 K 加密的消息和由各个接收者公钥加密的 K。

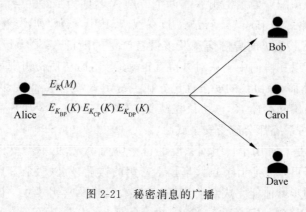

图 2-21　秘密消息的广播

2. 认证协议

认证协议用来防止欺骗、伪装等攻击,这里讨论对实体身份进行认证的认证协议。相比于传统的认证协议,物联网背景下的认证协议要求更低的资源消耗、更高的设备兼容性及更强的隐私保护。此外,由于物联网的感知层、网络层和应用层分别对应的数据收集、数据传递和处理阶段的具体物联网技术及安全威胁不尽相同,因此物联网中的认证协议也常常针对具体情境设计。

1) 采用单向函数的认证协议

采用单向函数的认证协议如图 2-22 所示。

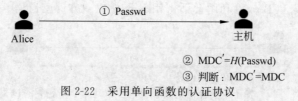

② MDC$'$=H(Passwd)
③ 判断:MDC$'$=MDC
图 2-22　采用单向函数的认证协议

Alice 向主机发送口令。主机将口令经由单向函数变换的形式与预先存储的值进行比较。若相同,则说明 Alice 提供的口令正确;否则拒绝。

在物联网中该方案可用于无线传感器网络间的认证。出于性能考虑,口令变换常使用简单哈希函数完成。在对数据安全性要求不高的场合,也可直接使用异或运算。

2)采用双钥体制的认证协议

采用双钥体制的认证协议如图 2-23 所示。

③ $R'=D_{K_{AP}}[E_{K_{AS}}(R)]$
④ 判断: $R'=R$

图 2-23 采用双钥体制的认证协议

主机首先发给 Alice 一个随机数 R,随后 Alice 用自己的私钥加密 R,将结果随同自己的 ID 发回给主机。主机通过 ID 在数据库中找到 Alice 的公钥,计算得到 $R'=D_{K_{AP}}[E_{K_{AS}}(R)]$,若 $R'=R$,则通过认证。

基于双钥体制可以方便地构造多种认证和授权系统。然而,在物联网中双钥体制的应用仍有巨大挑战:多对公私钥的存在导致密钥管理变得困难,同时为了验证密钥提供者的身份,需要引入数字证书等技术,这就又涉及与证书管理相关的一系列问题。因此,在物联网系统中公钥的使用常常离不开根证书机构(root CA)的支持。此外,由于物联网系统中的联网设备数量巨大,为每台设备分发证书开销巨大,将部分认证和授权任务委派出去是一种可行的缓解措施。

3)双向身份识别协议——SKID3

假定 Alice 与 Bob 共享了密钥 K,利用 SKID3 协议进行双向身份识别的步骤如下(图 2-24):

(1) Alice 向 Bob 发送随机数 R_A。

(2) Bob 向 Alice 发送随机数 R_B 和 $H_K=\text{MAC}(K,R_A||R_B||\text{ID}_B)$。其中,MAC 是消息认证码函数。

(3) Alice 计算 $H_K'=\text{MAC}(K,R_A||R_B||\text{ID}_B)$ 并与收到的 H_K 做比较。若相等,则 Alice 成功认证 Bob;否则 Alice 认为对方不拥有密钥 K,即不是 Bob。

(4) Alice 向 Bob 发送 $\text{MAC}(K,R_B||\text{ID}_A)$。

(5) Bob 计算 $\text{MAC}(K,R_B||\text{ID}_A)$ 并与收到的值做比较。若相等,则 Bob 成功认证 Alice;否则 Bob 认为对方不拥有密钥 K,即不是 Alice。至此,Alice 和 Bob 双方完成了通信实体的双向认证。

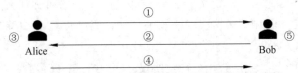

图 2-24 利用 SKID3 协议进行双向身份识别的步骤

3. 认证的密钥分发协议

这类协议将认证和密钥建立结合在一起,使通信双方确认正在与可信赖的对方进行保密通信。其中,密钥建立常常通过公钥体制完成。因为密钥保存在本地设备上也要求保密性和完整性,在实际的物联网应用中会带来复杂的密钥管理问题。例如,在射频识别(RFID)技术中,为了便于验证大量标签,RFID阅读器会存储一定数量的密钥。这个存储空间一旦被入侵,可能造成仿冒的标签通过验证。针对这一问题,目前研究者已基于零知识证明、挑战-响应机制等提出多种不需要密钥的认证方案。在物联网特别是智能家居场景下,也可以利用多台设备共享的周围环境作为共享秘密进行基于上下文的设备互认证。

用于设备间认证的轻量级方案一般会采用对系统开销不高的算法,如ECC、简单的哈希函数、随机数、位运算等实现,认证流程也较为简短。这是物联网设备自身的硬件、带宽等限制决定的。然而,相比传统认证,使用轻量级认证的代价是攻击者获取密钥、监听信息、通过认证变得更为容易。设立专用的云计算服务旨在通过将密码学计算交付至远端以解决这一问题,但它又带来了额外的时延。

2.3.2 核心安全协议

1. SSL 协议

安全套接字层(Secure Sockets Layer,SSL)协议不是单个协议,而是两层协议。如图2-25所示,SSL记录协议(SSL record protocol)为高层协议提供基本的安全服务,特别是为Web客户端和服务器端交互提供传送服务的HTTP可以在上层访问SSL协议。SSL记录协议上定义了3个高层协议:SSL握手协议、SSL密码更改协议、SSL警告协议。

图2-25 SSL协议层次结构

1) SSL 记录协议

SSL记录协议在客户端和服务器端握手成功后使用。SSL记录协议为SSL连接提供如下两种服务:

(1) **保密性**。SSL记录协议定义了加密SSL载荷所需的对称加密共享密钥。

(2) **消息完整性**。SSL记录协议定义了消息认证码(MAC)的共享密钥。

2) SSL 密码更改协议

SSL密码更改协议是SSL的3个特定协议之一,由一个仅包含一字节的值为1的消息组成。此消息使得挂起状态被复制到当前状态中,用于更改此链接所使用的密码组。

3) SSL 警告协议

SSL警告协议用于向对等实体传递SSL相关警告。该协议的每个消息由两字节组成：第一字节传递消息出错的严重程度，值为 1 表示警告，值为 2 表示致命错误；第二字节包含描述特定警告信息的代码。

4）SSL 握手协议

SSL 握手协议允许客户端和服务器端相互认证、协商加密和执行 MAC 算法，保护数据使用的密钥通过 SSL 记录协议传送。SSL 握手协议在传送应用数据之前，在客户端和服务器端进程之间协商它们在安全信道中要使用的安全参数，这些参数包括要采用的协议版本、加密算法和密钥。另外，客户端要认证服务器端，服务器端则可以选择认证或不认证客户端。SSL 握手协议工作过程包括以下 4 个阶段：

- 阶段 Ⅰ 如图 2-26 所示，客户端发送 ClientHello 报文给服务器端，服务器端回答 ServerHello 报文。该过程协商的安全参数包括协议版本、加密算法和压缩方法。

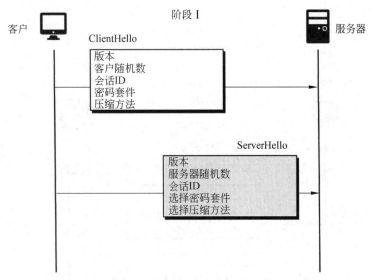

图 2-26　SSL 握手协议的阶段 Ⅰ

- 阶段 Ⅱ 如图 2-27 所示，服务器端发送 Certificate 报文传送数字证书和公钥。若服务器端被认证，则它会请求客户端的证书，并在验证以后发送 ServerHelloDone 报文，表示双方握手成功。
- 阶段 Ⅲ 如图 2-28 所示，服务器端请求客户端证书时，客户端需要返回证书或返回没有证书的指示；接着，客户端发送密钥交换报文，改变加密规范协议报文和加密握手报文，表示客户端握手消息交换已经完成。其中，发送改变加密规范协议报文的作用是允许使用已经协商的加密算法和加密密钥。
- 阶段 Ⅳ 如图 2-29 所示，服务器端此时要返回改变加密规范协议报文和加密握手报文，表示完整的握手报文交换已经全部完成。

SSL 握手协议完成后，客户端即可与服务器端传输加密的应用数据。应用数据加密一般使用阶段 Ⅰ 协商时确定的对称加密密钥，如 DES、3DES 等。非对称密钥一般为 RSA，用于数字证书的验证。

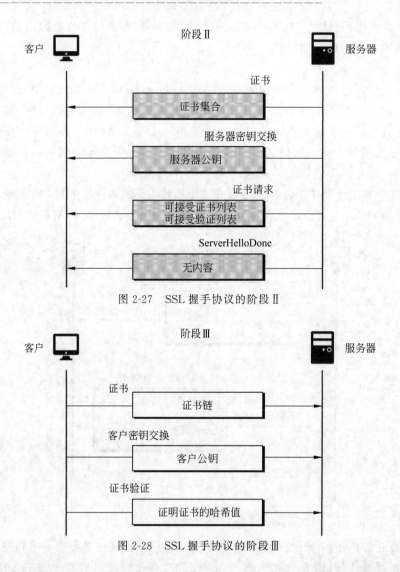

图 2-27　SSL 握手协议的阶段 Ⅱ

图 2-28　SSL 握手协议的阶段 Ⅲ

2. Kerberos 协议

Kerberos 是一种通用的网络认证协议,该协议是由麻省理工学院作为 Athena 计划的一部分开发的使用对称密码技术与时间戳技术的认证服务系统,其建立了由中心认证服务器向用户和服务器提供的相互安全认证。Kerberos 协议的使用场景是：在开放的分布式环境中,工作站用户希望访问分布在网络中的各种服务器,而服务器要求能够认证用户的访问请求,并仅允许那些通过认证的用户访问服务器,以防未授权用户得到服务和数据。Kerberos 协议支持客户端通过非安全网络连接向服务器端证明其身份。当身份认证完成后,Kerberos 协议进一步提供客户端与服务器端业务数据的加密和完整性保护。Kerberos 协议面向比较小规模的应用场景,主要是局域网(Local Area Network,LAN)或公司内部网络等环境。目前该协议已有 5 个版本,除了 V1 到 V3 为内部开发版外,V4 公布后已被广泛应用,而 V5 改进了 V4 的安全性,并成为 Internet 标准草案。

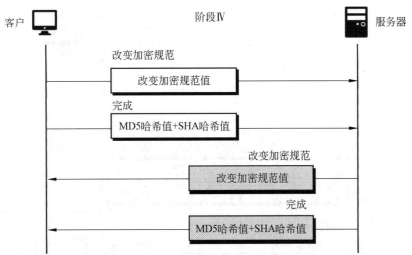

图 2-29　SSL 握手协议的阶段 Ⅳ

在 Kerberos 协议 V4 版本中,最关键的组件是称为密钥分发中心(Key Distribution Center,KDC)的可信赖第三方。在 Kerberos 协议中每个用户都与 KDC 之间共享密钥。例如,Alice 与 KDC 之间共享密钥 K_A,Bob 与 KDC 之间共享密钥 K_B,Carol 与 KDC 之间共享密钥 K_C,等等。KDC 则拥有主密钥 K_{KDC},该密钥仅有 KDC 知晓。

Kerberos 协议采用了票据(ticket)的概念。在 Kerberos 认证架构中,KDC 负责签发各种类型的票据。其中,票据许可票据(Ticket Granting-Ticket,TGT)是 KDC 签发的最重要的票据。TGT 是在用户初始登录到系统时签发的,主要起到用户凭证的作用。TGT 由 KDC 签发后,用户可凭 TGT 获得其他服务票据,以访问网络资源或服务。TGT 的设计使得 Kerberos 协议具备了无状态特性。

Kerberos 协议流程如图 2-30 所示。KDC 提供了两个服务:认证服务(Authentication Service,AS)和票据许可服务(Ticket Granting Service,TGS)。通过 AS 可获得由客户端密钥 K_C 加密的票据。TGS 使得客户端不用每次通过输入口令获得票据。

Kerberos 认证协议中包含三方实体:客户端、KDC、应用服务器(Service Server,SS)。其中,KDC 包含认证服务器(Authentication Server,AS)和票据许可服务器(Ticket-Grating Server,TGS),SS 为用户提供服务。客户端、KDC 与 SS 的共享密钥分别是 K_C 和 K_S。K_{TGS} 是 KDC 的主密钥,由 KDC 保存且只有 KDC 知晓 K_{TGS} 的取值。

1) 用户认证阶段

用户认证阶段的步骤如下:

(1) 用户通过客户端发送用户 ID(在图 2-30 中用 Client 表示)到 AS 发起认证。

(2) AS 检查客户端是否是数据库中有效用户。检查通过,则返回以下消息:

- 消息 A:$E(K_{C\text{-}TGS}, K_C)$。即 TGS 生成与客户端共享的会话密钥 $K_{C\text{-}TGS}$,并用 KDC 与客户端共享的密钥 K_C 加密。

- 消息 B:$E(K_{C\text{-}TGS} || \text{Client} || \text{Timestamp}, K_{TGS})$,即 TGS 用其主密钥对 TGT(由会话密钥 $K_{C\text{-}TGS}$、客户端 ID、时间戳构成的消息)进行加密。

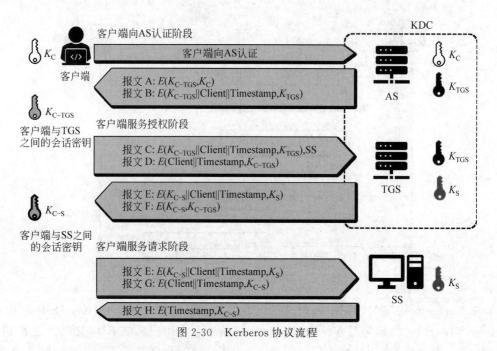

图 2-30   Kerberos 协议流程

（3）当客户端收到消息 A、B，即使用 K_C 解密消息 A，获取客户端与 TGS 共享的会话密钥 K_{C-TGS}。会话密钥 K_{C-TGS} 用于后续客户端与 TGS 的通信。

2）服务授权阶段

服务授权阶段的步骤如下：

（1）当需要请求服务时，客户端发送以下消息到 TGS：

- 消息 C：$E(K_{C-TGS}||Client||Timestamp,K_{TGS})$，SS。在消息 C 中包含了加密的 TGT 以及客户端所要请求的服务端 ID（在图 2-30 中用 SS 表示）。

- 消息 D：$E(Client||Timestamp,K_{C-TGS})$。消息 D 是用客户端与 TGS 共享会话密钥 K_{C-TGS} 加密的认证元（authenticator），认证元包含客户端 ID 和时间戳信息。

（2）TGS 收到消息 C、D 后，由消息 C 中取出消息 B。TGS 使用密钥 K_{TGS} 解密消息 B，获得客户端与 TGS 共享的会话密钥 K_{C-TGS} 与客户端 ID；TGS 使用 K_{C-TGS} 解密消息 D 并比较分别从消息 B 和消息 D 中提出的客户端 ID，如果两个消息中提取出的客户端 ID 一致（匹配），则 TGS 返回客户端如下消息：

- 消息 E：$E(K_{C-S}||Client||Timestamp,K_S)$。即用 KDC 与服务器共享的密钥 K_S 加密服务许可票据（client-to-server ticket）。服务许可票据包含分发给客户端与服务器共享的会话密钥 K_{C-S}、客户端 ID 和时间戳。

- 消息 F：$E(K_{C-S},K_{C-TGS})$。即使用客户端与 TGS 共享的会话密钥加密会话密钥 K_{C-S}。

3）服务请求阶段

服务请求阶段的步骤如下：

（1）客户端由 TGS 处收到消息 E、F 后，即可向服务器（SS）进行认证并请求服务。客户端向 SS 发送如下消息：

- 消息 E：$E(K_{C\text{-}S}||\text{Client}||\text{Timestamp}, K_S)$。TGS 发送给客户端的用 KDC 与服务器共享的密钥 K_S 加密的服务许可票据。

- 消息 G：$E(\text{Client}||\text{Timestamp}, K_{C\text{-}S})$。一个新的认证元(包含了客户端 ID 和时间戳)用客户端与服务器共享的密钥 $K_{C\text{-}S}$ 进行了加密。

(2) 服务器 SS 收到消息后,使用其密钥 K_S 解密消息 E,得到客户端与服务器共享的会话密钥 $K_{C\text{-}S}$。使用 $K_{C\text{-}S}$,SS 解密消息 G,得到认证元,并比较解密消息 E 和 G 得到的客户端 ID 是否一致(匹配)。如果一致,则服务器发送如下消息给客户端,确认其真实身份以及提供服务的意愿:

- 消息 H：$E(\text{Timestamp}, K_{C\text{-}S})$,即用 $K_{C\text{-}S}$ 加密由认证元中得到的时间戳。

(3) 客户端使用 $K_{C\text{-}S}$ 解密消息 H,并检验时间戳是否正确。如果正确,则客户端可以信任 SS,向 SS 发出服务请求。

(4) 服务器向客户端提供请求服务。

3. SSH 协议

SSH(Secure Shell,安全壳[34])协议是建立在应用层基础上的加密网络传输协议,它在不安全的网络中建立安全隧道,为网络服务(如远程登录会话、文件传输等)提供安全的传输环境。SSH 协议支持强安全认证、安全通信与完整性保护等。SSH 协议用于替换早期非安全的登录方法(如 telnet、rlogin)和非安全文件传输方法(如 FTP)。

在 Linux 系统中,通常使用 OpenSSH 软件建立 SSH 连接;在 Windows 系统中,也可使用 PuTTY 等工具建立 SSH 连接。

SSH 采用客户-服务器架构,在开放(非安全)网络中建立一条安全通道连接客户端应用与 SSH 服务器端,SSH 协议的标准端口为 22。服务器端需要开启 SSH 保护进程以便接受客户端的远程连接,而用户需要使用 SSH 客户端与其建立连接[35]。在建立连接时,首先通过公钥体制进行身份认证。而在数据传输时,SSH 使用单钥体制和哈希函数保证数据的保密性和完整性。

如图 2-31 所示,SSH 包括 3 个协议,分别为 SSH 传输层协议、SSH 用户认证协议和 SSH 连接协议。其中,SSH 传输层协议初始化客户端与服务器端的连接,认证服务器端,协商协议版本号、会话 ID、密码算法与密钥;SSH 用户认证协议则由客户端发起认证请求,由服务器端进行客户端认证;SSH 连接协议用于认证成功后由客户端发起会话请求,进行安全会话,该协议在一个传输层协议建立的安全通道上开启多个会话连接(connection)。

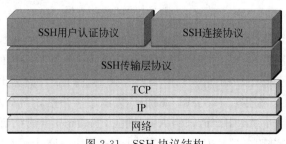

图 2-31　SSH 协议结构

SSH 协议的工作过程包括以下 5 个阶段,如图 2-32(a)所示:

(1) 版本号协商。客户端和服务器之间首先通过 TCP 三次握手建立连接,然后协商此次连接使用的协议版本号。

(2) 密钥和算法协商。双方互相交换算法协商报文,并使用 Diffie-Hellman 算法生成会话密钥 K 和会话 ID(SID)。

(3) 认证。客户端发起认证请求,并提供认证信息,服务器决定认证成功或失败。SSH 协议可以基于口令认证,也可以基于公钥认证,后文将详细描述不同认证方法的具体过程。

(4) 会话请求。认证成功后,客户端发起会话请求。

(5) 会话交互。双方使用会话密钥 K 进行加密通信。

在基于口令的认证过程中,客户端发送认证请求,用会话密钥 K 加密登录账号与口令并发给服务器,服务器解密得到口令并验证。若口令正确,则认证成功;若口令不正确,则认证失败,认证失败报文中包含可再次认证的方法列表,客户端进行再次认证,直到认证成功。若认证次数达到上限,则服务器关闭本次 TCP 连接。具体过程如图 2-32(b)所示。

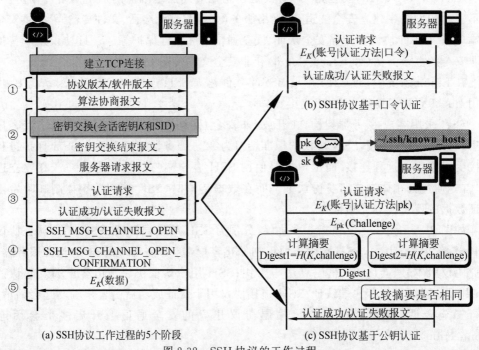

(a) SSH协议工作过程的5个阶段　　(c) SSH协议基于公钥认证

图 2-32　SSH 协议的工作过程

在基于公钥的认证过程中,客户端需提前生成一对密钥对(pk,sk),并将公钥 pk 发送给服务器存储。在认证时,客户端向服务器发送认证请求,用会话密钥 K 加密登录账号与自己的公钥 pk 发给服务器,服务器解密后与自己存储的客户端公钥对比。若正确,则服务器会生成挑战 Challenge,并用客户端公钥 pk 加密,发送给客户端,客户端使用私钥 sk 解密后得到 Challenge。之后双方利用会话密钥 K 与挑战 Challenge 生成摘要,客户端将生成的摘要发给服务器验证。若服务器比对摘要正确,则认证成功。该认证方法无须客户端输入口令即可登录服务器,因此也称为免密登录,其具体过程如图 2-32(c)所示。

由于 SSH 协议没有引入证书进行身份验证,所以上述过程可能遭受中间人攻击。攻击者在捕获到客户端的登录请求后,可冒充服务器将自己的公钥发给客户端。为了解决这一问题,在第一次建立连接时,客户端需要对服务器的公钥进行手动验证。验证通过的公钥会保存在本地的 SSH 配置文件中(~/.ssh/known_hosts)。

2.4　本章小结

密码学是物联网中的重要安全技术,是系统安全、软件安全、传输安全、认证与访问控制等诸多安全机制的核心组件。本章重点介绍了与物联网安全相关的密码学基础理论、算法与协议,主要包含:典型的流密码、分组密码算法,Diffie-Hellman 密钥交换协议、RSA 算法以及椭圆曲线密码等公钥密码算法,哈希函数与消息认证码,SSL、SSH、Kerberos 等常用安全协议。密码技术是物联网中的基础性技术,密码技术的安全除了算法本身的安全之外,还涉及应用安全和实现层面的安全。

习题

1. 根据对明文消息处理方式的不同,单钥体制密码可分为＿＿＿＿和＿＿＿＿。

2. DES 的分组长度是＿＿＿＿位,密钥长度是＿＿＿＿位;AES 的分组长度是＿＿＿＿位,密钥长度是＿＿＿＿位。

3. RSA 是基于＿＿＿＿(数学难题)构造的,Diffie-Hellman 密钥交换协议是基于＿＿＿＿(数学难题)构造的。

4. 分组密码中,令 P_i、C_i 为明文和密文的第 i 个分组,E_k 与 D_k 分别为使用密钥 k 的加解密算法,则电码本(ECB)模式的加密过程可以表达为 $C_i = E_k(P_i)$,解密过程则可以表达为 $P_i = E_k(C_i)$。请仿照上面的形式,写出密码分组链接(CBC)、密码反馈(CFB)以及输出反馈(OFB)3 种分组密码工作模式的加解密过程的数学表达式,并分析这 3 种模式的误码传播。

5. 判断题:

(1) RSA 可以看作分组密码体制。　　　　　　　　　　　　　　　　　(　　)

(2) 采用双钥体制加密,加密时使用发送方公钥,解密时使用接收方私钥。　(　　)

(3) 消息认证码(MAC)除了提供消息完整性验证外,还可以提供消息真实性认证,即,只有拥有特定密钥的用户方可生成正确的 MAC 值。　　　　　　　　　　(　　)

6. 是否加密采用的密钥越长越好、加密轮数越多越好? 如果不是,请举出示例予以说明。

7. 什么是中间人攻击? 如何对 Diffie-Hellman 密钥交换协议进行中间人攻击?

8. 请组合运用若干种密码学手段,使得两个实体间的通信满足数据保密性,并可对通信实体和消息进行认证。

第3章 物联网安全基础 ——网络层关键技术

网络层也被称作数据传输层,位于感知层与应用层之间,负责将感知层采集的信息数据传输到应用层,并将应用层的控制信息等传递到感知层。物联网的网络层不限于计算机网络体系结构中 IP 所处的网络层协议栈。针对特定的接入、组网需要以及兼顾感知层硬件与应用层软件平台的需求,物联网的网络层发展出独特的技术与协议。本章分别就物联网的网络构建(接入和组网)及其相关技术和面向物联网应用的消息协议两方面,结合具体的技术、协议及其特点与这些技术、协议在物联网体系结构中的具体应用场景,对物联网网络层关键技术进行阐述。

3.1 物联网网络层概述

在物联网中,网络层也被称作数据传输层,位于感知层与应用层之间,负责将感知层采集的数据传输到应用层,并将应用层的控制信息等传递到感知层。具体而言,网络层承担了感知层设备和应用层系统间的寻址和路由选择,同时还具有连接的建立、保持以及终止等功能。

尽管都叫作网络层,物联网体系结构中的网络层与计算机网络体系结构中的网络层有所不同。在计算机网络体系结构的 TCP/IP 五层模型中,计算机网络各层的协议自顶向下被分为应用层、传输层、网络层、数据链路层和物理层。其中,应用层负责向网络应用程序交付它们能够接收的协议,常见的应用层协议包括超文本传输协议(HyperText Transfer Protocol,HTTP);传输层负责在应用程序端点之间传输应用层报文,主要包括传输控制协议(Transmission Control Protocol,TCP)和用户数据报协议(User Datagram Protocol,UDP);网络层负责将数据报(datagram)从一台主机移动到另一台主机,主要协议是网际互联协议(Internet Protocol,IP);数据链路层通过源和目的地之间的一系列路由器对数据报进行路由,主要协议包括以太网(Ethernet)协议等;物理层负责将整个帧从一个网络元素移动到邻近的网络元素,例如关于双绞线、同轴电缆、光纤等物理元素的协议[36]。

物联网的网络层则不限于计算机网络体系结构中 IP 所处的网络层协议栈。实际上,物联网的网络层是建立在整个传统计算机网络体系结构之上的。针对特定的接入、组网以及兼顾感知层硬件与应用层软件平台的需求,物联网的网络层发展出独特的技术与协议,如图 3-1 所示。

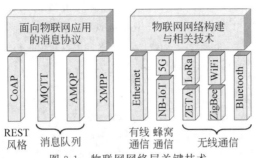

图 3-1　物联网网络层关键技术

本章分别就物联网的网络构建(接入和组网)及其相关技术和面向物联网应用的消息协议两方面,结合具体的技术、协议及其特点与这些技术、协议在物联网体系结构中的具体应用场景,对物联网的网络层关键技术进行阐释。对于传统计算机网络体系结构中涉及的 TCP/IP 协议栈,本章则不着重进行介绍。

3.2　物联网的网络构建与相关技术

物联网网络构建涉及物联网系统中设备间的组网技术与设备接入物联网局域网或接入互联网(Internet)的技术。这些技术依照通信方式可以分为有线通信、远距离蜂窝通信、远距离非蜂窝通信以及近距离通信。这些技术的标准通常对应于计算机网络中的物理层和数据链路层。

不同的通信技术涉及不同的网络协议与技术。常见的有线通信协议及技术包括以太网、通用串行总线(Universal Serial Bus,USB)、仪表总线技术(Meter Bus,MBus)等,常见的远距离蜂窝通信协议及技术包括第三代、第四代、第五代移动(3rd/4th/5th-Generation,3G/4G/5G) 通信技术以及窄带物联网技术(Narrow Band Internet of Things,NB-IoT),常见的远距离非蜂窝通信协议及技术包括远距离无线电技术(Long Range Radio,LoRa) 和 ZETA 协议族,常见的近距离通信协议及技术包括紫蜂协议(ZigBee)、无线保真(WiFi)技术、蓝牙(Bluetooth)与蓝牙低功耗(Bluetooth Low Energy,BLE)。

根据应用场景的不同,物联网系统所采用的通信技术及协议的不同,其组网方式也有所不同。对于依靠远距离蜂窝通信或有线通信的物联网系统,其设计与开发者不需要过多考虑系统的组网方法,或可以直接参照计算机网络的组网方法;对于通过网关接入互联网的设备,物联网系统的设计与开发者则需要依据设备及网关采用的协议构建无线传感器网络,再将其接入互联网。

3.2.1　5G

5G 指第五代移动通信技术(5th Generation Mobile Communication Technology),其

标准化计划由国际电信联盟(International Telecommunication Union,ITU)于 2015 年 6 月提出。

与 4G 网络不同,在 5G 蜂窝网络中,基站的功能被重构为两个功能单元:集中单元 (Centralized Unit,CU)和分布单元(Distributed Unit,DU),如图 3-2 所示。其中,DU 主要完成物理层功能,满足实时性需求;CU 主要处理非实时的无线高层协议栈,同时也支持部分核心网功能下沉以及边缘应用业务的部署。

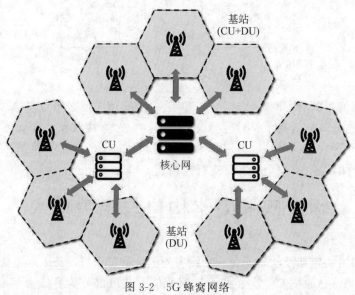

图 3-2　5G 蜂窝网络

5G 技术在提出时的目标是服务于以下 3 个场景:

(1) **增强型移动宽带**(enhanced Mobile BroadBand,eMBB)。提供更高的体验速率和更大的带宽接入能力,支持解析度更高、体验更鲜活的多媒体内容,下行峰值速率可达 10Gb/s。

(2) **高可靠和低时延通信**(ultra-Reliable and Low Latency Communication,uRLLC)。提供高可靠、低时延信息交互能力,支持互联实体高度实时、高度精密和高度安全的业务协作,空口时延低于 1ms,误码率低至 10^{-5} 量级。

(3) **海量机器类型通信**(massive Machine Type Communication,mMTC)。提供更高连接密度时优化的信息控制能力,支持多类型、高数量级物联网设备的连接,连接密度可达 $10^6/\mathrm{km}^2$。

截至 2021 年,3GPP(3rd Generation Partnership Project,第三代合作伙伴计划)组织已经发布了 Rel-15、Rel-16 和 Rel-17 共 3 个版本的 5G 标准。其中,Rel-15 和 Rel-16 已经被冻结,而 Rel-17 标准于 2022 年 6 月被正式冻结。此外,Rel-18 标准已经于 2021 年年底完成立项。

Rel-15 是 5G 的第一个标准,主要由 LTE 增强(LTE-Advance,LTE-A)、5G 新无线 (5G New Radio,5G NR)标准、5G 核心网(5G Core Network,5GC)3 部分组成。

LTE-A 瞄准 eMBB、uRLLC 和 mMTC 三大场景进行功能扩展。针对 eMBB 场景,

LTE-A 支持 1024QAM 调制解调、增强型协同多点（Coordinated Multiple Points,CoMP）传输、8 天线波束赋形技术以及各种干扰抑制技术等；针对 uRLLC 场景,LTE-A 优化了物理控制格式指示信道（Physical Control Format Indicator Channel,PCFICH）和短传输时间间隔（Short Transmission Time Interval,Short TTI）；针对 mMTC 场景,LTE-A 在无人机终端检测/干扰检测方面和车联网（Vehicle to Everything,V2X）方面提出了新的要求,对 LTE-M 和 NB-IoT 功能进行了增强。

5G NR 标准主要规范了 eMBB 和 uRLLC 两个场景。针对 eMBB 场景,5G NR 定义了 3 类关键技术:

(1) 高频/超宽带传输。指定了两个频段范围,分别是 FR1(450MHz～6GHz,单载波带宽为 100MHz)和 FR2(24.25～52.6GHz,单载波带宽为 400MHz)。载波聚合（Carrier Aggregation,CA)和双连接技术,可聚合 16 个载波,以实现高速传输。

(2) 大规模多入多出（massive Multiple Input Multiple Output,mMIMO)。采用数字和模拟混合波束赋形等技术,在基站和终端支持更多天线单元,从而在高频段实现大规模高速数据传输。

(3) 灵活的帧结构/物理信道结构。支持多个子载波间隔,在频域上子载波间隔可以更宽,在时域上 OFDM(Orthogonal Frequency Division Multiplexing,正交频分复用)符号可以更短,以实现低时延传输;还可灵活改变控制和数据信道的分配单元中的 OFDM 符号数量,并可根据上下行业务比率灵活改变帧结构中的上下行时隙比。

针对 uRLLC 场景,5G NR 采用宽子载波间隔并减少 OFDM 符号数量以降低时延,定义了新的信道质量指示（Channel Quality Indication,CQI)和调制与编码策略（Modulation and Coding Scheme,MCS)标准以提升可靠性。

5G 核心网包含非独立组网（Non-Standalone,NSA)和独立组网（Standalone,SA)两种。NSA 采用双连接方法,5G NR 的控制面锚定于 4G,建立在 4G 核心网 EPC 上;SA 采用新建的 5G 核心网,不依赖 4G。NSA 采用的 EPC 扩展方案,相较于 4G EPC,添加了 5G NR 的服务识别与控制功能。SA 采用的全新 5GC 设计则与 EPC 完全不同,基于服务化、软件化结构,通过网络切片、控制面/用户面分离等技术,使网络定制化、开放化和服务化。

5G Rel-15 是 5G 的第一个标准,内容上继承了 4G 技术。而 5G Rel-16 标准侧重于强化 uRLLC 场景功能,在垂直领域进行了极大扩充(可以看作在 mMTC 场景的扩展),从工业互联网到车联网等,拥有了更广泛的应用场景,可进一步支撑物联网丰富的应用场景。Rel-16 标准中 5G 的垂直领域技术与应用如表 3-1 所示。

表 3-1　Rel-16 标准中 5G 的垂直领域技术与应用

技　术	介　　绍	应用场景
5G+TSN	时间敏感网络（Time-Sensitive Networking,TSN)指基于以太网架构的一套音频/视频传输标准,对于实时性、时延、鲁棒性和资源管理有较高的需求。5G 的 uRLLC 需求与 TSN 有很高的契合度	工业互联网,如工厂自动化、电网配电自动化等

续表

技术	介　绍	应用场景
NPN	非公共网络(Non-Public Network,NPN)指基于 5G 系统架构的专用网络。NPN 可分为非独立部署和独立部署两个模式。在非独立部署模式下,使用方基于 5G 切片与运营商共享 RAN、核心网控制面或端到端 5G 公网;在独立部署模式下,使用方自主部署从基站到核心网再到云平台的整个 5G 网络系统,可以在保证数据不泄露的情况下享受 5G 的低时延和高可靠性	有一定安全需求的企业与工业园区等
5G NR-U	工作于非授权频谱的 5G NR(5G NR in Unlicensed Spectrum,5G NR-U)指各个行业可以使用非授权的 5G 频段接入 5G 网络。类似于 NPN,5G NR-U 也包括两种模式:授权辅助接入(Licensed-Assisted Access,LAA)和独立组网(Stand alone,SA)。前者需要依赖于运营商的授权频谱,配合未授权频谱提升运营商网络容量和性能;后者不依赖于授权频谱,建立独立的 5G 专用网	商场、园区等 5G 网络;企业网络与工业互联网等各个垂直领域
5G LAN	5G 局域网支持在一组接入终端间构建二层转发网络,实现了终端组内数据交换和用户面路径选择。5G LAN 提供了组管理服务,使第三方可以创建、更新和删除组,以及处理网络中的 5G 虚拟网络配置数据和组成员终端的配置	构建公司局域网及虚拟专用网络;工业互联网等领域
5G V2X	V2X 实际上包括车与云端(Vehicle to Network,V2N)、车与车(Vehicle to Vehicle,V2V)、车与道路基础设施(Vehicle to Infrastructure,V2I)以及车与行人(Vehicle to Pedestrian,V2P)的连接。V2X 消息可以在基站和设备之间传输,也可以实现设备之间的直接通信。5G NR 可以支持更低的时延、更高的可靠性、更大的容量以提供更高级的 V2X 服务	车联网领域,将车与车、车与人、车与道路基础设施连接成网
5G NR 定位	利用 MIMO 多波束特性,定义了基于蜂窝小区的信号往返时间(Round Trip Time,RTT)、信号到达时间差(Time Difference of Arrival,TDOA)、到达角(Angle of Arrival,AoA)测量法、离开角(Angle of Departure,AoD)测量法等室内定位技术	工业自动引导车(Automated Guided Vehicle,AGV)、资产追踪等需要室内精准定位的场景

2022 年 3 月 5G Rel-17 标准进行了功能性冻结,该标准不仅在工作频率、载波聚合上进一步增强了 Rel-16,而且在 NB-IoT/eMTC 增强、扩展现实(Extended Reality,XR)领域拓展以及进一步的功耗降低等方面进行了优化。

(1) NB-IoT/eMTC 增强。研究 5G 及 NB-IoT/eMTC 的非地面通信(对空或对海)方案以应用于无人机、飞机、船只的通信。

(2) XR 领域拓展。XR 领域包括虚拟现实(Virtual Reality,VR)和增强现实(Augmented Reality,AR)。例如,5G 的高带宽、低时延特性可以帮助 VR 设备将图形运算功能分离到云端,从而使 VR 设备更加轻便。

(3) 进一步的功耗降低。将用户设备的天线数减半、删去不需要的 5G 技术等。此外,增加了无线资源控制(Radio Resource Control,RRC)的 Inactive 状态以支持小数据传输。

　　而根据已立项的 Rel-18 标准项目,Rel-18 会进一步改善网络切片接入功能;在工业互联网方面增强授时功能以保证时间同步,加强低功耗高精度定位功能;继续完善 V2X 的车载网络功能。同时,Rel-18 将继续拓展 5G 的垂直领域,智能铁路、智能电网以及智能家庭也将被囊括进来。Rel-18 的另一方向则是以 5G 中传输 AI/ML 模型为目标,研究模型的流量特性与传输的性能需求。

　　5G 标准技术更新内容总结如表 3-2 所示。

表 3-2　5G 标准技术更新内容总结

标准版本	技 术 更 新		
	增强型移动带宽	高可靠和低时延通信	海量机器类型通信
Rel-15	• 5G NR 的提出 • 高频高带宽通信 • mMIMO 技术 • 灵活的帧结构/物理通道结构	• 时隙 OFDM 符号数减少 • 全新 CQI 和 MCS 的定义	• V2X • 无人机终端检测 • eMTC/NB-IoT
Rel-16	• MIMO 增强 • 双连接/载波聚合增强 • IAB/移动性增强	• PDCCH 监视 • 多个 HARQ-ACK 支持无序 PUSCH 调度	• 工业物联网方向增强(5G＋TSN,5G NR 定位等) • V2X 完善
Rel-17	• 功耗降低 • 频率拓宽 • 载波聚合进一步增强	工业互联网可靠性提升	• XR 领域增强 • 空天地一体化建设
Rel-18	网络切片增强	垂直领域 uRLLC 增强	• 智能铁路 • 智能电网 • 智能家庭

3.2.2　NB-IoT

　　窄带物联网技术(NB-IoT)是 GSM/EDGE 无线接入网络(GSM/EDGE Radio Access Network,GERAN)工作组于 2015 年在 TR45.820 报告中提出的非后向兼容传统 GSM 系统的蜂窝物联网方案,可以在 200kHz 系统上支持窄带物联网技术。在 3GPP 的 RAN♯70 会议上,NB-IoT 最终被确定为下行采用基于 15kHz 子载波间隔的 OFDMA (Orthogonal Frequency Division Multiple Access,正交频分多址接入)技术,上行采用 SC-FDMA (Single-Carrier Frequency Division Multiple Access,单载波频分多址接入)技术。

　　NB-IoT 网络由 NB-IoT 终端、基站和物联网核心网三部分组成。如图 3-3 所示,物联网核心网支持两种数据传输方案,用户面 EPS 优化 (User Plane EPS Optimization)和控制面 EPS 优化(Control Plane EPS Optimization)。

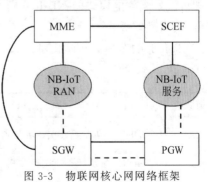

图 3-3　物联网核心网网络框架

物联网核心网网络框架如图 3-3 所示。其中,实线标识的为控制面 EPS 优化方案,虚线标识的为用户面 EPS 优化方案。MME 为移动管理实体(Mobile Management Entity),负责接入控制、移动管理等工作;SGW 为服务网关(Service Gateway),负责在 MME 的控制下进行数据包的路由和转发;PGW 为 PDN 网关(PDN Gateway),负责会话管理和承载控制、数据转发、IP 地址分配等工作。

在控制面 EPS 优化方案中,上行数据会从物联网接入网传输至 MME。而后,数据可通过 SGW 和 PGW 转发到物联网应用服务上,也可通过 SCEF 发送到物联网服务。下行数据传输路径与上行数据对应。其中,SCEF 传输方法是专门为 NB-IoT 而设计的,它仅支持非 IP 传输,可以将核心网的网元能力开放给各类业务应用,通过协议封装及转换实现与合作/自有平台对接,使网络具备多样化的运营服务能力。由于无须建立数据无线承载,控制面 EPS 优化方案适合非频发小数据包传输。

在用户面 EPS 优化方案中,上行数据会通过 SGW 和 PGW 发送给物联网应用服务。用户面 EPS 优化方案与传统数据流量传输相同,在无线载波上发送数据,支持 IP 和非 IP 数据包。尽管该方案在建立连接时会产生额外开销,但数据包序列传输更快。

由于不同场景对于设备实时性要求不同,NB-IoT 支持以下 3 种工作模式,以不同程度地降低功耗。

(1)不连续接收(Discontinuous Reception,DRX)。在 DRX 模式下,NB-IoT 模块会在每一个 DRX 周期(通常为 1.28s 或 2.56s)监听一次寻呼信道,接收下行数据。DRX 模式的功耗比 eDRX 模式和省电模式高,适用于对实时性有一定要求的场景,例如共享单车的车锁及其他智能门锁。

(2)扩展不连续接收(extended DRX,eDRX)。在 eDRX 模式下,模块会在每一个 eDRX 周期(通常为 20.48s 或 81.92s,最长可达 2.92h)内打开接收机,持续几个 DRX 工作循环再关闭。此外,eDRX 还支持周期动态调整,例如,NB-IoT 应用在跟踪宠物场景时,通常 NB-IoT 模块只需要每 2621～5242s 响应一次服务器的数据采集请求;但当宠物走失时,它可能需要将周期缩短到 20.48s。

(3)省电模式(Power Save Mode,PSM)。在 NB-IoT 模块空闲一段时间后,会进入省电模式,此时,NB-IoT 模块关闭全部信号收发功能和接入层收发功能,仅保留注册状态存在于网络中。当 NB-IoT 模块需要发送数据时,不需要重新连接,只需要开启相关功能即可。处于省电模式的 NB-IoT 模块开启接收机的频率可能低至几天一次,因此功耗极低,仅为微安级。

NB-IoT 的 3 种工作模式对比如表 3-3 所示。

表 3-3 NB-IoT 的 3 种工作模式对比

模式	原理	功耗	时延	适用场景
DRX	每个 DRX 周期监听一次寻呼信道,接收下行数据	较低	中等	共享单车车锁、智能门锁等
eDRX	每个 eDRX 周期打开一次接收机,持续几个 DRX 工作循环再关闭	低	高	宠物跟踪、物流监控、抄表等

模式	原　　理	功耗	时延	适 用 场 景
PSM	关闭全部收发功能,在需要发送时开启相应功能。打开接收机的频率低至几天一次	非常低	很高	远程煤气表、远程水表、远程电表等

与其他远距离蜂窝技术相同,NB-IoT 由网络运营商代为构建网络。但与之不同的是,NB-IoT 的设计侧重于广覆盖、多连接、低模块成本、低功耗等方面。尽管 NB-IoT 在这些方面远胜于 4G 技术,然而其时延、传输速率以及移动性能等方面均远逊于 4G 技术。目前,NB-IoT 常被应用于上行数据需求量小、周期长(以小时、天计)的智能公用事业(如煤气表、水表、电表等)、智能农业、智能环境等领域[37-38]。

3.2.3 LoRa

LoRa(远距离无线电)是由 Semtech 公司创建的低功率广域网(Low-Power Wide-Area Network,LPWAN)无线标准。LoRa 具有远覆盖距离、低功耗、低成本、支持多节点的特性。同时,LoRa 工作频段也较低,为 15MHz～1GHz,传输速率很低,通常低于 100kb/s。

LoRa 的组网有两个标准:LoRa 广域网(LoRaWAN)和 LoRa 无线网格网络(LoRaMESH)。在 LoRaWAN 标准中,组网方式为最常见的星状网。如图 3-4 所示,在 LoRaWAN 下,网络以 LoRa 网关为中心节点,其他终端设备则为终端节点,与中心节点相连。

在组网时,需要配置 LoRa 协议的传输速率、工作频率等参数,以保证终端设备和 LoRa 网关一致。通常,LoRa 网关支持节点主动上报和轮询唤醒两种接入模式。在节点主动上报模式下,终端设备会主动向 LoRa 网关发送数据,与 LoRa 网关进行配对;而在轮询唤醒模式下,LoRa 网关会根据上层指令发送消息,唤醒无法主动发送消息的终端设备,当需要唤醒的终端设备较多时,轮询周期较长,会导致较高的时延。

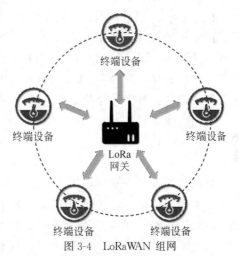

图 3-4　LoRaWAN 组网

星状网的 LoRaWAN 标准具有网络拓扑简单、稳定性高的优点,但在网络覆盖距离较大的情况下,星状网可能出现远端节点连接不稳定或无法连接的情况。此外,星状网使 LoRa 网关的负担较大,当终端节点很多时,由于同一时刻 LoRa 网关仅能处理一个节点发送的数据,网络可能会发生数据丢失[39]。

为了处理更复杂的场景,提升连接距离,增强扩展性,LoRaMESH 应运而生。如图 3-5 所示,在 LoRaMESH 网络中,骨干网络取代了 LoRaWAN 中的中心节点。骨干网络由 LoRa 网关和 LoRa 路由器组成。LoRa 网关负责数据的处理与接入互联网;而

LoRa 路由器作为终端设备接入的中继,可以极大地延长传输距离,通过算法均衡网络传输,提升稳定性。

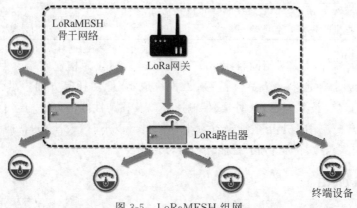

图 3-5　LoRaMESH 组网

　　LoRa 协议为了保证传输距离,采用了低频率的工作频段,配合扩频通信(Spread Spectrum Communication,SSC)技术提升抗干扰性能,增强隐蔽性,使用前向纠错(Forward Error Correction,FEC)编码技术提升可靠性。由于使用高扩展系数获得了信号增益,传输可靠性高,LoRa 协议不需要高发射功率,功耗也自然降低了。

　　扩频通信技术是 LoRa 协议的核心。通俗地说,扩频对信号带宽进行了扩展,降低了对于信噪比的需求。例如,传输数据流的基带带宽可能仅有 64kHz,即 64kb/s,通过扩频技术,传输信号的带宽被扩展到 5MHz 甚至更高。一方面,根据香农对信道容量的定义,在信号传输速率一定时,可通过提升带宽的方式降低对信噪比的要求;另一方面,扩频化码后的信道可以被同时分配给多个用户,从而提高利用率[40]。

　　前向纠错编码技术指通过在待传数据序列中添加冗余信息的方式在接收端纠正传输过程中产生的错误码元,这也是 LoRa 协议中使用的一种通过牺牲传输速率提升可靠性的技术。

　　总的来说,LoRa 通信采用较低频段的信号,进一步通过 SSC 和 FEC 等技术以牺牲传输速率为代价提升可靠性,提升信号增益以降低功耗,因此保证了 LoRa 协议传输距离长、功耗低、成本低、终端设备寿命长等优点。

　　作为 LPWAN 技术的一种,LoRa 与 NB-IoT 的应用场景类似,以智能抄表为主。例如,在智能停车场中,可以在每个车位上部署 LoRa 通信的传感器,通过一个 LoRa 网关即可管理 1km 范围内的多个车位[41];在智能农业场景,温度、湿度等数据也可以通过 LoRa 协议上传,低功耗、使用寿命长的 LoRa 传感器可以大幅降低成本。由于 LoRa 不需要第三方运营商运营,相较于 NB-IoT,使用者无须交付费用给运营商,使用成本更低,可以更好地满足隐私性需求。

3.2.4　ZETA

　　ZETA 是由我国厦门纵行科技信息技术有限公司自主研发的 LPWAN 技术产品[42]。ZETA 是全球首个支持分布式组网、为嵌入式端智能提供算法升级的 LPWAN 通信标准。

　　ZETA 在传统 LPWAN 的穿透性能基础上,进一步通过分布式接入机制实现部署,并为 Edge AI(端智能)提供底层支持,具有超低功耗、超大连接、超低成本、超广覆盖、超安全性等优势。具体来说,ZETA 通信设备电池供电使用寿命可达 3～5 年,覆盖范围达到 3～15km。

　　ZETA 网络架构在支持典型的星状拓扑的同时也实现了树状 MESH 网络。此外,ZETA 还设计了 3 个协议以满足不同物联网场景需求:

　　(1) ZETA-P。低时延增强,主要面向业务流量不大的局域网场景。

　　(2) ZETA-S。时频复用,主要面向业务流量较大的城域网场景。

　　(3) ZETA-G。协议精简,成本较低,主要面向对成本敏感且有较大连接数量的场景。

　　ZETA 网络由接入点(Access Point,AP)、智能路由(可选)、终端和 ZETA 服务器组成,其网络结构如图 3-6 所示。

　　(1) AP。ZETA 自组网汇聚点,主要负责 ZETA 网络数据采集、时钟同步、夏季设备管理以及数据回传至服务器,支持远程全量升级、配置等功能。

　　(2) 智能路由。低功耗 MESH 智能路由节点,可以有效增加单站覆盖范围,便捷补充信号盲区,防止数据拥塞。

　　(3) 终端。数据透明传输模块,负责外界传感器集成,可以实现低功耗双向通信。

　　(4) ZETA 服务器。负责管理 ZETA 网络,支持协议解析、远程升级等功能。

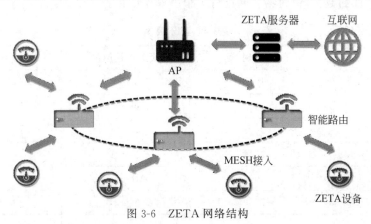

图 3-6　ZETA 网络结构

　　ZETA 的核心技术在于其独特的调制解调方法——Advanced M-FSK。它能够根据各种应用场景的不同速率要求进行自适应,结合了 Sigfox 协议窄带通信的优势,又具备 LoRa 协议的扩展性,配合 5G 技术可以在较小的带宽中达到较高的传输速率。

　　通常,M-FSK 技术的特点如下:

　　(1) 调制信息只在相位上改变。在幅度不变时,峰值平均功率比(Peak to Average Power Ratio,PAPR)为 0,这意味着设备将保持低功耗特性。

　　(2) 在发送功率不变时,带宽增加。

　　(3) 保持符号相位连续,可以减少频谱泄漏。

Advanced M-FSK 对于 M-FSK 的参数进行了优化,使得发送信号更加简单,性能更优。同时,在接收方面,Advanced M-FSK 采用了更先进的接收技术,包括时频同步、数据解调和终端移动速度支持,提升了接收灵敏度。

作为对标 LoRa 的改良标准,ZETA 已经被应用于智能楼宇、智能物流、智能工业、智能农业以及智能城市等垂直领域中。其中,在智能物流方面,中国邮政在广西地区已经采用了可张贴在包裹信件上的 ZETag 云标签对贵重包裹进行全流程跟踪,全球首次在速递件上用物联网云标签实现实时轨迹跟踪服务。

3.2.5 蓝牙

蓝牙[43]是一种无线通信技术标准,用来让固定设备与移动设备在短距离内交换数据,以形成个人局域网(Personal Area Network,PAN)。蓝牙使用短波特高频(Ultra High Frequency,UHF)无线电波,经由 2.4～2.485 GHz 的频段进行通信。蓝牙最早由爱立信公司于 1994 年提出,最初的设计是希望创建一个 RS-232 数据线的无线通信替代版本,能够连接多个设备,解决同步的问题。目前,蓝牙技术由蓝牙技术联盟(Bluetooth Special Interest Group,Bluetooth SIG)负责维护其技术标准。IEEE 曾经将蓝牙技术标准化为 IEEE 802.15.1,但目前已经不再继续使用。

截至目前,蓝牙已经经历了多个版本,如表 3-4 所示。蓝牙 5.0 于 2016 年 6 月发布,相较于上一个版本,极大地提升了传输距离和传输速度,支持室内定位导航功能,允许无须配对接收信标的数据,针对物联网进行了很多底层优化。

表 3-4 蓝牙版本

蓝 牙 版 本	发 布 时 间	最大传输速度	最大传输距离/m
蓝牙 1.0	1998	723.1kb/s	
蓝牙 1.1	2002	810kb/s	10
蓝牙 1.2	2003	1Mb/s	
蓝牙 2.0＋EDR	2004	2.1Mb/s	
蓝牙 2.1＋EDR	2007	3Mb/s	10
蓝牙 3.0＋HS	2009	24Mb/s	10
蓝牙 4.0	2010		
蓝牙 4.1	2013	24Mb/s	50
蓝牙 4.2	2014		
蓝牙 5.0	2016		
蓝牙 5.1	2019		
蓝牙 5.2	2020	48Mb/s	300
蓝牙 5.3	2021		

注:EDR 是蓝牙 2.0 的增强数据速率(Enhanced Data Rate)技术,HS 是蓝牙 3.0 的高速(High Speed)技术。

此外,在蓝牙 4.0 版本中,蓝牙技术联盟还提出了蓝牙低功耗(Bluetooth Low Energy,BLE)协议。相较于蓝牙经典(Bluetooth Classic,BC)协议,BLE 协议的传输距离更短,空中传输速率更低,功耗更小,具体对比如表 3-5 所示。

表 3-5 蓝牙经典协议与蓝牙低功耗协议对比

对 比 项	蓝牙经典协议	蓝牙低功耗协议
频段	2.4GHz ISM 频段	2.4GHz ISM 频段
频道	79 个(间隔 1MHz)	40 个(间隔 2MHz)
数据传输速率	1~3Mb/s	125kb/s~2Mb/s
功耗	约 1W	约 0.05~0.5W
距离范围	100m	大于 100m

蓝牙协议按照各层所处位置,可以分为底层协议、中间层协议和顶层协议 3 类,如表 3-6 所示。其中,底层协议部分由射频协议、基带协议和链路管理协议组成,分别负责分配跳频信道、跳频与蓝牙数据和信息帧的传输以及连接、建立和拆除链路并进行安全控制;中间层协议完成数据帧的分解与重组、服务质量控制、组提取等功能,为顶层协议应用提供服务,并提供与底层协议的接口,包括主机控制接口协议、逻辑链路控制与适配协议、串口仿真协议、电话控制协议和服务发现协议;顶层协议包括对象交换协议、无线应用协议和音频协议。

表 3-6 蓝牙各层协议及作用

协议层	协议名	作 用
底层协议	射频协议	分配跳频信道(79 个,每个带宽为 1MHz)
	基带协议	负责跳频以及蓝牙数据和信息帧的传输
	链路管理协议	负责连接、建立和拆除链路并进行安全控制
中间层协议	主机控制接口协议	提供了统一访问蓝牙控制器的能力。主机控制器以 HCI 命令的形式提供了访问蓝牙硬件的不同模块的能力
	逻辑链路控制与适配协议	为高层提供面向连接和面向无连接的数据服务,实现协议复用、分段和重组、QoS 传输以及组抽象等功能
	串口仿真协议	供对 RS-232 串口的仿真,包括对数据信号线和非数据信号线的仿真。它既可以支持两个设备之间的多串口仿真,也可以支持多个设备之间的多串口仿真
	电话控制协议	支持电话功能(包括呼叫控制和分组管理),建立数据呼叫
	服务发现协议	用于动态地查询设备信息和服务类型,从而建立一条对应所需服务的通信信道
顶层协议	对象交换协议	用于红外数据链路上数据对象交换的会话层协议,不指定传输数据类型,只定义传输对象
	无线应用协议	由移动电话类的设备使用的无线网络定义的协议
	音频协议	用于传输音频并保证一定的音频质量

目前,蓝牙技术已经应用在上亿件产品中,遍布于车载网络、智能家居到医疗保健和计算机外设等领域。尤其是在可穿戴设备和计算机外设领域,蓝牙几乎独占了市场,例如蓝牙运动手环、蓝牙音箱、蓝牙耳机等。在短距离、点对点传输的场合,蓝牙具有明显优势。

3.2.6 ZigBee

ZigBee 也称紫蜂,是一种低速短距离传输的无线网络协议,底层是采用 IEEE 802.15.4 标准的媒体访问层与物理层[44]。ZigBee 的主要特色有低速、低耗电、低成本、支持大量网络节点、支持多种网络拓扑、低复杂度、可靠、安全。

ZigBee 由 Honeywell 公司组成的 ZigBee 联盟(ZigBee Alliance)制定,从 1998 年开始发展,于 2001 年向电气与电子工程师协会(IEEE)提案,将其纳入 IEEE 802.15.4 标准,自此 ZigBee 技术渐渐成为各领域共同采用的低速短距离无线通信技术之一。

不同于大多数物联网网络协议,ZigBee 的协议栈除了 IEEE 802.15.4 规定的物理层和数据链路层,还包括网络层和应用层。尽管如此,ZigBee 仍然可以通过基于 IPv6 的低速无线个域网标准(IPv6 over IEEE 802.15.4,6LoWPAN)使用 IPv6 作为网络层协议接入传统的计算机网络。

下面介绍 ZigBee 协议物理层、数据链路层、网络层和应用层的协议栈。

(1) 物理层。IEEE 802.15.4 标准规定了 ZigBee 工作的频段、信道、速度以及数据单元的结构。物理层由物理层管理实体(Physical Layer Management Entity,PLME)提供两个服务:物理数据服务接入点(Physical Data SAP,PD-SAP)和物理层管理实体服务接入点(Physical Layer Management Entity SAP,PLME-SAP),主要为数据链路层的 MAC 子层提供服务,如数据的接口等。

(2) 数据链路层。数据链路层包含一个 MAC 层管理实体(MAC Layer Management Entity,MLME),负责维护和 MAC 子层相关的管理目标数据库。此外,MAC 子层还负责不同设备之间的无线数据链路的建立、维护、结束、确认的数据传输和接收。

(3) 网络层。ZigBee 的网络层称为 NWK 层(即网络层),主要负责网络的建立、网络地址分配、网络拓扑结构管理(星状、树状、网状)和网络路由管理。具体来说,NWK 层分为 NWK 层数据实体(NWK Layer Data Entity,NLDE)和 NWK 层管理实体(NWK Layer Management Entity,NLME)。其中,前者负责生成网络数据单元,指定路由拓扑和安全支持;后者负责配置新入网设备,建立新网络,管理设备加入和离开网络,以及邻居寻址和路由发现。

(4) 应用层。由应用支持子层(Application Support Sublayer,APS)、应用程序框架(Application Framework,AF)和 ZigBee 设备对象(ZigBee Device Object,ZDO)组成。APS 负责应用层和网络层之间的接口;AF 用于维持应用对象并进行数据收发;ZDO 为抽象化的网络端点,其功能是网络管理和维护,包括整个端点与网络的全部信息的查询。

ZigBee 与 LoRa 相同,在物理层采用了扩频技术,通过降低传输速率的方式提高了可靠性和传输距离,降低了功耗。ZigBee 的发射功率约为 1mW,且支持休眠模式,周期性进行侦听,进一步降低了功耗[45]。

ZigBee 的另一个特点在于自身组网和路由的能力强。ZigBee 理论最大节点个数为 65 536,且任意节点之间均可进行通信。在有模块加入和撤出时,网络也可以快速自动修复[46]。

ZigBee 协议由于功耗低、易于维护、可靠性高、覆盖范围较大,因此主要应用在自动抄表及工业控制领域。此外,鉴于其强大的自组网的能力,也被广泛应用于搭建无线传感器网络,可能涉及物流跟踪、建筑物监测、环境保护、医疗监护(传输病人的脉搏、血压等健康数据)[47]及智能家居领域等。

3.2.7　WiFi

无线局域网(Wireless Local Area Network,WLAN)指应用无线通信技术将计算机设备互联构成的可以互相通信和实现资源共享的网络体系。WLAN 利用射频(Radio Frequency,RF)技术,使用电磁波在空中进行通信,以取代使用电缆的有线通信。WLAN 采用的最主要的标准是 IEEE 802.11,主要应用 WiFi 技术实现。

WiFi 也称无线热点或无线网络,是基于 IEEE 802.11 标准的一个 WLAN 技术,由无线以太网兼容性联盟(Wireless Ethernet Compatibility Alliance,WECA)推动制定[48,49]。截至 2019 年,WiFi 已经公布了第 6 个版本。WiFi 版本如表 3-7 所示。

表 3-7　WiFi 版本

世　　代	发 布 时 间	标　　准	工 作 频 段	最高速率(半双工)
WiFi 1	1997 年	IEEE 802.11	2.4GHz	2Mb/s
WiFi 2	2000 年	IEEE 802.11b	2.4GHz	11Mb/s
WiFi 3	2003 年	IEEE 802.11a	2.4GHz	54Mb/s
		IEEE 802.11g	5GHz	
WiFi 4	2009 年	IEEE 802.11n	2.4GHz	600Mb/s
			5GHz	
WiFi 5	2013 年	IEEE 802.11ac	5GHz	6.9Gb/s
WiFi 6	2019 年	IEEE 802.11ax	2.4GHz	9.6Gb/s
			5GHz	

WiFi 相较于其他近距离无线通信技术,具有快速、高带宽的显著特点,通常支持 100~200m 的传输。WiFi 6 包括以下核心技术[50]:

(1) OFDMA 频分复用技术。

WiFi 采用 OFDMA 数据传输模式,通过将子载波分配给不同用户并在 OFDM 系统中添加多址的方法实现多用户复用信道资源。其中,每个最小的子信道被称为资源单元(Resource Unit,RU),每个 RU 中至少包含 26 个子载波,用户是根据时频资源块 RU 区分出来的。如图 3-7 所示,信道的资源被分成一个个小的固定大小的时频资源块,即 RU,深色标出的则是某个用户在一定时间内占用的 RU。可见,用户的数据是承载在每一个

RU 上的。而从总的时频资源看,在每一个时间片有可能有多个用户同时发送;同时,在不同时间片上,同一用户占用的频率也可能是不同的。

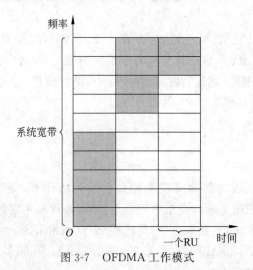

图 3-7 OFDMA 工作模式

相较于前 5 代 WiFi 使用的 OFDM 技术,OFDMA 具有以下优势:

• 更细的信道资源分配。在部分节点信道状态不太好的情况下,可以根据信道质量分配发送功率,更精细地分配信道时频资源。

• 提供更好的 QoS(Quality of Service,服务质量)。由于一个发送者只占据整个信道的部分资源,一次可以发送多个用户的数据,所以能够减少节点接入的时延。

• 更多的用户并发及更大的用户带宽。通过将整个信道资源划分成多个子载波(也可称为子信道),再将子载波按不同 RU 类型分成若干组,每个用户可以占用一组或多组 RU 以满足不同业务的带宽需求。

(2) DL/UL MU-MIMO 技术。

DL/UL MU-MIMO 分别指在数据下行链路(DownLink)和上行链路(UpLink)中采用多用户 MIMO(Multi-User MIMO,MU-MIMO)技术,可以提升信道容量和用户速率,适用于高带宽场景。

(3) 更高阶的调制技术(1024-QAM)。

WiFi 6 使用 1024-QAM 调制,在传输中,每个符号传输 10 位数据而非 256-QAM 的8 位数据,使单条空间流数据吞吐量提升了 25%。1024-QAM 调制的应用取决于信道条件,更密的星座点距离需要更强大的 EVM(Error Vector Magnitude,误差向量幅度,用于量化无线电接收器或发射器在调制精度方面的性能)和接收灵敏度功能,并且对信道质量的要求高于其他调制类型。

(4) BSS 着色机制。

BSS 着色(BBS coloring)机制是一种同频传输识别机制。通过在物理层报文头中添加 BSS 着色字段对来自不同 BSS(Basic Service Set,基本服务集)的数据进行"染色",为每个通道分配一种颜色,该颜色标识一组不应干扰的 BSS,接收端可以及早识别同频传输干扰信号并停止接收,避免浪费收发机时间。如果颜色相同,则认为是同一 BSS 内的干扰信号,发送将推迟;如果颜色不同,则认为两者之间无干扰,两个 WiFi 设备可同信道同频并行传输。

（5）扩展覆盖范围。

采用长 OFDM 符号发送机制,将每次数据发送持续时间从原来的 $3.2\mu s$ 提升到 $12.8\mu s$,可以降低终端丢包率。此外,WiFi 6 支持 2MHz 频宽的窄带传输,可以有效降低低频段噪声干扰,提升终端接收灵敏度,增加覆盖距离。

为了降低成本和功耗,WiFi 6 支持 2.4GHz 的频段以兼容老设备,增加覆盖范围。WiFi 6 提供了目标唤醒时间(Target Wakeup Time,TWT)功能调度资源,允许设备协商它们在何时或多久之后被唤醒、发送或接收数据、增加设备睡眠时间等,以降低功耗,提高电池寿命。

除了手机和计算机外,WiFi 目前已经广泛地应用于物联网系统中,尤其是家用的智能家居场景以及智能安防领域。例如,在智能安防领域中,通过 WiFi 协议通信的远程安保摄像头可以弥补有线传输的不足,降低网络的复杂度。随着 WiFi 6 的公布,WiFi 技术也能够适用于更高密度、更高带宽需求的场景,例如电子教室这样有上百位学生的大型授课场景,需要高密度、高数据量的上下行视频。

3.2.8　以太网

以太网是目前应用最普遍的计算机局域网技术,其技术标准由 IEEE 802.3 标准规定[51,52],后者规定了包括物理层的连线、电子信号和介质访问层协议的内容。

目前,使用最广泛的是交换式以太网,这种网络使用交换机设备以连接不同的计算机,速率最高可以达到 10 000Mb/s(称为万兆以太网)。过去的经典以太网采用总线拓扑,如图 3-8 所示。而交换式以太网为了减少冲突、提高网络速度和最大化使用效率,使用交换机进行网络连接和组织,将以太网的拓扑结构改变为星状,如图 3-9 所示。而在逻辑层面上,以太网仍然采用总线拓扑和带冲突检测的载波监听多路访问(Carrier Sense Multiple Access/Collision Detection,CSMA/CD)的总线技术。

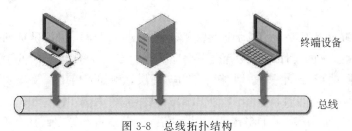

图 3-8　总线拓扑结构

CSMA/CD 是以太网的核心技术,它规定了多台计算机共享一个通道的方法。这项技术起源于 20 世纪 60 年代由夏威夷大学开发的 ALOHAnet,它使用无线电波作为载体。CSMA 协议要求站点在发送数据之前先监听信道。如果信道空闲,站点就可以发送数据;如果信道忙,则站点不能发送数据。但是,如果两个站点都检测到信道是空闲的,并且同时开始传送数据,那么这几乎会立即导致冲突。另外,站点在监听信道时,听到信道是空闲的,但这并不意味着信道真的空闲,因为其他站点的数据此时可能正在信道上传

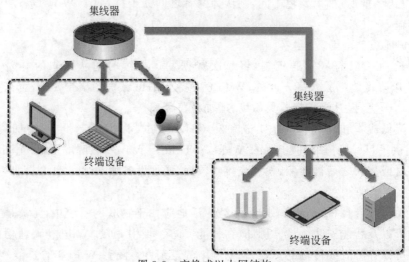

图 3-9 交换式以太网结构

送,但由于传播时延,信号还没有到达正在监听的站点,从而引起对信道状态的错误判断。CSMA/CD 则是对 CSMA 进一步的改进,使发送站点在传输过程中仍继续监听信道,以检测是否存在冲突。如果两个站点都在某一时间检测到信道是空闲的,并且同时开始传送数据,则它们几乎立刻就会检测到有冲突发生。如果发生冲突,信道上可以检测到超过发送站点本身发送的载波信号幅度的电磁波;由此判断出冲突的存在。一旦检测到冲突,发送站点就立即停止发送,并向总线上发送一串阻塞信号,用于通知总线上通信的对方站点快速地终止被破坏的帧,可以节省时间和带宽。

以太网具有协议全面、通用性强、成本低的优点,在计算机网络、视频监控方面有着广泛的应用。

3.3 面向物联网应用的消息协议

为了向物联网消息平台、移动应用程序等物联网应用层应用提供更标准化的消息传输服务,物联网系统的设计与开发者会根据应用场景的需要选择不同的消息协议。这些消息协议通常对应于计算机网络中的应用层,例如 HTTP 及表征性状态转移(Representational State Transfer,REST)架构就可以在物联网系统中作为消息协议使用。考虑到物联网系统需求的多样性,在设计模式、服务质量等方面具有不同特征的消息协议应运而生。

3.3.1 MQTT

消息队列遥测传输(Message Queue Telemetry Transport,MQTT)协议是由 IBM 公司开发的轻量级机器间通信(Machine to Machine,M2M)网络协议[53]。MQTT 协议采用发布/订阅模式,所有的物联网终端通过 TCP 连接到 MQTT 代理,代理则通过主题管理各个设备关注的通信内容,负责转发设备之间的消息。图 3-10 和图 3-11 展示了

MQTT 系统订阅和发布的例子。其中,终端用户和房间内的两台空调订阅了同一主题后,该用户通过代理向两台空调设备发送命令。

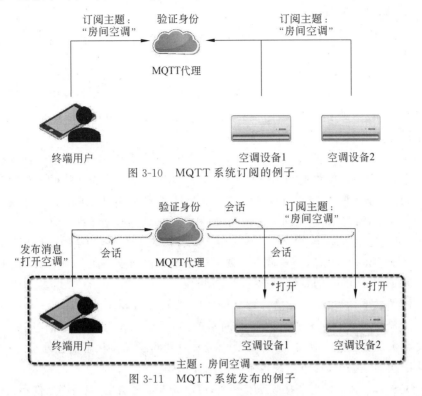

图 3-10　MQTT 系统订阅的例子

图 3-11　MQTT 系统发布的例子

如图 3-10 和图 3-11 所示的 MQTT 系统涉及了代理、客户机等不同实体以及消息、会话等概念。

(1) 代理(broker)。MQTT 代理是充当消息中介的服务器。通常代理部署在云端。除了管理主题和消息转发的功能外,不同平台在具体实现代理时还会配置一些扩展策略,包括触发规则、认证、访问控制等功能。例如,Eclipse 的 Mosquitto 消息代理工具可以通过 mosquitto_auth_plugin 开源插件实现客户访问主题的访问控制。

(2) 客户机(client)。即设备。客户机需要连接到代理,订阅同一主题后才能够进行消息交换。

(3) 身份(identity)。在 MQTT 系统中,每一台设备或终端由一个唯一的 ClientID 标识自身的身份。此外,一些平台及工具还支持通过用户名和口令、证书或者 JWT(JSON Web Token)等方式对身份进行认证。例如,阿里云的 MQTT 平台可以通过该平台提供的签名方式对设备的 ClientID 进行签名并以此对连接的客户机进行认证。

(4) 主题(topic)。主题定义了消息的内容或某一类消息的特征。在 MQTT 系统中,客户机根据订阅的主题收发消息。通过订阅特定的主题,客户机将接收任何该主题下其他客户机发布的消息。

(5) 消息(message)。MQTT 协议的消息由 3 部分组成:固定头、可变头和消息载荷。其中,固定头标识了数据包类型及数据包的分组类标识,其中,数据包的类型包括连接(CONNECT)、连接确认(CONNACK)、订阅(SUBSCRIBE)、订阅确认(SUBACK)等；可变头由数据包类型决定，包括该类型消息的信息字段；消息载荷为消息的内容，包括MQTT PUBLISH 消息的发布内容等。

（6）会话(session)。客户机与代理通过建立会话进行消息交换。每个会话都具有一个单独的 ID。

MQTT 协议主要在低带宽、不可靠的网络中提供基于云平台的远程设备的数据传输和监控，具有简单、轻量级、节省能源和带宽的特点。MQTT 最显著的优点在于它的路由机制支持一对一、一对多、多对多的发布，支持 3 种服务质量(QoS)以保证协议在不同网络条件下的适用性。

具体来说，在消息发布的 QoS＝0 时，发布方发送的 PUBLISH 消息会保证接收方至多收到一次，接收方在接收 PUBLISH 消息后不会回复，发送方也无法确定接收方是否收到了消息；在 QoS＝1 时，发布方发送的 PUBLISH 消息会保证接收方至少会收到一次，接收方在接收到消息后需要回复一条 PUBACK 消息；在 QoS＝2 时，发布方发送的PUBLISH 消息会保证接收方收到且只收到一次，接收方在接收到 PUBLISH 消息后需要回复一条 PUBREC 消息，而发送方需要对这条消息再回复一条 PUBREL 消息，最后接收方以一条 PUBCOMP 消息结束这一发布过程。

在不同场景下，客户机可以选择以不同的 QoS 接收或发布消息：

（1）QoS＝0。客户机和代理之间的网络连接较稳定(不容易产生消息丢失)或系统可以接受丢失部分消息。例如，一个需要以较短时间间隔发布状态信息的传感器，即使发生一次或两次消息丢失，对于系统也不会有明显影响。

（2）QoS＝1。客户机需要接收所有消息，可以处理重复消息，但网络条件不支持 QoS＝2 带来的额外开销。

（3）QoS＝2。必须保证客户机接收所有消息，且客户机不希望处理重复消息，对消息的即时性要求不高，网络条件可以支持 QoS＝2 带来的额外开销。

目前，应用最广泛的 MQTT 协议是 2014 年发布的 MQTT 3.1.1 和 2017 年发布的MQTT 5，后者在前者的基础上增加了属性(property)的概念与更多的功能，包括共享订阅、丰富的原因码(reason code)显示等[54]。

3.3.2　CoAP

受限制的应用协议(Constrained Application Protocol，CoAP)是互联网工程任务组(Internet Engineering Task Force，IETF)的受限制的 RESTful 环境工作组(Constrained RESTful Environment Work Group，CoRE Work Group)在 Web 的 REST 架构的基础上，满足在受限环境的低功耗与低开销而设计的 M2M 应用层协议，最早可以追溯到 2014年的 RFC 7252，并在此基础上进行了扩展。

CoAP 针对 M2M 应用程序进行了优化并实现了 REST 的子集。因此，它既内置了包括资源发现、多播支持和异步消息交换在内的 M2M 功能，又具有 HTTP 的诸多特点，且可以实现无状态的 HTTP 映射(构建代理服务器，实现通过 HTTP 访问 CoAP 资源或在 CoAP 上实现 HTTP 接口)。

不同于 HTTP、MQTT 等建立在 TCP 连接上的应用层协议,CoAP 封装在 UDP 上传输,最小消息长度仅有 4 字节。由于 UDP 不具有 TCP 的可靠性机制,CoAP 定义了需要确认消息 CON、不需要确认消息 NON、确认应答消息 ACK 和复位消息 RST 这 4 种消息类型以支持对于不同服务质量的需求。当需要可靠的消息传输时,客户端可以选择发送 CON 消息并等待服务器返回的 ACK 消息以确定服务器确实收到了消息;而当不需要可靠的消息传输,即客户端不需要考虑消息是否被服务器收到时,客户端只需要发送 NON 消息即可。

由于参考了 HTTP 的请求/响应模式,CoAP 具有 GET、PUT、POST 和 DELETE 4 种请求方法,响应也按照响应码首位分为 2.XX、4.XX 和 5.XX。其中,GET、PUT、POST、DELETE 方法分别用于获取、更新、创建和删除某一资源。状态码则按照首位区分:2.XX 表示客户端请求被成功接收并处理;4.XX 表示客户端请求有错误,包括服务器拒绝请求(4.03)、请求包含错误选项(4.02)等;5.XX 表示服务器在执行客户端请求时出错,如服务器内部错误(5.00)、服务器过载或维护停机(5.03)等。

同时,类似于 HTTP,CoAP 也采用 URI(Unifore Resource Identifier,统一资源标识符)对某一资源进行定位,结合上述 4 种方法以实现对指定资源的增删改查。在如图 3-12 所示的场景中,温度计通过 PUT 请求更新温度资源的内容,用户则通过 GET 请求查询温度计测量的温度,而服务器分别用 2.04 Changed 响应和 2.05 Content 响应表明资源被修改了以及具体的查询结果内容。

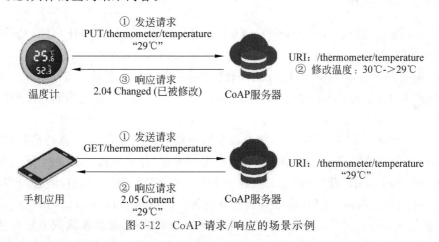

图 3-12 CoAP 请求/响应的场景示例

通常,请求采用 CON 或 NON 的消息类型进行传输;而响应则采用 CON、NON 类型或当 CON 类型的请求被快速处理完后以 ACK 类型的消息进行传输。具体来说,CoAP 消息模式可以分为携带模式、分离模式和非应答模式。在这 3 种模式下,完成一次请求/响应分别需要 1、2、1 次 RTT,具体过程如图 3-13 所示。

此外,CoAP 还通过选项(Option)字段标识代理、反向代理、资源路径等信息,类似于 HTTP 不同的头部(Header)。同时,CoAP 也支持服务发现、资源发现、多播等功能以适应更多的场景并提供更丰富的服务。由于 CoAP 支持的功能为 HTTP 的有限子集,因此可以通过一个正向代理很容易地实现这两个协议之间的映射。具体来说,包括以下两种情况:

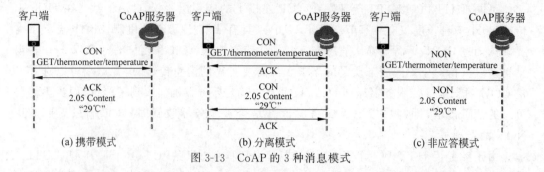

图 3-13　CoAP 的 3 种消息模式

（1）CoAP 客户端访问 HTTP 资源。CoAP 客户端在 CoAP 请求中设置 Proxy-Uri 或 Proxy-Scheme 选项并使用 HTTP/HTTPS 资源的 URI 交付给 CoAP-HTTP 代理处理。

（2）HTTP 客户端访问 CoAP 资源。HTTP 客户端在 HTTP 请求中使用 CoAP/CoAPS 的 URI 作为 HTTP 的请求行（request line）并交付给 HTTP-CoAP 代理处理。

考虑到 CoAP 支持在受限环境下进行低功耗与低开销的消息交换以及它和 HTTP 的强兼容性，CoAP 很适合在已有的 Web 服务上进行物联网的扩展使用，可以很好地将传统计算机网络与受限的物联网环境相结合[55]。

3.3.3　AMQP

高级消息队列协议（Advanced Message Queuing Protocol，AMQP）[58-59]是面向消息中间件提供的开放应用层协议，它规范了消息传递发送方和接收方的行为，以保证在不同业务提供商之间实现协同工作，同时保证消息排序与路由的可靠性与安全性。AMQP 最早于 2003 年由 John O'Hara 在摩根大通提出。经过 AMQP 工作组修改，AMQP 1.0 版本最终于 2011 年 10 月 30 日发表，并在 2014 年成为 ISO/IEC 国际标准。

AMQP 建立在 TCP 连接之上，客户端与服务器在进行 AMQP 消息传递时保持长连接。AMQP 既支持同步的请求/响应模式，也支持发布/订阅模式。图 3-14 是 AMQP 系统消息发布的示意图。其中，消息的发送方被称为发布者（Publisher），消息的接收方被称为消费者（Consumer），AMQP 服务器主要包括交换器（Exchange）和队列（Queue）两个模块。消息从发布者处发出，经由交换机路由至对应的队列，最后由队列分发至消费者。需要注意的是，一个 AMQP 服务器可能具有多个交换器模块和队列模块，这些模块可以分布在多台不同的主机上。

AMQP 服务器中的交换器将消息路由至队列的方法由绑定规则所决定。AMQP 支持 4 种交换器类型：

（1）直连交换器（direct exchange）。队列通过设置绑定键（binding key）绑定至直连交换器上；当直连交换器进行消息路由时，会根据消息的路由键（routing key）匹配具有相同绑定键值的队列并进行路由。

（2）扇形交换器（fanout exchange）。当扇形交换器进行消息路由时，会将消息路由至全部绑定在该交换器的队列上。

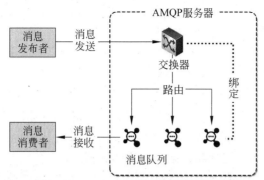

图 3-14   AMQP 系统消息发布示意图

（3）主题交换器（topic exchange）。类似于直连交换器，队列同样通过设置绑定键绑定至主题交换器上；但不同的是，主题交换器的绑定键支持使用“.”作为分隔符，还支持“＊”和“♯”作为通配符进行模糊匹配，例如，设置为“thermometer.＊”的绑定键可以同时匹配“thermometer.temperature”和“thermometer.command”。

（4）头部交换器（headers exchange）。不依赖于绑定键和路由键进行匹配而路由消息，而是根据发送的消息的头部（header）属性进行匹配。

通常，扇形交换器应用于广播的场景，例如分发系统使用它广播状态与配置的更新；直连交换器、主题交换器和头部交换器灵活度依次提升，通常应用于单播与多播场景，例如在商务业务中分发有关于特定地理位置的数据或者股票价格更新等金融数据更新。

AMQP 中的队列可以通过设置属性满足不同场景的需求，常见的属性如下：

（1）**持久化**（durable）。持久化队列会被存储在服务器的磁盘上，即使服务器重启，持久化队列也会保留。

（2）**专用**（exclusive）。专用队列仅供一个连接使用。当连接断开后，该队列会被删除。

（3）**自动删除**（auto-delete）。当订阅自动删除队列的最后一个消费者退订后，该队列会被删除。

为了保证消息处理的稳定性，AMQP 支持在消息的属性中设置是否需要应用层的确认消息以实现不同的 QoS。

在物联网应用中，AMQP 主要适用于移动手持设备与后台数据中心以及金融系统的通信和分析。AMQP 的主要优点在于具有存储转发的特性，即使网络终端也可确保消息传递的可靠性。

3.3.4   XMPP

可扩展消息传递和表示协议（Extensible Messaging and Presence Protocol，XMPP）[60,61]是一种以 XML 为基础的开放式即时消息协议，由 IETF 于 2004 年在 RFC 3920 中标准化。XMPP 最早是为聊天和消息交换而设计的，运行于 TCP 之上，同时支持发布/订阅和请求/响应两种模式。

XMPP 通信流由两个方向各一个文档组成,这些文档以＜stream：stream＞为根元素。XMPP 的工具集主要由 Presence、Message 和 IQ 3 个基本节组成:

- Presence 节。该节提供网络实体的可访问性。用户发出 Presence 节表明自己上线,并通知所有订阅了该用户状态的订阅者。

- Message 节。该节用于从一个实体向另一个实体发送消息,且支持任何类型的结构化信息,但不支持应用层的传输可靠性。Message 节的类型包括 normal、chat、groupchat、headline 和 error,分别用于发送普通消息、两个实体间的实时通信消息、多用户聊天的消息、警告/通知以及错误消息。

- IQ 节。IQ(Info/Query)节为 XMPP 通信提供了请求/响应机制;每个 IQ 节只能包含一个 Payload 并且定义了需要服务器处理的请求或动作。IQ 节包括 get、set、result 和 error 属性,分别对应 HTTP 的 GET 请求、HTTP 的 POST/PUT 请求、正常响应以及错误消息。

XMPP 的优点在于具有实时性保证和很强的扩展性,可以通过 XEP(XMPP Extension Protocol,XMPP 扩展协议)进行扩展,而且由于 XMPP 是基于 XML 开发的,而后者在互联网实时通信领域已经得到了充分的发展,因此 XMPP 自身在实时通信的场景下有很好的适应性,开发者无须再解决相关问题。但是,XMPP 由于使用 XML 消息进行消息传递,会因为不必要的标记而产生额外开销,并需要额外的算力进行 XML 解析,进一步增加功耗。因此,XMPP 并不满足物联网设备对于低功耗、低成本的要求,无法在受限制环境下使用。当前 XMPP 主要用来构建大规模即时通信系统、游戏平台、协作空间及语音和视频会议系统。

3.4 本章小结

为了兼顾感知层硬件与应用层软件平台的需求,应对物联网环境中特定的接入、组网情景,物联网的网络层发展出了独特的技术与协议。本章重点介绍了物联网的网络构建(接入和组网)相关技术和面向物联网应用的消息协议,主要包括有线接入技术(Ethernet)、远距离蜂窝通信技术(5G、NB-IoT)、远距离非蜂窝通信技术(LoRa、ZETA 协议族)、近距离通信技术(蓝牙、ZigBee、WiFi)以及常见面向物联网应用的消息协议(MQTT、CoAP、AMQP、XMPP 等)。

 习题

1. 常见的远距离蜂窝通信技术包括_____和_____,远距离非蜂窝通信技术包括_____,近距离通信技术包括_____、_____、_____。

2. 5G 技术的三大应用场景分别是_____、_____以及_____。

3. ZigBee 和 LoRa 均采用了_____技术,通过降低传输速率,提高了可靠性和传输距离,降低了功耗。

4. 常见的物联网消息协议包括_____、_____、_____。

5. CoAP 是基于_____设计的消息协议,采用_____传输,应用了_____的消息模式;而 MQTT 采用_____传输,应用了_____的消息模式。

6. 简述常见的无线组网方式及其优缺点。

7. HTTP 是否可以作为物联网消息协议使用? 相较于本章中介绍的消息协议,HTTP 具有什么局限性?

第 4 章 物联网安全基础 ——认证技术

认证的目的是为了对实体的身份进行验证，是明确实体权限并实施访问控制的基础。在物联网中，实体包括用户、终端设备、服务器等，通过合理的身份认证机制，可确保不同实体之间实现安全可靠的信息交互，限制实体在合法的范围内访问系统资源，是物联网信息安全的第一道防线。本章主要涉及以下几方面：认证的基本概念、常用认证技术及物联网中的认证机制与安全问题。

4.1 认证的基本概念

4.1.1 认证的定义

认证(authentication)是指对实体身份进行验证的过程，即确保实体就是它所声称的那个实体[62]。在网络中，当用户或设备试图进入系统或访问受限系统资源时，系统需要对其身份进行鉴别，确保实体是可信的。

在物联网中，身份认证的作用不仅是保护数据不被非法访问，还能够监管和限制通过互联网等不安全网络传播的访问(图 4-1)。当检测到未经授权的用户或设备试图接入任何连接物联网的机器和设备时，身份认证机制能够有效阻止对重要资源的非法访问。此外，身份验证还有助于防止恶意节点伪装成合法设备实施攻击。通过身份认证，未被允许接入物联

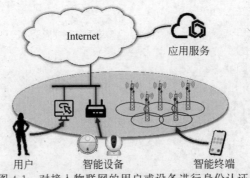

图 4-1　对接入物联网的用户或设备进行身份认证

网中的设备无法访问存储在服务器上的任何数据,如图像、日志和其他敏感细节,也无权对设备进行监测与控制,是保护用户的隐私安全和网络健康运行的第一道防线。

4.1.2　常用认证信息分类

身份认证中,通常基于以下 3 类信息对用户或设备的身份进行认证(图 4-2):

(1) 根据已拥有的东西证明身份("你有什么?",即"What do you have?")。传统的身份认证通常基于用户所拥有的标识身份的持有物来实现,例如身份证、智能卡、钥匙、银行卡、驾驶证、护照等。身份的真实性依赖于颁发身份标识凭据的机构的权威性。

(2) 根据已知的信息证明身份("你知道什么?",即"What do you know?")。基于已知信息的认证技术利用对特定知识的验证实现,用于身份认证的特定知识可以是密码、口令、卡号、暗语等[63]。认证的安全性依赖于特殊知识的秘密性。

(3) 根据独一无二的生物特征证明身份("你是谁?",即"Who are you?")。基于生物特征的认证也被广泛用于实现对用户的身份认证,可用于身份认证的生物特征包括指纹、面貌、声纹等。

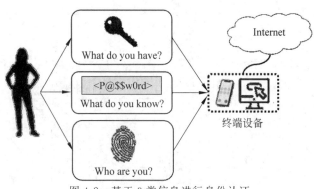

图 4-2　基于 3 类信息进行身份认证

4.2　常用认证技术

在物联网中,常用的认证技术包括基于口令的认证、基于公钥的认证、基于介质的认证、基于生物特征的认证、基于物理特征的认证、基于地理位置的认证、多因子认证及单点登录认证等。

4.2.1　基于口令的认证机制

物联网为物与物之间的通信以及进一步的万物互联带来了可能。然而,在一些以用户为中心的场景中,用户仍需作为通信节点参与物联网的运行,实时监控物联网的状态并提供控制命令。在这种场景下,用户是物联网中关键的一环,故对其身份的认证至关重要。《一千零一夜》中阿里巴巴说出"芝麻开门"打开洞门,即是一种使用口令检验来者身份的认证方法。基于口令(password)的认证技术是一种传统的用户身份认证手段,根据用户提供的用户名和口令验证用户的身份,因其易于实现而广泛应用在物联网设备和用户身份认证中,是最为基础、普遍的认证方式。

静态口令是最简单也是最常用的身份认证方法,它基于"你知道什么?"的验证手段。用户的口令是由用户自己设定的,只有用户自己知晓,因此只要用户能够输入正确的口令,设备就认可该用户的身份。

例如,在图 4-3 中,Alice 注册了一个用户名为 admin 的账户并将其口令设置为 P@\$\$w0rd。在注册阶段,计算机将口令 P@\$\$w0rd 与盐值 salt(一个随机生成的字符串)进行组合,并输入哈希函数 hash(),通过计算得到一个哈希值 $h=\text{hash}(\text{P@}\$\$\text{w0rd}\,||\,\text{salt})$,并将用户名 admin、盐值 salt 和哈希值 h 存放在一个表单中。

在认证阶段,Alice 再次输入用户名与口令,计算机根据用户名 admin 在表单中查找到对应的盐值 salt 和哈希值 h,并计算口令与盐值组合的哈希值 h'。若 h 与 h' 相等,则说明 Alice 输入了正确的口令,计算机可进一步允许 Alice 的登录行为,Alice 可以 admin 用户的权限访问、操作设备中的资源;若 h 与 h' 不相等,那么计算机可提示 Alice 再次尝试输入口令或直接拒绝 Alice 的访问操作。

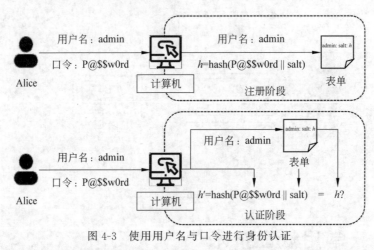

图 4-3　使用用户名与口令进行身份认证

其中,盐值 salt 的作用主要体现在以下两点:

- 增加了离线字典攻击[65](即,已知哈希值 h 并遍历所有可能的字符串,直到字符串的哈希值与 h 相等)的难度。假设盐值的长度为 l 位,那么可能的口令数量将增长到 2^l 倍,难以猜测。
- 假如两个账户使用了相同的口令,通过加入随机的盐值可以保证最终存储在文件中的口令信息(而非口令本身)不同。

从静态口令认证原理不难发现,其是否安全极大程度上依赖于用户口令是否安全。然而用户设置口令通常难以保证其随机性,同时攻击者可通过窃听、穷举、重放等方式破解用户口令或仿冒合法用户,从而获取访问敏感信息或操纵用户设备的权限。

为了避免传输用户口令带来的安全隐患,可采用挑战-应答机制[64]实现口令认证,其过程通常包含以下 4 个阶段(图 4-4):

（1）用户端向设备端发送访问请求。

（2）设备端响应访问请求并返回一个认证挑战值 r。

（3）用户端接收到挑战值，并将该挑战值与用户输入的口令 key′组合，计算响应数据 $E_{key'}(r)$。

（4）设备端使用存储的口令 key 与挑战值 r 进行同样的运算，并将运算结果 $E_{key}(r)$ 与响应数据对比，从而验证当前用户是否提供了正确的口令，实现对用户的身份认证。

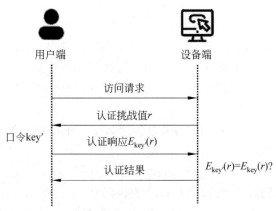

图 4-4　采用挑战-应答机制实现口令认证

为了进一步增强认证过程的安全性，可以采用 TLS、HTTPS 等加密协议构建安全的认证通道，防御网络嗅探攻击，并在每次认证时使用随机的挑战值防御重放攻击。

动态口令技术[66]是一种让用户的口令按照时间或使用次数不断地动态变化的技术，其中每个口令只能使用一次，也能够避免因口令泄露导致的安全问题。动态口令认证的基本原理（图 4-5）是：在登录过程中为口令加入不确定因素，如时间、随机数等（可称为运算因子），用户端与认证服务提供端以相同的运算因子和相同的运算方法生成口令，最后通过对比口令验证用户身份。以基于时间同步的动态口令为例，将用户端与认证服务提供端持有的相同的密钥与基于时间的基数组合，采用相同的哈希函数计算出校验码，通过比较客户端与认证服务提供端计算的校验码验证用户的身份。

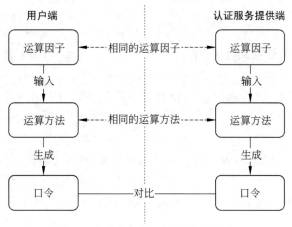

图 4-5　动态口令认证的基本原理

具体来说，用户端和认证服务提供端可采用一个基于协调世界时（Universal Time Coordinated，UTC）、世界标准时间或其他时间标准的 8 字节整数 t_{std}，并使用相同的口令变化时间 t_{per}，计算出时间因子：

$$t = \frac{t_{std}}{t_{per}} \tag{4-1}$$

将时间因子 t、事件因子 e 与挑战因子 c 等运算因子组合，得到输入信息 I：

$$I = \{t \mid\mid e \mid\mid c\} \tag{4-2}$$

其中，事件因子 e 为一个 4 字节整数；挑战因子 c 使用 ASCII 码表示，最小长度为 4 字节。要求输出信息至少包含时间因子 t 或事件因子 e 这两个随机因素之一，这两个因子为双方同步获得；挑战因子 c 为可选参数，可通过双方协商异步地获得。

然后，可选择 SM4 等分组算法 f，并使用种子密钥 key 计算秘密信息 S：

$$S = f(key, I) \tag{4-3}$$

其中，key 的长度不小于 128 位，由双方共享。SM4 算法的输出结果为 128 位。根据秘密信息 S 可得到最终的动态口令 P：

$$P \equiv \mathrm{trunc}(S) \bmod 10^N \tag{4-4}$$

其中，trunc() 为截位函数，取 32 位信息；N 为最终的口令长度，不小于 6[67]。

双方共享的种子密钥 key 是动态口令产生的基础，因此必须在非常安全的情况下生成和分配。当用户进行注册时，服务器随机产生用户的密钥后分发给用户，同时在自己的数据库中保存该密钥，以供以后产生口令时使用。用户可以根据需要申请服务器重新产生密钥数据。为了安全起见，密钥数据必须经过加密保存。

4.2.2　基于公钥的认证机制

在实际应用中，可采用公钥基础设施（Public Key Infrastructure，PKI）[68]提供的公钥加密与数字签名等服务实现身份认证。PKI 使用数字证书将用户身份与其公钥绑定，证明用户对公钥的所有权。数字证书由证书机构（Certificate Authority，CA）验证公钥的所有权后签发，其安全性基于对 CA 的信任。

数字证书中最为重要的内容是主体信息、主体公钥以及 CA 的数字签名。例如，Alice 的证书内容可以简记为

$$\mathrm{cert_A} = \{M, S\} \tag{4-5}$$

其中，M 包含 Alice 的信息和公钥 PK_A：

$$M = (\text{"Alice"}, PK_A) \tag{4-6}$$

CA 验证公钥 PK_A 的所有权后使用自己的私钥 SK_{CA} 对 M 进行签名，得到数字签名 S：

$$S = E_{SK_{CA}}[M] \tag{4-7}$$

X.509 标准对数字证书的内容进行了详细的定义，可参考 RFC 5280[69]。同时，X.509 标准也定义了 3 种认证过程，分别是单向认证、双向认证与三向认证。假设通信发生在 Alice 与 Bob 之间，现在 Alice 希望向 Bob 证明自己的身份，基于公钥体制，Alice 可向 Bob 发送如下消息：

$$\{M_{\mathrm{A}} = (t_{\mathrm{A}}, r_{\mathrm{A}}, \mathrm{Alice}, \mathrm{Bob}), S_{\mathrm{A}} = E_{\mathrm{SK_A}}[\mathrm{hash}(M_{\mathrm{A}})]\} \tag{4-8}$$

M_{A} 包含多个数据项，除了 Alice 和 Bob 的名称外还包含时间戳 t_{A} 和随机数 r_{A}，可以保证消息的新鲜性，防止重放攻击。Alice 使用哈希函数得到 M_{A} 的哈希值，再使用自己的私钥 $\mathrm{SK_A}$ 对哈希值进行签名。当 Bob 接收到上述信息后，他首先需要验证 Alice 的公钥证书是否为可信的 CA 签发的，即使用 CA 的公钥验证 $\mathrm{cert_A}$ 中的数字签名 S；此后 Bob 才能使用 Alice 的公钥 $\mathrm{PK_A}$ 验证 S_{A}，若有

$$D_{\mathrm{PK_A}}(S_{\mathrm{A}}) = \mathrm{hash}(M_{\mathrm{A}}) \tag{4-9}$$

则 Bob 可以确认消息的来源为 Alice，从而实现对 Alice 身份的单向认证。而 Bob 可通过同样的方法向 Alice 证明自己的身份，实现双向身份认证。如果 Alice 和 Bob 无法建立时钟同步，那么在完成双向认证后，Alice 可将 Bob 的消息中的随机数 r_{B} 发回给 Bob，通过检查一次性随机数可确保不存在重放攻击，这一过程即为三向认证。

4.2.3　基于介质的认证机制

基于介质的认证以其具有的安全可靠、便于携带、使用方便等诸多优点，正在被越来越多的用户所认识和使用。基于介质的身份认证是根据用户持有的特定的硬件模块实现的，应用实例包括 USB 钥匙、IC 卡、SIM 卡等，如图 4-6 所示。

图 4-6　可用于身份认证的介质

USB 钥匙（USB Key，也称为 U 盾）内置集成电路芯片，植入用户私钥以及数字证书，常用作网上银行电子签名和数字认证的工具。USB 钥匙通常需要接入计算机或移动设备，与安装在其中的软件程序进行交互。初次使用时，需要持有者重置 USB 钥匙的密码，避免私钥和数字证书被盗用。在使用认证功能时，USB 钥匙内部处理器将采用非对称密钥算法对消息进行数字签名。例如，在进行金融交易时对转账信息进行签名，银行通过核验签名验证转账人身份以及交易信息的完整性，保障交易安全。

IC 卡（Integrated Circuit Card，集成电路卡）将具有存储、加密和数据处理能力的集成电路芯片嵌入基片中，封装成便于携带的卡片。居民身份证、银行卡、公交卡、门禁卡、校园一卡通等都属于 IC 卡。IC 卡使用保存在芯片中的秘密信息作为持卡人的身份凭据，其中秘密信息可以是用户密码的加密文件或随机数。但 IC 卡认证要求认证端安装读卡设备，以从卡片中读取秘密信息并校验，与口令认证技术相比，IC 卡系统硬件成本更高。

SIM（Subscriber Identity Module，用户身份识别模块）卡，是一种微处理智能卡，保存着持卡人身份信息、认证密钥和数字证书以及加密与认证算法等。移动设备（手机）接入移动通信网络（拨打电话）时，基站采用挑战-响应机制将一个 128 字节的随机数 r 发送给移动设备；移动设备中的 SIM 卡使用认证密钥通过 A3 算法加密随机数 r，产生一个 32

字节的认证响应;基站通过验证响应确认用户身份[70]。

由此可见,基于介质的认证方式将用户的秘密信息或认证密钥存储在硬件模块中,并在模块中进行加密和数字签名等运算。因此,硬件模块需要对存储在其中的秘密信息进行保护,避免认证密钥被窃取和篡改。硬件安全模块(Hardware Security Module,HSM)[71]基于硬件实现高性能密码和密钥管理功能,提供的服务包括安全存储、安全加密、身份验证等。可信平台模块(Trusted Platform Module,TPM)[72]被用于安全地创建和存储加密密钥,以及确认设备上的操作系统和固件符合要求,并且未被篡改。抗篡改的硬件为这种类型的模块提供了安全的认证密钥存储功能,如果任何人试图非法获取认证密钥,其身份信息将被自动销毁,由此提高认证密钥的安全性。

此外,为了避免存有认证信息的硬件被盗用,可采用口令验证持有者的身份。例如,在用户使用银行 USB 钥匙时,需要输入正确的口令才能进一步读出存储在 USB 钥匙中的身份信息进行认证并完成交易。由于既需要用户输入正确的口令又要求用户持有对应的认证介质,因此这是一种双因子认证方式。

4.2.4 基于生物特征的认证机制

上述用户认证技术的本质都是基于某种物品(如 USB 钥匙、IC 卡)或信息(如口令、密钥)对用户进行认证,系统只关注待认证者是否持有此物品或拥有此信息,而无法认证待认证者本人的身份。然而,由于物品易丢失、信息易伪造,非法用户也有机会通过认证,因此这种认证方法的安全性较低,难以满足越来越复杂的网络系统认证需求。相比之下,基于生物特征识别的认证技术不仅简便快捷,而且由于生物特征直接与人的身份绑定,故可实现对待认证者身份的直接考察,其安全性、可靠性、准确性均比传统方式有很大提升。

常见的生物特征识别包括指纹识别、虹膜识别与人脸识别。在注册阶段,生物特征认证系统对用户的生物特征进行采样,如指纹图像中的脊、谷、分叉,虹膜图像中的冠、水晶体、细丝,人脸识别中的五官轮廓大小、位置等特征,并将其转化为数字代码,作为用户的特征模板存储在特征数据库中。在认证阶段,当待认证用户输入自己的生物特征信号时,系统将提取其特征的数字代码,并根据用户名从数据库中找到对应的特征模板进行比对,通过判断两者是否匹配以决定用户是否通过身份认证。图 4-7 是基于生物特征的认证模型示例。

下面对典型的基于生物特征的认证技术进行介绍。

1. 指纹认证

人类指纹重复率极小(约为十万亿分之一[73]),且能够长期保持一致性,是标识用户身份的有效生物特征。早在古代中国,指纹就被用作个人标记或签名,但指纹的认证过程仅限于人工粗略的判断。1858 年,William Herschel 使用掌纹和指纹验证与英属东印度公司签订协议的人的身份。1880 年,Henry Faulds 在 *Nature* 公开发表了该领域的第一篇文章,讨论了指纹在身份识别中的应用。1892 年,Francis Galton 出版了 *Finger Print*,书中首次描述了指纹的独特性与持久性,并提出基于细节(minutiae)特征进行指纹分类的方法。20 世纪上半叶,指纹被大量应用于刑侦领域,协助警方识别疑犯。20 世

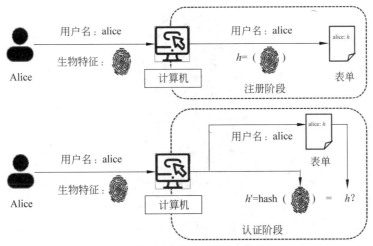

图 4-7　基于生物特征的认证模型示例

纪 60 年代后,指纹扫描技术、数字图像处理技术、模式识别与人工智能技术等关键科技的发展使得指纹的采集、存储、匹配、认证流程逐渐呈现,产生了自动指纹识别系统(Automated Fingerprint Identification System,AFIS)。基于指纹的认证技术通过特殊的光电设备对活体的指纹进行采集,使用图像处理技术分析指纹的特征,并通过匹配、对比这些特征验证用户身份。

最初,Galton 将指纹简单分类为环型、螺旋型和弓型;更近的研究中将指纹的纹型分为 6 种[74]:拱型、尖拱型、右箕型、左箕型、斗型及双漩型,作为提取的第一级指纹特征,见图 4-8。

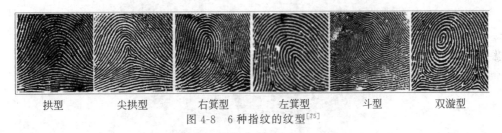

拱型　　　尖拱型　　　右箕型　　　左箕型　　　斗型　　　双漩型

图 4-8　6 种指纹的纹型[75]

此外,主要的指纹特征还包括以下几个[76]:

(1) 核心点。指纹纹路的渐近中心,常用作读取指纹和比对指纹时的参考点。

(2) 三角点。指纹图像中三角形纹路区域的中心点,提供了指纹纹路计数和跟踪的起始位置,离该点最近的 3 条指纹纹线构成一个近似等边三角形。

(3) 脊线末梢(或断点)。纹路的终结。

(4) 脊线分叉点。一条纹路在此分成两条或多条纹路。

(5) 其他特征。脊线单元、片段、眼型、勾型,以及脊线的路径偏差、宽度、断裂、折痕等。

图 4-9 是指纹特征示例[77]。

早期执法机构的人工指纹匹配就是通过对这些特征点的识别、标记与人工配对实现的。随着指纹采集技术的进步,扫描的指纹图像取代了印有指纹的纸质卡片,人工指纹匹

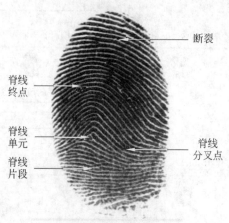

脊线
终点

脊线
单元

脊线
片段

断裂

脊线
分叉点

图 4-9   指纹特征示例

配也转变为指纹灰度图像之间的自动化匹配。

由于指纹采集设备可能存在的局限,尤其是基于二维扫描的指纹图像存在畸变,以及手指的按压变化可能造成的纹路形变,合理构建指纹特征模型对于指纹的匹配和识别非常重要。目前,最常用的指纹匹配方法采用美国联邦调查局(Federal Bureau of Investigation,FBI)提出的细节坐标模型——利用脊线末梢与脊线分叉点作为指纹的关键特征进行匹配。通过将细节表示为点模式,自动指纹认证问题可以转换为指纹特征点匹配(细节匹配)问题[78]。图 4-10 是指纹特征点匹配示例[79]。

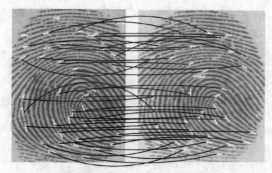

图 4-10   指纹特征点匹配示例

随着指纹采集技术的发展,指纹认证已被广泛应用于物联网终端设备上,实施快速、可靠、安全的用户身份认证。当然,指纹认证领域依然有很多值得讨论的问题,例如同卵双胞胎是否会因为高度相似的基因而具有足以造成认证错误的相似的指纹,读者可以自行探究。

2. 声纹认证

声纹(voiceprint)认证利用语音中包含的特征信息实现对说话人身份的识别。由于人的口腔、舌、牙齿、喉、鼻腔等参与发声的器官存在差异,通过分析麦克风采集的音频信号提取丰富的声纹特征,可作为说话人身份的标识。1977 年,美国空军与 MITRE 公司就已经合作研发出了说话人识别访问控制系统原型。

进行说话人识别时,需要考虑语音信号的性质、时长、响度和音调,并通过对音频采样信号的处理将这些特征提取出来,与存储的语音模板进行对比。语音模型的设计对声纹的建模与识别非常重要。因为在实际应用中,不希望用户语音的内容对识别的结果产生影响,但又需要语音模型能够描述用户发音的特征,例如音质、共鸣、发音持续时间等。声纹的识别主要包含两个阶段——特征提取和模式识别。

特征提取通常基于声学模型对音频信息进行处理,常见特征参数包括线性预测倒谱系数(Linear Prediction Cepstral Coefficient,LPCC)[80]、梅尔频率倒谱系数(Mel Frequency Cepstral Coefficient,MFCC)[81]和语谱图[82]等。以 MFCC 为例,特征提取过程结合了人类听觉模型对不同频率声波的感知,设置一组特定的带通滤波器(称为 Mel 滤波器组),将声音信号通过各个滤波器输出的信号能量作为基本特征。也就是说 MFCC 将声波频率映射到感知频率尺度(称为 Mel 尺度),从而更好地还原人类对语音信号中高、低频声波的感知差异。

在模式识别阶段,根据声纹特征参数判断说话人身份,可采用高斯混合模型(Gaussian Mixture Model,GMM)[83-84]、支持向量机(Support Vector Machine,SVM)[85]等。说话人的语音在声学空间中的特征可用一系列元音、鼻音或擦音等广义语音事件表示,这些特征能够反映说话人的声道结构,可作为区分说话人声音的主要生理因素。若干高斯概率密度函数的线性组合理论上能够逼近任意分布,因而使用多个高斯分布描述语音特征向量在空间中的分布,使得高斯混合模型能够避免语音时序特征带来的影响,实现与文本无关的说话人识别。

声纹认证在说话人身份识别中提供了更加简洁的交互模式,但也容易受到各类因素的影响,例如说话人感冒或鼻塞以及环境噪声等;此外,声纹认证相比指纹、虹膜认证也会面临更多的安全问题,例如仿冒者可以盗录他人语音进行验证等。

3. 人脸认证

人脸认证的基础是人脸识别技术,即通过摄像头获取人的面部图片,利用识别技术在图像中检测、提取面部特征,并将这些特征用于人的身份识别。基于人脸识别的身份认证具有非接触性、非强制性以及并发性等特点。

在 20 世纪 70 年代初,机器视觉相关的研究就已经在探索如何识别人类面孔了。早期的人脸识别以面部特征点之间的距离和比率作为特征,通过最近邻方法识别人脸[86],或通过计算眼角、鼻孔、嘴巴、下巴等面部特征之间的距离、角度以及其他几何关系进行人脸识别[87]。图 4-11 是人脸特征提取示例[88]。

还有一类方法将人脸图像视为随机向量进行模式分析,利用统计学方法实现人脸匹配。例如,本征脸(eigenface)方法[89]将每一幅人脸图像按照从上到下、从左到右的顺序将所有像素的灰度值串成一个高维向量,然后通过主成分分析(Principal Component Analysis,PCA)将高维向量降低维数,从而压缩特征,提高计算效率。

隐马尔可夫模型(Hidden Markov Mode,HMM)同样被引入人脸识别领域。首先采用二维离散余弦变换(Discrete Cosine Transform,DCT)抽取人脸特征,得到观察向量,构建 HMM 人脸模型;然后用 EM(Expectation Maximization,最大期望)算法[90]对该模

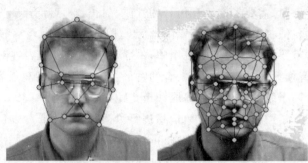

图 4-11　人脸特征提取示例

型训练；最后利用该模型就可以算出每个待识别人脸观察向量的概率，从而完成识别。

此后，深度学习的出现使人脸识别技术取得了突破性进展。人脸识别的最新研究成果表明，深度学习得到的人脸特征表达具有手工设计所不具备的重要特性，特别是卷积神经网络（Convolutional Neural Network，CNN）可以在人脸识别系统中学习高层次的、区分度强的特征。随着技术的进步，有标签数据的获取变得越来越容易，通过足够多的有标签数据对 CNN 进行训练，使得 CNN 这种传统的深度网络模型变得极为有效，尤其是 DeepID 家族、FaceNet 等人脸识别系统，识别率超过了人类视觉识别率 97.5%[91]。

人脸认证在档案管理、安全验证、信用卡验证、公安系统的罪犯身份识别、银行和海关的监控、人机交互等领域具有广阔的应用前景。尽管人脸特征在唯一性上逊色于指纹、虹膜，然而人脸数据采集的手续比较简单，待识别者也更容易接受将人脸作为生物特征。

4. 虹膜认证

人类虹膜的结构是独一无二的，并且其特征随着年龄的增长维持稳定。通过对虹膜影像进行提取、分割、编码，可以获得用户的虹膜特征标识，用于识别、验证用户身份。早在 1936 年，Frank Burch 就提出将虹膜用于人的身份鉴别。而直到 1987 年，眼科医生 Leonard Flom 和 Arin Safir 才被授予第一个相关专利，他们基于可视虹膜特征进行虹膜识别。1994 年，John Daugman 开发了虹膜编码与比较的有效算法，被普遍视为当时可用的最佳的虹膜识别方案。

在进行虹膜匹配之前，首先需要对虹膜进行定位。从真实的虹膜影像中能够看到，图像存在缩放、移位、遮挡等现象，因此需要定位虹膜中心并处理不规则的边界。通常可采用圆形轮廓模拟角膜缘和瞳孔，使用抛物线拟合上下眼睑，从而识别虹膜影像中的关键结构。图 4-12 是 CASIA Iris 数据集[92]中的虹膜影像示例。

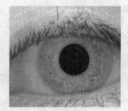

图 4-12　CASIA Iris 数据集中的虹膜影像示例

在对获取的虹膜影像区域进行定位后,接下来的任务是确定该模式是否与以前存储的虹膜模式相匹配。除了通过旋转、平移等操作对齐虹膜影像以外,虹膜匹配过程还将对虹膜特征进行表征。Daugman 系统[93]将一个由 Gabor 滤波器[94]的二维版本推演得到的分解应用到虹膜影像数据上,最终得到一个 256 字节的表示,称为虹膜码。通过计算两个虹膜码之间的海明距离可以分析虹膜的相似程度,例如(二进制表示的)虹膜码长为 n,两个虹膜码 a 与 b 不匹配的位数为 m,那么 a 与 b 之间的海明距离可表示为

$$d(a,b) = \frac{m}{n} \tag{4-10}$$

当海明距离低于一定阈值时可以认为两个虹膜是来自同一个人的。根据 Daugman 对虹膜码匹配的数学分析,两个不同的虹膜被识别为相互匹配的概率在理论上是 120 万分之一。

Wildes 系统[95]利用高斯-拉普拉斯(Laplacian of Gaussian,LoG)滤波器对图像数据进行各向同性带通分解。由于虹膜表示直接从滤波后的图像中导出的,其大小与原始捕获图像的虹膜区域的字节顺序有关。在获得特征表示后,可通过直接的点对点比较对两个虹膜的匹配度进行评估,以实现用户身份认证。

在《国家地理》杂志众多封面中,阿富汗少女在战火纷乱的年代留下的影像堪称经典。而在那张照片拍摄 17 年后,人们通过照片上少女的虹膜找到了她,尽管她的容颜已经改变[96]。如今,虹膜识别和认证技术也走入了人们的生活,被应用在桌面验证、银行安全、机场安检等众多领域。

4.2.5 基于物理特征的认证机制

与人的生物特征类似,联网设备的某些特殊物理特征也可作为用于认证的"设备指纹"。由于晶体管电性能参数的差异难以预测,物理不可克隆函数(Physical Unclonable Function,PUF)利用半导体制造工艺中的物理变化可以在芯片内部产生唯一的随机数,并将其作为设备的标识,用于设备认证与消息加密[97]。

进行设备认证时,芯片电路将生成一个输出值,系统可将其作为设备私钥或口令实现对设备身份的认证。这个输出值不易受环境、时间、工作电压、元件老化等因素的影响,具有稳定性。同时,对生成过程的物理探测将改变底层电路特征,导致输出值异常,因此攻击者难以窃取正确的数值。此外,由于随机数在芯片的内部产生,因此无须进行外部注入和存储,可以避免密钥泄露带来的安全威胁。

4.2.6 基于地理位置的认证机制

基于地理位置的认证对物联网节点的位置信息进行测量和验证,以确认设备处于规定的合法的地理位置上。当待验证节点向服务器发送访问请求时,服务器可与一系列可信的节点协作,计算待验证节点的位置信息,并通过验证位置信息实现对设备的身份认证。对设备节点的位置验证技术主要包括基于网络技术的定位、无线安全定位、安全距离约束等。

1. 基于网络技术的定位

典型的基于网络技术的定位方法(Internet Geolocation)有 DNS LOC、WHOIS 以及通过测量消息的时延进行定位等[98]。

DNS LOC[99]是一个开放标准,允许 DNS 管理员使用位置信息创建一个公开的 IP 位置信息数据库。但由于 DNS LOC 数据库的内容没有经过身份认证,并且是由 IP 地址的所有者自己设置的,因此不适合对安全敏感的应用程序。

WHOIS 是一种传输协议,用于查询域名的 IP 地址以及所有者等信息。每个域名或 IP 地址的 WHOIS 信息由对应的管理机构保存,并由 WHOIS 服务器响应对域名信息的查询。然而,注册中心和数据库中存储的信息往往是粗粒度的,返回的通常是注册 IP 地址的组织机构的总部位置。当组织机构将其 IP 地址分布在更广的地理区域中时,就会为定位带来问题。

此外,还可以基于地理距离和网络时延之间的相关性进行定位。其中,主机的位置估计是基于这样的假设:与某些固定探测器的网络时延相似的主机往往在位置上彼此接近。这种假设类似于雷达等无线定位系统所利用的信号强度与距离之间的关系。因此,给定一组地理位置已知的地标,目标主机的位置可被估计为与其时延模式最相似的地标的位置[100]。

2. 无线安全定位

在无线传感器网络中,验证者可通过无线电信号特征实现对设备节点的定位[101],例如:

(1) 基于信号到达强度的定位方法(Signal Strength of Arrival,SSOA)。

(2) 基于信号到达时延的定位方法(Time of Arrival,TOA)。

(3) 基于信号到达时延差的定位方法(Time Difference of Arrival,TDOA)。

(4) 基于信号到达角度的定位方法(Angle of Arrival,AOA)。

以平面中的 TOA 定位方法为例[102],如图 4-13 所示,假设空间中存在 3 个位置已知的锚点(anchor)A、B、C,其位置分别为(x_A,y_A)、(x_B,y_B)、(x_C,y_C)。为获得空间中待测点 S 的位置,锚点向待测点发送信号,根据信号时延计算两点之间的距离。假设 A 于 t_1 发送信号,而 S 在接收到信号后立即发送了响应信号,A 接收到响应的时间为 t_2,已知信号传播的速度为 c,那么 A 与 S 之间的距离 $d_{AS}\approx(t_2-t_1)c/2$。因此,节点 S 的位置(x_S,y_S)可由以下方程求得:

$$\begin{cases} d_{AS}\pm e_A=\sqrt{(x_S-x_A)^2+(y_S-y_A)^2} \\ d_{BS}\pm e_B=\sqrt{(x_S-x_B)^2+(y_S-y_B)^2} \\ d_{CS}\pm e_C=\sqrt{(x_S-x_C)^2+(y_S-y_C)^2} \end{cases} \quad (4-11)$$

其中 e_A、e_B、e_C 为测量误差,节点 S 的位置在以 d_{AS}、d_{BS}、d_{CS} 为半径(误差为 e_A、e_B、e_C)的 3 个圆环相交的区域中。

3. 安全距离约束

安全距离约束(Distance Bounding,DB)协议是在验证方和被验证方之间进行一系列

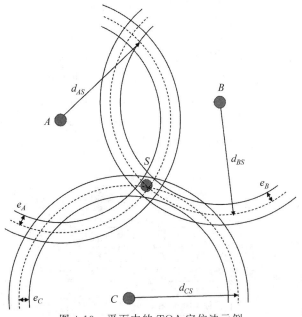

图 4-13 平面中的 TOA 定位法示例

挑战和响应,通过计算验证方从发出挑战到收到被验证方反馈的响应的时间差判断二者的距离,该协议在无线射频识别(RFID)中应用广泛[103]。

4.2.7 多因子认证机制

在了解众多常用的身份认证技术后可以发现,身份认证过程的关键是被验证方提供某种可靠的凭证,例如密码、数字证书、智能卡、指纹,并通过相应的检验即可确认其身份是否合法或者是否为其声称的身份。而多因子认证(Multi-Factor Authentication,MFA)是强身份认证的一种形式,使用一种以上的身份凭证验证主体的身份,通过多个认证过程消除单因子认证(Single-Factor Authentication,SFA)中存在的潜在安全威胁。常见的多因子认证是基于两种身份信息实现的双因子认证(Two-Factor Authentication,2FA)。

在物联网中,多因子认证是实现安全认证的最佳途径之一。在 MFA 机制中,实体必须提供一个以上的凭证才能进行身份认证。这些凭证或身份认证因子根据应用程序的安全需求而不同,但必须是相互独立的,以避免损害其中一个凭证而导致整个安全系统被破坏[104]。因此,多因子认证过程中使用的身份认证因子通常属于不同类型的身份信息,即分别属于知识因子(如口令)、所有物因子(如智能卡)、生物因子(如指纹)或地理位置因子等。

1. 基于口令与令牌的认证

动态口令令牌在每次用户登录时除了输入常规的静态口令外,还要再输入一个每次都会变化的动态口令(也称一次性口令,One Time Password,OTP)。可以使用硬件令牌生成动态口令,例如基于时间的硬件令牌;也可以使用软件生成动态口令或通过消息下发的方式获得令牌,例如使用手机或邮箱接收一个一次性验证码。动态口令的使用通常有时间限制,超过时间限制未验证成功,动态口令就会作废。

2. 基于生物特征与口令的认证

使用生物特征进行认证时,由于认证服务器中有包含所有注册用户的生物特征模板的数据库,一旦泄露可能会危及用户的隐私,因此一些保护隐私的多因子认证协议会在用户端使用用户注册时选择的随机密钥(口令)和用户提供的生物特征计算一个验证值,并在服务器端进行校验以确认用户身份,可以避免用户生物特征存储不当可能造成的安全问题[105]。基于生物特征和口令的双因子认证注册与验证过程如图4-14所示。

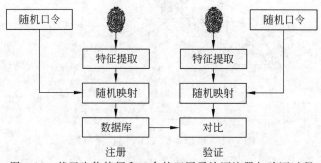

图 4-14　基于生物特征和口令的双因子认证注册与验证过程

3. 基于生物特征与 PKI 的认证

FIDO(Fast Identity Online,线上快速身份认证)联盟[106]成立于2012年,致力于解决强认证设备之间缺乏互操作性以及用户创建和记忆多个账号及口令所面临的问题。PayPal 是 FIDO 联盟的创始成员之一,如今该联盟已经拥有包括谷歌、万事达、微软、RSA、Netflix 等在内的许多领先的科技公司成员。

FIDO 认证模型如图 4-15 所示。

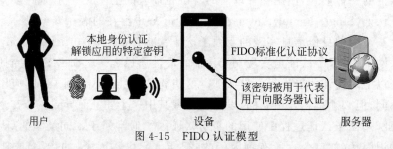

图 4-15　FIDO 认证模型

以支付业务为例,基于 FIDO 协议的指纹认证方案涉及的主要业务流程包括指纹认证注册、指纹认证签名与验签和指纹认证注销。

(1)指纹认证注册。用户同意并开始使用指纹认证业务。开通时需设置用户用于支付的指纹信息,并需通过业务密码的校验。注册时,用户端需要采集与校验用户指纹信息,产生非对称密钥对,并建立私钥、指纹信息和应用之间的对应关系;服务器端需要保存用户端发送的注册信息,建立用户应用账号与公钥之间的对应关系。

（2）指纹认证签名与验签。用户端在本地进行指纹识别并校验后，对服务器端发送过来的交易数据用私钥进行签名确认并返回给服务器端。服务器端接收到签名数据后用注册时保存的公钥对签名结果进行验证。

（3）指纹认证注销。用户端解除应用、私钥以及指纹信息之间的对应关系，并删除用户密钥对；服务器端删除用户应用账号与公钥之间的对应关系。在指纹认证注销时，需要校验用户的应用业务密码。

4. 三因子认证

2009 年，Fan 和 Lin 提出了生物特征隐私保护的三因子认证协议[107]，以避免数据库中用户的生物特征泄露。其中，用户首先选择一个随机字符串（口令），并在注册期间使用其生物特征对字符串进行加密，加密结果被存储在智能卡中。为了通过服务器的认证，用户需要提供智能卡并具备正确的生物特征。

4.2.8　单点登录认证机制

在实际应用中，用户使用的网络服务可能涉及多交互过程或需要访问多个服务器中的资源，而频繁要求用户重复地输入认证信息（例如口令）显然将严重影响用户的体验。单点登录（Single Sign-On，SSO）的目的即是希望用户只进行一次认证就可以访问所有相关的系统和服务。简单来说，在完成最初的认证操作以后，用户可以获得某种"已通过认证"的凭证；在进行其他操作时，用户只需要提供有效期限范围内的合法凭证即可通过验证，而无须再次进行认证。

目前，互联网上最为流行的单点登录系统是 OpenID。OpenID 单点登录框架涉及三方：客户（client）、OpenID 提供方（OpenID provider）和依赖方（relying party，又称 OpenID consumer）。用户使用唯一的 URL 作为身份标识，在 OpenID 提供方的服务器中完成对用户身份的认证。以使用 Web 应用程序为例，通过 OpenID 实现单点登录的认证过程如图 4-16 所示。具体过程描述如下：

（1）客户端访问 Web 应用程序（依赖方）。

（2）Web 应用程序进入 OpenID 登录页面。

（3）客户端将用户的 OpenID URL 通过 POST 请求发送到 Web 应用程序服务器。

（4）Web 应用程序服务器规则化用户提供的 URL 身份标识（例如，添加"http://"前缀），并根据 URL 标识发现信息（例如 OpenID 提供方信息、协议版本等）。

（5）Web 应用程序服务器与 OpenID 提供方建立一个关联（association）。Web 应用程序服务器可向 OpenID 提供方发送一个认证请求。如果用户已经通过身份认证，那么 Web 应用程序服务器将接收到一个包含断言（assertion）的响应；否则需要进一步对用户身份进行认证。

（6）在进行用户身份认证时，用户将被重定向到 OpenID 提供方的网页。

（7）在 OpenID 提供方的网页上，用户可使用用户名与口令进行登录操作。

（8）OpenID 提供方在完成认证后会判断是否允许依赖方的认证请求。如果未配置，则需要用户在网页中选择登录方式和允许共享的用户信息，再将用户重定向回 Web 应用程序页面。

（9）最终，用户可以使用认证结果和注册信息访问 Web 应用程序。

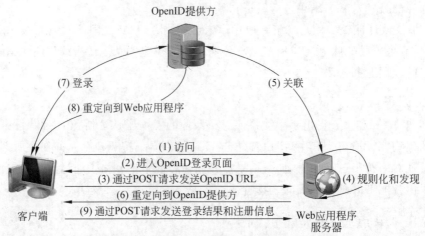

图 4-16　通过 OpenID 实现单点登录的认证过程

当然，使用单点登录也存在一定的安全风险。最为突出的问题就是：一旦攻击者通过最初的认证，就可以访问受害用户的所有资源，获得所有可能的操作权限。因此，在执行一些重要的操作前，实际上还会再次对用户身份进行认证。例如，进行线上支付时需要输入支付密码或指纹以认证用户身份。

4.3 物联网中的认证机制

认证是物联网网络安全的重要组成部分之一。如图 4-17 所示，物联网中的认证机制主要分为用户认证、设备认证及事件认证。

（1）**用户认证**。大多数物联网场景（如智能家居、车联网）均以服务用户为目标，并且需要用户的实时参与，不合理的用户身份认证机制可导致危险的设备操作和敏感信息的泄露。

（2）**设备认证**。由于物联网的各设备之间可以相互通信并共享数据，当设备认证机制存在漏洞时，攻击者可通过伪造设备接入网络，从而非法地访问用户信息，影响系统的正常运行。

（3）**事件认证**。事件（event）指物联网中设备状态的变化，一些事件驱动（event-driven）的物联网系统通过事件传递物理环境的变化并根据事件进行控制决策。缺乏对事件的认证可能造成物联网控制中枢对物理环境的错误感知，最终导致错误决策并引发安全问题。

因此，用户认证确保访问物联网用户身份的真实性，设备认证确保接入物联网的设备的合法性，事件认证确保物联网中事件消息的真实性。这 3 种认证方式相辅相成，共同维护着物联网系统的安全运行。

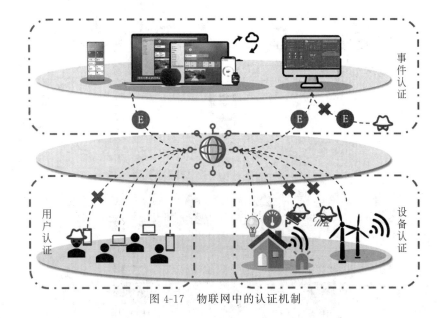

图 4-17　物联网中的认证机制

4.3.1　用户认证

物联网用户认证技术是物联网安全领域的关键技术,它确保了访问物联网的用户身份信息的真实性。与传统用户认证技术不同的是,由于物联网设备的低成本、低功耗、小存储空间和网络异构等特点,一些传统身份认证机制在物联网中往往无法适用。本节介绍物联网场景下的用户认证技术。

1. 用户认证基本模型

有研究者提出,物联网中的用户认证始终遵循几种基本模型[108,109]。具体来说,物联网中的身份认证主要涉及用户、设备以及网关节点(Gateway Node,GWN)或认证服务器(Authentication Server,AS)。在大多数情况下,认证服务器无法直接采集用户信息或与用户交互,此时物联网设备可以帮助其进行身份认证工作。由于物联网设备通常在计算和存储等方面受到限制,因此物联网认证技术的设计需要考虑设备的性能瓶颈。

设备和认证服务器通过互相发送消息进行用户认证。在对用户自身进行认证之前,用户需要事先在网络中注册身份信息(如口令、生物特征等),并在登录过程中提供此信息。具体来说,物联网的用户认证模型分为以下 5 种(图 4-18):

(1) 模型一:用户将身份认证请求发送给认证服务器,认证服务器将用户信息发送给设备,设备确认用户信息并将信息反馈给认证服务器,认证服务器收到信息后对用户进行身份认证。此模型适用于大多数场景中物联网系统对用户身份的认证,设备用于收集用户信息(包括口令、生物特征等),而服务器进行与认证相关的计算。

(2) 模型二:用户将身份认证请求发送给认证服务器,认证服务器将其认证密钥发送给用户,并同时将用户信息发送给设备,设备对信息进行比对,从而进行用户认证。此模型适用于设备对用户的认证,认证服务器的认证密钥用于对用户身份作担保,而设备需要负责进行与认证相关的计算,故对设备的计算能力有一定要求。

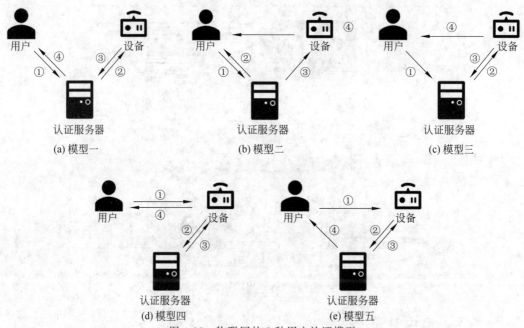

图 4-18　物联网的 5 种用户认证模型

（3）模型三：用户将身份认证请求发送给认证服务器，认证服务器将用户信息发送给设备，设备将相关认证密钥反馈给认证服务器并同时认证用户。此模型适用于认证服务器对用户的认证，设备向认证服务器提供认证密钥用于担保用户身份，且负责进行与认证相关的计算。

（4）模型四：用户将身份认证请求发送给设备，设备将请求返回给认证服务器，认证服务器向设备发送确认信息，最后设备认证用户。此模型与模型一类似，其不同之处在于设备接收用户请求并主动向认证服务器发起请求，且由设备进行与认证相关的计算。

（5）模型五：用户将身份认证请求发送给设备，设备将请求返回给认证服务器，认证服务器对用户进行身份认证，并向设备发送一个确认信息。此模型与模型四类似，其不同之处在于由认证服务器进行与认证相关的计算。

2. 用户认证方案

物联网用户认证方案使用基于口令的认证、基于生物特征的认证和多因子认证。

基于口令的认证是物联网中认证用户身份的一种常见手段。其中，用户需要提供一个由字母、数字和/或特殊字符组成的字符串，称为口令。此口令一般保存在口令数据库中，但在物联网设备性能可以满足要求时，也可选择保存在设备中，进而在设备上进行与认证相关的计算。当用户提供口令时，认证方将用户提供的口令与保存的凭据相比较，如果二者相同则通过认证。基于口令的认证简单、方便，对用户来说无须使用任何证明其身份的物品；但这种认证方式无法用于没有键盘、鼠标等输入设备的物联网设备中，因此主要在用户直接访问物联网控制系统终端时应用。

口令认证的一个具体方案如图 4-19 所示。首先，用户通过设备输入口令；其次，设备将提供的口令发送至认证服务器；再次，认证服务器读取口令数据库中的凭据，并进行口令匹配;最后,认证服务器告知用户认证结果。

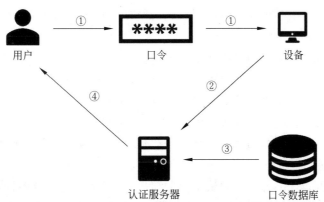

图 4-19　物联网口令认证的一个具体方案

基于生物特征的认证机制通过特定的传感器从用户处收集独特的生物特征数据,并与预先存储的生物特征模板进行匹配,实现对用户身份的识别。常用的基于生物特征的认证技术包括指纹认证、人脸认证、虹膜认证、手形认证和声纹认证。由于人类的生物特征相对于其他认证凭据而言更加难以伪造,使得基于生物特征的认证技术能够抵抗窃听、冒充等攻击。但这类认证技术也有其局限性,例如需要部署特定的物联网设备,且工作范围受限(指纹认证需要用户手指接触指纹采集设备,人脸与虹膜认证要求用户在很近的距离内)。

在物联网场景中,基于生物特征的身份认证的一个具体方案如图 4-20 所示。首先,用户向生物信息捕获设备(即指纹采集设备)输入信息(即提供手指指纹);然后,设备自动进行特征提取,并上传至认证服务器;再次,认证服务器从特征数据库中读取生物特征凭证并进行生物特征匹配;最后,认证服务器向用户返回认证结果。

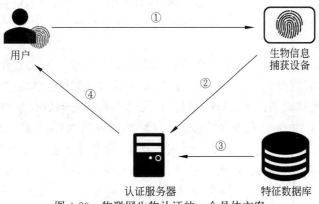

图 4-20　物联网生物认证的一个具体方案

多因子认证也是物联网中常用的用户认证方案。近年来,大部分成熟的物联网用户认证技术都采用两种或两种以上的途径生成有效的身份凭据,例如,同时使用基于密码学和生物特征的认证技术提高认证过程的安全性[110-112]。

3. 用户认证安全问题

在口令认证中,为了避免用户的口令信息被窃取,不会存储原始口令而是存储口令的哈希值。然而,口令认证依然存在很多安全问题,典型的攻击策略包括窃听攻击、重放攻击、字典攻击、常用口令攻击以及利用用户的失误等。

(1) 窃听攻击。攻击者通过网络流量窃听获取口令,尤其当通信信道未加密时,攻击者可以直接获取口令的明文。为了避免窃听攻击,认证机制应当避免口令的不安全传输。

(2) 重放攻击。在静态口令认证中,攻击者可截获加密的口令并通过重放认证请求通过身份认证。认证系统通过添加随机因子(例如使用动态口令)保证认证的时变性,可有效预防重放攻击。

(3) 字典攻击。攻击者可以尝试不同的口令,在线地进行登录验证,直到登录成功。当然,认证系统可以通过限制尝试登录的次数保护账号的安全。但在离线字典攻击中,攻击者可能通过某种手段获得访问口令文件的权限,并从中提取出口令的哈希值。攻击者可以通过猜测口令并计算哈希值是否匹配获得正确的口令,就可以绕开尝试登录次数的限制。为了防御离线字典攻击,要求系统保障口令文件不被泄露或能够及时检测异常的访问。

(4) 常用口令攻击。用户通常会设置易于记忆的口令,并在多个账户中重复使用相同的口令,这些都为攻击者猜测口令提供了便利。攻击者可以有针对性地实施口令猜测,例如通过用户或其亲友的姓名、生日、电话号码甚至已知的用户其他账户的口令进行尝试。为了防止这类攻击,设置账户信息时,认证系统应当要求用户尽量输入无意义的、不重复的字符串,并通过更改字母大小写、添加特殊符号等方式增加被猜中的难度。

(5) 利用用户的失误。用户为了记忆复杂的口令,可能会在其他(电子的或纸质的)文件中记录自己的口令;或者安全意识不强,没有在输入口令时避开他人。这些失误都为攻击者提供了知晓口令的渠道。因此,用户应当注意自己的口令安全,避免自己的口令被窥探。

相比其他用户认证技术,基于生物特征的认证极大地增加了攻击者伪造身份凭证的难度。例如,攻击者需要获取并伪造用户的指纹才能实现欺骗。然而,基于生物特征认证的实现高度依赖生物识别技术,错误的特征匹配将引发安全问题。生物识别技术中广泛使用的机器学习算法可能受到对抗攻击。攻击者可通过生成对抗网络(Generative Adversarial Network,GAN)生成大量的对抗样本,这些样本能够导致识别算法的误判,从而影响认证的结果。例如,攻击者能够在未获取用户任何语音数据的情况下,利用GAN 生成包含用户声学特征的音频,从而通过基于声纹的用户认证。

4.3.2 设备认证

为保障物联网终端设备以及网络的安全,在新设备请求接入物联网时,需要在设备层面进行双向身份认证,即设备认证。典型的场景如下:物联网网关作为网络中枢,需要对每个请求接入网络的物联网设备进行身份认证;同时,物联网设备也需对此网关进行认证。

传统公钥密码体系下的认证需要证书机构(CA)作为可信第三方,为物联网设备生成其公钥的数字证书,其他设备即可通过验证此证书是否由 CA 签发对设备进行认证,从而达到设备间认证的目的。然而,这些基于公钥的密码学算法(如 RSA 算法)对设备的算力有较高的要求,一些体积、功耗受限的物联网设备可能无法支持此类运算;同时,由于物联网设备数量较多,基于传统公钥密码体系的认证方法会对 CA 的通信、计算和存储带来极大的开销。为了解决这些问题,物联网中的设备认证技术优先采用轻量级的方案,其中典型的认证方案有以下几类。

1. 轻量级公钥协议

为解决物联网设备算力不足的问题,TinyPK 协议[113]等典型的物联网设备认证协议在传统公钥认证体系的基础上进行了轻量化改进。TinyPK 协议的核心算法是 $e = 3$ 的 RSA 加密算法,节点在获得公钥(n, e)后,进行加密运算 $c = m^e \bmod n$。由于 $e = 3$,假设方案设定每一个消息长度为 256 位,其加密的算法即为 256 位的数据进行三次方运算,再进行大素数的模运算得到密文。为了适用于低功耗的传感器设备,TinyPK 协议只需在传感器上进行公钥操作(数据加密或签名验证),因此只需配置专用于三次方运算的高性能计算模块,即可实现轻量级物联网设备认证。

具体来说,TinyPK 协议是一种挑战-响应协议,其目的是对传感器网络以外的待认证方设备进行认证,并安全地将会话密钥保存在第三方服务器中。如图 4-21 所示,首先,待认证方提交用 CA 的私钥签名的公钥和一段用自己的私钥签名的文本,此文本包括一个 nonce 以及公钥的校验和。这里的 nonce 是一个只使用一次的值(如时间戳),可用于检测重放攻击。传感器网络在收到消息后,使用预加载的 CA 的公钥验证消息的第一部分,提取待认证方的公钥 n,并使用此公钥验证消息的第二部分,提取 nonce 和校验和。若均通过验证,则认为待认证方的身份可信。在此过程中,传感器网络只进行了三次方运算,可采用专用的高性能计算模块实现轻量级的身份认证。但 TinyPK 协议存在的问题是,待认证方仍需要进行与私钥相关的计算,要求待认证方具有一定的运算能力,因此 TinyPK 协议不适用于传感器之间的相互认证。

2. 预共享密钥

使用对称密钥实现的身份认证需要验证双方共享一个秘密信息。传统的做法是通过密钥交换协商策略实现秘密信息的共享,但密钥交换协商过程往往需要公钥体系的参与。预共享密钥策略意在避免引入公钥体系,从而减小认证流程的开销。典型的预共享密钥策略包括 SNEP 以及在此基础上发展而来的基于随机密钥预分布的 Eschenauer-Gligor 方案(简称 E-G 方案)[114]。

E-G 方案针对分布式传感器网络场景,在网络部署之前,向每个传感器节点分发一个密钥环和环上所有密钥对应节点的身份标识。其中,密钥环由一个大的密钥池 P 中随机选择的 $k(k < P)$ 个密钥组成。由于环上的密钥是随机选择的,因此两个节点之间可能不存在共享密钥;但考虑到网络的连通性,两个节点通过一条路径共享一个密钥的概率很大。

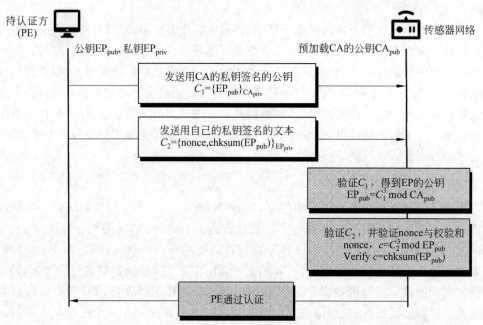

图 4-21　TinyPK 协议认证流程

基于上述密钥分配策略,如图 4-22 所示,在网络部署后,如果 A、B 两个节点的密钥环 EK_1、EK_2 中存在共享密钥,选取其中任意一组密钥($K=EK_1(i)=EK_2(j)$)作为共享的秘密信息实现身份认证并建立安全通信。当两个相邻节点之间不存在相同密钥时,则进入密钥路径建立阶段,通过与 A、B 均有共享密钥的节点 C 建立上述类似的密钥路径,从而实现加密的通信。

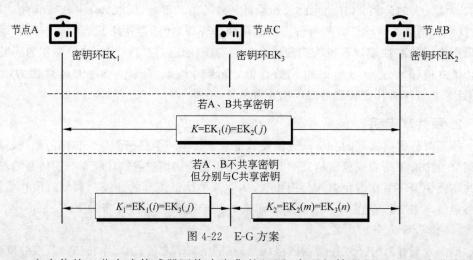

图 4-22　E-G 方案

E-G 方案依赖于分布式传感器网络中密集的组网,在理想情况下,10 000 个节点通过仅仅保存长度为 250 个密钥的密钥环即可实现几乎完全的密钥共享关系。然而,在传统 Hub 式组网或较稀疏的分布式组网情况下,通过建立加密的密钥路径实现密钥交换的方法会为某些中枢节点带来较大负担。

3. 基于设备 ID 的密钥生成

与用户认证中的生物特征识别方案类似,物联网设备间认证也可使用设备的“身份特征”,即唯一的设备 ID,生成用于认证的密钥。典型的认证方案使用设备 ID 经过单向散列函数计算的结果作为其公钥,即使某一节点遭受物理攻击,也不会直接泄露其他节点的核心信息。图 4-23 是使用基于设备 ID 的密钥进行身份认证的场景:A 向 B 发送自己的设备 ID 和用私钥签名的消息 C,B 对 A 的设备 ID 进行散列运算得到公钥,并使用公钥验证消息的数字签名,从而完成对 A 的身份认证。

由于此方案依赖于设备 ID 以及散列函数 Q 生成公钥,因此存在一定的安全隐患:攻击者可以获取设备 ID 以及 $Q(\mathrm{ID})$,并以某种手段推算出散列关系,实现对任意设备的密钥构建,使得不可信的设备接入网络,造成安全威胁。

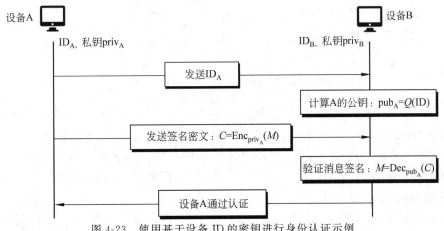

图 4-23　使用基于设备 ID 的密钥进行身份认证示例

4. 上下文信息

除上述基于传统密码学的认证方式外,物联网领域还出现了一些新兴的基于上下文信息的认证方式。上下文一词的英文是 context,指物联网设备在运行时的环境状态,如无线电信号、磁场、声音、红外线等。由于同一物联网场景中不同的物联网设备感知的是同一物理环境,感知到的数据具有较强关联性,因此可以通过上下文信息判断设备是否处在安全范围内(例如,希望屋内的设备接入网络,而其他位置的设备被屏蔽在外),从而实现设备认证。

考虑如下场景:某房间内有两个人,其中一人听力受损,而另一人视力受损。现在该房间发生了“开门”事件,听力受损的人可以目睹到门被打开,而视力受损的人可以听到开门声。即使他们具有不同的感知能力,仍然可以通过交流判断出双方在同一场景内。与此类似,在物联网中,需要认证的设备与网络中已有的设备可能是异构的,但可以通过分析设备识别的事件判断它们是否处在同一场景中。如图 4-24 所示,尽管检波器、麦克风、功率计的测量功能不同,但它们识别到某些事件的发生规律是相同的,因此可以认为这三个设备存在于同一个物联网环境中[115]。

由于物联网使用场景的特点,多数物联网系统存在着某种安全边界,上下文信息在

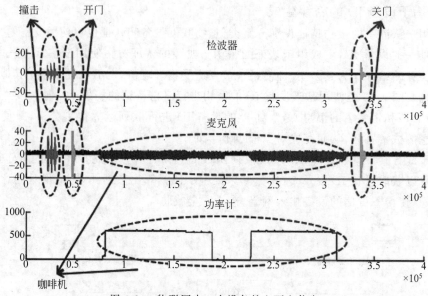

图 4-24 物联网中 3 个设备的上下文信息

这种安全边界内保持一定程度的同质性。例如,在智能家居场景中,房间的墙壁可以视为红外线信号的安全边界,而以某个特定距离为半径的圆可以视为无线电信号(WiFi、蓝牙)的安全边界。基于这种特性,物联网设备可以通过互相考查上下文信息是否匹配判断彼此是否处于同一个安全边界内,从而判断对方是否可信,以达到设备间认证的目的。

以典型的基于上下文信息的认证方案 Perceptio[115] 为例。Perceptio 通过异构物联网设备采集到的不同上下文信息(如红外信息、声音信息等)提取物联网系统中正在发生的事件,并为事件模式创建唯一标识指纹。同时,对不同物联网设备提取出的指纹进行对比,判断这些设备是否感知到了同样的事件,从而认定设备是否处在同一安全边界内。

然而,基于上下文信息获取的指纹具有极大的随机性,两个设备生成的指纹几乎不可能完全相同,因此不能直接将指纹作为共享密钥。为此,Perceptio 在认证协议中引入了一种模糊承诺方案(fuzzy commitment scheme)[116],这种密码学方法相比传统的对称密码能够容忍一定的差异。物联网认证设备基于上述指纹,使用模糊承诺方案生成共享的主对称密钥。

Perceptio 认证协议流程如图 4-25 所示。在初始化阶段,设备广播自己的 ID 并互相发出认证请求与确认信息,开启认证过程;在密钥协商阶段,设备 A 生成主密钥 k,并通过基于上下文信息生成的指纹 F_A 使用模糊承诺方案计算一个承诺 C_A,此承诺的特性为只有当 F_B 接近 F_A 时才可成功还原信息,因此只有当设备 B 与设备 A 的上下文信息相似时才可以成功还原主密钥 k;在密钥确认阶段,两个设备使用主密钥 k 生成会话密钥 k_{AB} 并互相通信,每次成功的互相通信都会为两个设备积累信任分数;在信任检查阶段,当成功生成的会话密钥达到一定次数,即信任分数达到一定阈值时,两个设备互相认为是可信的,即通过认证。

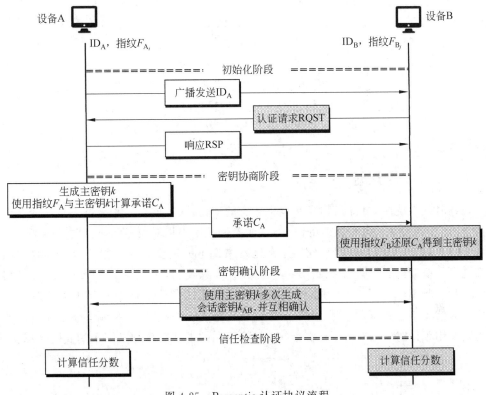

图 4-25　Perceptio 认证协议流程

5. 设备认证的安全问题

设备认证中常见的安全问题包括消息重放攻击、中间人攻击、拒绝服务攻击等。

(1) **消息重放攻击**。攻击者窃听并记录某个设备在认证过程中传递的消息,并随后重放这些消息。如果认证协议缺少对设备认证请求新鲜性的确认,攻击者可以受害设备的身份接入网络。

(2) **中间人攻击**。攻击者可以在两个待认证设备之间或待认证设备与认证方之间实施中间人攻击。例如,将认证方提出的挑战问题发送给其他设备回答,然后将结果返回给认证方。

(3) **拒绝服务攻击**。攻击者可以发送大量的无效认证请求到认证方,使得合法的设备无法接入物联网,尤其对于需要动态刷新设备 ID 的认证协议,合法设备的认证流程将受到拒绝服务攻击的阻断。

基于设备 ID 的认证面临的安全问题包括物理形式的攻击。例如,攻击者获取设备后进行逆向工程,提取设备 ID 或者克隆设备的身份凭证,从而利用该设备非法地接入网络。同时,由于物联网终端设备的算力和资源有限,使得身份 ID 本身的安全性不足,容易受到攻击者的操纵,例如被攻击者构造的阅读器读取、篡改和删除。安全的设备 ID 应当具有机密性、完整性、可用性以及可审计性,保证其中存储的设备 ID 不被泄露、修改,并且能够对读写操作进行追踪和审查。

此外,设备 ID 虽然为物联网设备的认证提供了轻量级的实现方法,但是唯一的标识也使得对设备的跟踪成为可能。在设备 ID 认证的过程中,设备首先需要将自己的设备 ID 发送给认证服务器,攻击者可以通过监听认证请求解析设备 ID,从而实现对设备的跟踪,而可跟踪的设备可能泄露用户的隐私信息(例如行程)。

利用设备的上下文信息进行设备认证的技术为物联网场景中的认证提供了新的思路,但这种方法的安全性依赖于物联网环境中上下文信息的高随机性。如果环境一成不变,用于认证的事件较少且随机性不足,根据上下文信息生成的指纹容易被攻击者预测,从而造成安全隐患。

4.3.3　事件认证

在物联网系统中,事件指物联网设备状态的变化,其本质是一种设备发送至控制中枢的消息,用于告知系统自身状态的改变,从而确保控制中枢对设备具有实时感知能力。因此,事件的可信性对于物联网系统的正常运行来说十分重要。目前很多流行的物联网系统都是事件驱动的[117],即在控制中枢上设置事件总线(event bus),设备以发布/订阅机制发送和接收事件。图 4-26 为事件驱动的物联网系统架构示例[118],其中的物联网系统包括作为信息中心的事件总线、用于维护设备状态的状态机、用于控制设备状态的服务注册机以及用于计时的计时器,通过发布或订阅不同的事件实现物联网中的实时数据交换。

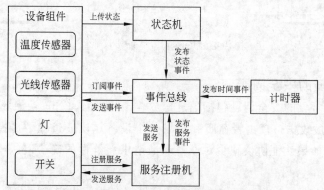

图 4-26　事件驱动的物联网系统架构示例

近年来物联网事件安全性逐渐受到关注,物联网系统中不可信的事件可能带来严重的安全威胁。攻击者可以通过控制脆弱的物联网设备或应用程序向事件总线发送虚假事件[119],轻则干扰物联网的正常感知能力,重则使物联网产生非预期的危险行为,甚至威胁用户的人身安全。由于虚假事件的来源可能是合法设备或应用程序,因此设备认证不能完全防御此类攻击。而事件认证是保证事件真实性的有力手段。在事件总线接收到事件时,通过对事件进行认证,判断事件是否真实发生,确保控制中枢总是基于可信的事件进行响应。

现有事件认证技术着重对事件的上下文信息进行分析。一方面,与生物特征、设备 ID 类似,物联网事件也可以建立唯一标识,称为事件指纹,可以通过从事件上下文信息中提取特征构建事件指纹,并通过对事件指纹的验证确认事件是否合法;另一方面,物联网的物理环境特性以及运行的智能逻辑使事件之间建立了一定关联,可通过事件关联性分析判断事件的语义是否合法。

1. 基于事件指纹的事件认证

物联网事件代表真实世界中某种状态的改变,而这种状态改变一定会依照某种物理规律影响其物理环境,因此可根据物理环境提取事件指纹作为设备的标识。目前典型的基于事件指纹的事件认证方案包括 Homonit[120] 与 Peeves[121]。

Homonit 使用物联网系统中的网络流量数据作为事件指纹来源,采用自动机模型对各种行为产生的流量数据进行建模,通过验证待认证事件是否符合该自动机模型实现认证。

Peeves 使用物联网传感器数据作为事件指纹来源,通过对事件产生的物理环境影响进行建模以构建事件指纹。例如,在某一场景中,开门和关门两个事件会分别影响加速度计、气压计和光强计在短时间内以不同的规律变化,则可以认为,当这 3 个传感器在某一短时间段内按如此规律变化时表明场景中存在开门或关门事件。因此,当系统接收到事件消息时,即可通过提取此时刻附近的传感器数据序列构建事件指纹以验证此事件是否真实发生,从而达到事件认证的目的。

2. 基于关联分析的事件认证

除上述单一事件的认证之外,还可通过分析事件之间的关联研究物联网的上层行为,从而判别是否存在异常的事件,实现对事件的认证。事件关联往往来自物联网场景中的触发-响应形式的自动化规则(如温度低于 20℃ 时打开加热器),以及由于物理规律带来的隐性交互(如打开加热器导致温度计感知到温度上升)。对于物联网系统来说,事件之间有错综复杂的关联关系,根据这些关联关系可为正常行为建立模型,从而实现对事件真实性的认证。

3. 事件认证的安全问题

基于事件指纹的事件认证方案能够通过环境信息判断事件的真伪,检测任何来源的虚假事件,适用于绝大多数事件伪造的攻击场景。然而,事件认证技术对用于认证的数据源有较高要求。例如,事件认证系统的目标是认证开门、关门两个事件,要求加速度计、气压计和光强计提供的数据是可信的。因此,如何缩小这一信任根的范围是推动事件认证方案部署时应着重关注问题。此外,事件认证机制不使用传统密码学的方式,认证准确性无法达到 100%。

4.4　本章小结

认证的目的是确认实体的身份从而抵御非法的访问。本章在对常用身份认证技术进行介绍的基础上,从用户认证、设备认证和事件认证 3 方面介绍了物联网场景下认证机制的基本原理。用户认证主要包括基于口令的认证、基于生物特征的认证和多因子认证;设备认证主要包括轻量级公钥协议、预共享密钥、基于设备 ID 的密钥生成以及基于设备的上下文信息的认证；事件认证包括基于事件指纹和基于关联分析的认证机制。与传统的身份认证相比，物联网认证对方案的轻量级、可扩展性和双向认证的需求更为突出；同时，基于上下文信息的设备与事件认证也逐渐受到关注。

习题

1. 认证是指对_____进行验证的过程。

2. 请列举至少 4 种常用的认证技术。

3. 基于_____ 的认证机制根据用户名和_____进行身份认证，是最基础、普遍的认证方式。

4. 请列举至少 3 种可用于用户身份认证的生物特征。

5. 物联网中的认证机制主要分为哪 3 方面？

6. 简述传统公钥密码认证机制不适用于物联网设备认证的原因。

7. 基于上下文信息的设备认证本质上是验证设备彼此是否处于同一个_____内。

8. 简述物联网事件认证技术的作用。

第 5 章

物联网安全基础
——访问控制技术

访问控制的目的是确保系统资源访问的安全。在第 4 章中讨论了身份认证问题,即确认用户是否被允许接入系统、网络或服务。而访问控制机制明确了用户(主体)可以以何种方式访问何种系统资源(客体)。即,已经通过身份认证的用户能够以何种方式访问何种资源。本章主要涉及以下几方面:访问控制的基本概念、多级安全模型、物联网访问控制机制与其中的安全问题。

5.1 访问控制的基本概念

对于涉及系统资源访问的安全问题,往往使用术语"访问控制"表示。访问控制的主要目的是限制主体对客体的访问,从而保障数据资源在合法范围内得以有效使用和管理。为了达到上述目的,访问控制需要完成两个任务:一是识别和确认访问系统的用户,二是决定该用户可以对某一系统资源进行何种类型的访问。

如图 5-1 所示,在广义的访问控制框架下,存在着两个基本的研究领域,即身份认证与授权。如前所述,身份认证机制用于确认用户是否应该被允许对系统进行访问。授权则决定用户可以对某一系统资源进行何种类型的访问,即对已获得认证的用户的行为进行约束和限制[123]。例如,在系统中,仅允许类似管理员(administrator)等特权用户在系

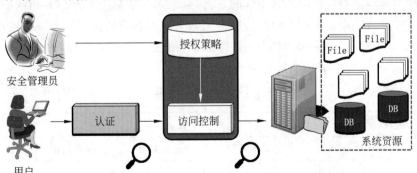

认证:用户是否可以进入系统   授权:用户是否被允许进行该操作
图 5-1　广义的访问控制框架

统中安装软件。身份认证是一个二值化的过程,即认证通过或拒绝;而授权则是更为细粒度的访问控制过程。在某些情景下,会把访问控制狭义地理解为授权过程。

5.1.1　访问控制的概念及要素

访问控制(access control)指系统对用户身份及其所属的预先定义的策略组限制使用数据资源能力的手段,通常用于系统管理员控制用户对服务器、目录、文件等网络资源的访问。访问控制是确保系统保密性、完整性、可用性的重要机制,是网络安全防范和资源保护的关键。

访问控制模型是从访问控制的角度出发,描述安全系统和建立安全模型的方法,需要使主体依据某些控制策略或权限对客体本身或其资源进行不同的授权访问。因此,访问控制模型通常包括主体、客体、访问控制策略 3 个要素[123]。

(1) 主体(Subject,S)。发起访问资源具体请求(如操作、存取)的实体,即活动对象,通常指某一用户,也可以是用户启动的进程、服务和设备等。

(2) 客体(Object,O)。被访问资源的实体,即必须进行控制的资源目标。所有可以被操作的信息、资源、对象都可以是客体。客体可以是信息、文件、记录、进程等,也可以是网络上的硬件设施、无线通信中的终端。

(3) 访问控制策略(Access Control Policy,A)。主体对客体的相关访问规则集合,用以确定一个主体对客体拥有何种访问能力,定义了主体与客体的可能作用方式。

访问控制即主体依据访问控制策略对客体本身或其资源进行不同权限的授权访问。

5.1.2　访问控制矩阵

访问控制矩阵是保障系统实现访问控制策略的经典模型,即将所有主体对于客体的权限存储在矩阵中。访问控制矩阵模型最早由 Bulter Lampson 于 1971 年提出,Graham 和 Denning 对该模型进行了修改。设主体的集合为 S,客体的集合为 O,主体对客体的权限类型集合为 R,在访问控制矩阵模型中,主体集合 S 和客体集合 O 之间的关系则用带有权限的矩阵 A 描述,A 中的任意元素 $a[s,o]$ 满足 $s\in S,o\in O,a[s,o]\subseteq R$。矩阵元素 $a[s,o]$ 表示主体 s 对客体 o 具有的权限。即,系统每一个主体对应访问控制矩阵中的一行(行索引),客体则对应访问控制矩阵的一列(列索引),主体 s 对客体 o 访问的许可(权限)即存储于矩阵中以 s 为索引的行与以 o 为索引的列相交的位置。表 5-1 给出了一个访问控制矩阵的例子,其中,与 UNIX 操作系统类似,x、r 和 w 分别代表执行、读和写的权限。在表 5-1 中,记账程序既被当作一个客体,又被当作一个主体。

表 5-1　访问控制矩阵

主体	客体				
	OS	记账程序	财务数据	保险数据	工资数据
Bob	rx	rx	r	--	--
Alice	rx	rx	r	rw	rw

续表

主体	客体				
	OS	记账程序	财务数据	保险数据	工资数据
Mike	rwx	rwx	r	rw	rw
记账程序	rx	rx	rw	rw	r

在实际系统中,基于访问控制矩阵的分割(存储)方式的不同,有两种授权实现方式,即访问控制列表(Access Control List,ACL)和能力列表(Capability list,C-list)。

- 访问控制列表。以列(客体)为索引存储访问控制矩阵,这些列构成访问控制列表。当客体被访问时,就会应用与之对应的列,进而检查确认是否允许主体的访问操作。例如,表 5-1 中与"保险数据"对应的访问控制列表为

  (Bob,--),(Alice,rw),(Mike,rw),(记账程序,rw)

- 能力列表:以行(主体)为索引存储访问控制矩阵,这些行构成能力列表。当主体尝试执行某个操作时,就会应用与其对应的行,进而检查是否允许对客体进行该访问操作。例如,表 5-1 中 Alice 的能力列表为

(OS,rx),(记账程序,rx),(财务数据,r),(保险数据,rw),(工资数据,rw)

5.1.3　访问控制的类型

在可信计算的评估准则中,访问控制被分为自主访问控制与强制访问控制两大类。自主访问控制取决于拥有者的判断力,基于用户身份,是应用最为广泛的一种类型。此外,近些年来,基于角色的访问控制得到了广泛的研究和应用。

目前,访问控制类型有 3 种:自主访问控制、强制访问控制和基于角色的访问控制。

1. 自主访问控制

自主访问控制(Discretionary Access Control,DAC)模型是根据自主访问控制策略建立的一种模型,允许合法用户以用户或用户组的身份访问策略规定的客体,同时阻止非授权用户访问客体,某些用户还可以自主地把自己可以访问的客体的访问权限授予其他用户。自主访问控制又称为任意访问控制。Linux、UNIX、Windows 操作系统都提供自主访问控制的功能。

【定义 5.1】　如果个人用户可以设置访问控制机制允许或拒绝对客体的访问,那么这样的机制就称为自主访问控制,或称为基于身份的访问控制(Identity-Based Access Control,IBAC)。

自主访问控制的访问权限基于主体和客体的身份。客体通过允许特定的主体进行访问以限制对客体的访问。客体拥有者根据主体的身份规定限制,或者根据主体的拥有者规定限制。例如,如图 5-2 所示,Tom 有一本日记,他控制着对该日记的访问,他可以决定/设置谁能阅读(授予"读"权限)、谁不能阅读(拒绝"读"访问)。Tom 允许妈妈读,但其他人(如教师)不可以读。这是自主访问控制,因为对该日记的访问基于请求对客体(日记)的"读"访问的主体的身份(妈妈)。

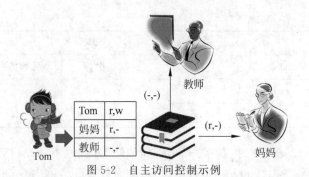

图 5-2　自主访问控制示例

在实现上,首先要对用户的身份进行鉴别,然后就可以按照访问控制列表赋予用户的权限允许或限制用户使用客体的资源。访问控制列表利用在客体上附加一个主体明细表以表示访问控制矩阵,主体明细表中的每一项包括主体的身份以及对客体的访问权限。主体访问权限的修改通常由特权用户(管理员)或特权用户组实现。然而,由于用户可以任意传递权限,那么没有访问文件 File1 权限的用户 A 就能够从有访问权限的用户 B 那里得到访问权限或是直接获得文件 File1。因此,DAC 模型提供的安全防护存在局限,不能给系统提供充分的数据保护。

2. 强制访问控制

强制访问控制(Mandatory Access Control,MAC)是比自主访问控制更为严格的访问控制策略,得到了广泛的商业关注和应用。在强制访问控制中,用户和客体都被赋予一定的安全级别,用户不能改变自身和客体的安全级别,只有管理员才能够确定用户和用户组的访问权限。

【定义 5.2】　通过系统机制控制对客体的访问,个人用户不能改变控制策略,这样的访问控制称为强制访问控制。

操作系统实施强制访问控制。主体和客体的拥有者都不能决定访问权限。通常,系统通过检查主体与客体的相关信息决定主体能否访问客体。规则描述允许访问的条件。强制访问控制有时也称为基于规则的访问控制。

例如,法律允许法庭在未经驾车人允许的情况下查看其驾驶记录。这是强制访问控制,因为驾驶记录的拥有者(驾车人)不能决定法庭对该信息的访问权限。

和自主访问控制不同的是,强制访问控制是一种多级访问控制策略(在 5.2 节会有详细讨论),它的主要特点是系统对访问主体和受控对象实行强制访问控制,系统事先给访问主体和受控对象分配不同的安全级别属性。在实施访问控制时,系统先对访问主体和受控对象的安全级别属性进行比较,再决定访问主体能否访问该受控对象。

3. 基于角色的访问控制

在现实中,访问信息的能力(权限)往往要根据一个人的工作性质确定。例如,Alice是计算机系的会计,负责管理和记录系里的账目,因此她有权访问系里所有的账目。此后,Alice 调往学校财务处担任会计,因为她不再担任计算机系的会计,她也就不再拥有访问该系账目的权限。当系里委任 Bob 为新会计时,Bob 即获得了访问该系账目的权限。

即,访问账户的权限与会计的工作性质相关,而并非与特定个人(身份)相关。

【定义 5.3】　角色是指工作内容的集合。每个角色被授权执行一个或多个事务(即支持某项工作的活动)。角色 r 的授权事务集合记为 trans(r)。

角色(role)是指一个可以完成一定事务的命名组,不同的角色通过执行不同的事务完成各自的功能。事务(transaction)是指一个完成一定功能的过程,可以是一个程序或程序的一部分。角色是代表具有某种能力或某些属性的人的抽象概念,角色和组的主要区别在于:用户属于一个组是相对固定的,而用户能被指派为哪些角色则受时间、地点、事件等诸多因素影响。

【定义 5.4】　主体 s 的活动角色是指 s 当前所承担的角色,记为 actr(s)。

【定义 5.5】　主体 s 的授权角色是指 s 被授权承担的角色集合,记为 authr(s)。

【定义 5.6】　谓词断言 canexec(s,t)为真,当且仅当主体 s 在当前时间可以执行事务 t。

以下 3 条规则反映了主体执行事务的能力。

【规则 5.1】　设 S 为主体集合,T 为事务集合,角色指派规则是($\forall s \in S$)($\forall t \in T$)[canexec(s,t)→actr(s)$\neq \varnothing$]。

该规则表示:如果一个主体可以执行某个事务,那么这个主体就有一个活动角色。该规则将事务执行与角色绑定,而不是与用户绑定。

【规则 5.2】　设 S 为主体集合,角色认证规则是($\forall s \in S$)[actr(s)$\subseteq$authr(s)]。

该规则意味着主体必须得到授权以承担其活动角色。主体不能承担未经授权的角色。如果没有这个规则,则任意主体可以承担任意角色,从而就可以执行任意事务了。

【规则 5.3】　设 S 为主体集合,T 为事务集合,事务授权规则是($\forall s \in S$)($\forall t \in T$)[canexec(s,t)→$t \in$ trans(actr(s))]。

该规则的含义是一个主体不能执行当前角色没有被授权的事务。

基于角色的访问控制(Role-based Access Control,RBAC)的基本思想是:将访问许可权分配给一定的角色,用户通过承担不同的角色获得角色所拥有的访问许可权。这是因为在很多实际应用中,用户并不是可以访问的客体的拥有者。基于角色的访问控制从控制主体的角度出发,根据管理中相对稳定的职权和责任划分角色,将访问权限与角色相联系,这一点与传统的自主访问控制和强制访问控制将权限直接授予用户的方式不同,而是通过给用户分配合适的角色,让用户与访问权限相联系。角色成为访问控制中访问主体和受控对象之间的桥梁。系统管理员负责授予用户各种角色的成员资格或撤销某用户承担的某个角色。

基于角色的访问控制中通常定义不同的约束规则对模型中的各种关系进行限制,最基本的约束是"相互排斥"约束和"基本限制"约束,分别规定了模型中的互斥角色和一个角色可被分配的最大用户数。基于角色的访问控制中引进了角色的概念,用角色表示访问主体具有的职权和责任,灵活地表达和实现了安全策略,简化了访问权限的管理,解决了用户数量多、变动频繁的问题。

5.2 多级安全模型

本节将重点介绍多级安全模型的基本概念和最著名的两类多级安全模型——BLP模型和 Biba 模型。有关多级安全模型更为全面的介绍请参看相关文献。多级安全模型的目标在于建立带有安全等级的保护框架。

5.2.1 安全标记

在多级安全模型中,主体是用户,客体是被保护的数据。多级安全模型在将权限空间映射至主体的同时,也将分级机制映射于客体。通常使用四层分级机制(Security Classification,安全类别)和权限空间(Security Clearence,安全许可):

Top Secret＞Secret＞Confidential＞ Unclassified

通过这种安全标记构成了偏序关系,可以进一步描述主体对客体的访问方式。设 o 是一个客体,s 是一个主体。那么 o 拥有一个安全类别,而 s 则会有一个安全许可。客体的安全等级标记为 $L(o)$,主体的安全等级标记为 $L(s)$。

当主体 s 的安全等级为 Top Secret,而客体 o 的安全等级为 Secret 时,用偏序关系可以表述为 $L(s) \geq L(o)$。考虑到偏序关系,主体对客体的访问主要有 4 种方式:

(1) 向下读(read down,rd)。主体的安全等级高于客体的安全等级时允许的读(r)操作。

(2) 向上读(read up,ru)。主体的安全等级低于客体的安全等级时允许的读(r)操作。

(3) 向下写(write down,wd)。主体的安全等级高于客体的安全等级时允许执行(e)的动作或写(w)操作。

(4) 向上写(write up,wu)。主体的安全等级低于客体的安全等级时允许执行(e)的动作或写(w)操作。

由于多级安全模型通过分级的安全标签实现了信息的单向流通,因此它一直被军方采用,其中最著名的是 Bell-LaPadula 模型(以下简称 BLP 模型)和 Biba 模型:BLP 模型具有只允许向下读、向上写的特点,可以有效地防止机密信息向下级泄露;Biba 模型则具有不允许向下读、向上写的特点,可以有效地保护数据的完整性。

5.2.2 机密性模型(BLP 模型)

BLP 模型是典型的机密性多级安全模型,主要应用于军事系统。BLP 模型通常是多级安全信息系统的设计基础,客体在处理绝密级数据和秘密级数据时,要防止处理绝密级数据的程序把信息泄露给处理秘密级数据的程序。BLP 模型的出发点是维护系统的机密性,有效地防止信息泄露。BLP 模型的目标是实现所有多级安全系统都必须满足的关于机密性的最低需求。表 5-2 是安全等级示例。

表 5-2　安全等级示例

安 全 等 级	安 全 许 可	安 全 类 别
Top Secret(TS)绝密	Elaine，Tomas	人事文件
Secret(S)机密	Alex，Samuel	电子邮件文件
Confidential(C)秘密	Lawrence，Clarence	活动日志文件
Unclassified(UC)公开	Mike，Sammy	电话清单文件

BLP 模型首先声明如下简单安全条件：

当且仅当 $L(s) \geqslant L(o)$ 时，主体 s 能够对客体 o 执行读操作

如表 5-2 所示，第一列为安全等级，是基本的机密性分类系统；第二列是主体根据安全许可分组的结果；第三列是文档根据安全类别分组的结果。依据表 5-1 的安全条件，Lawrence 不能读人事文件，但 Tomas 和 Alex 可以读活动日志文件。如果 Tomas 将人事文件的内容复制到活动日志文件中，则 Lawrence 即可读取到人事文件了。BLP 模型的第二条声明——*特性（星特性）：

当且仅当 $L(s) \leqslant L(o)$ 时，主体 s 能够对客体 o 执行写操作

防止了这种情况的产生。

BLP 模型可以有效防止低级用户和进程访问安全等级更高的信息资源。此外，安全等级高的用户和进程也不能向安全等级低的用户和进程写入数据。上述访问控制原则可以表述为"无上读、无下写"。

BLP 模型的安全策略包括强制访问控制和自主访问控制两部分。强制访问控制中的安全特性要求：给定安全等级的主体仅被允许对同一安全等级和较低安全等级的客体进行读操作；给定安全等级的主体仅被允许向相同安全等级或较高安全等级的客体进行写操作。自主访问控制允许用户自行定义是否让其他用户或用户组访问数据。

5.2.3　完整性模型（Biba 模型）

与针对机密性的 BLP 模型不同，Biba 模型针对的是完整性。实际上，Biba 模型本质上是 BLP 模型在数学上的对偶。如果信任客体 o_1 的完整性，但不信任客体 o_2 的完整性，那么就不能信任由 o_1 和 o_2 组成的客体 o 的完整性。换言之，客体 o 的完整性等级是包含于 o 中的所有客体的完整性等级中最低的那个，即对完整性遵守低水印（low-watermark）原则。

与 BLP 模型的信息机密性相应，Biba 模型定义了信息完整性等级。设 $I(o)$ 表示客体 o 的完整性等级，$I(s)$ 表示主体 s 的完整性等级，Biba 模型由下面两个声明定义：

（1）写访问规则。当且仅当 $I(o) \leqslant I(s)$ 时，主体 s 能够对客体 o 执行写操作。

（2）读访问规则。当且仅当 $I(s) \leqslant I(o)$ 时，主体 s 能够对客体 o 执行读操作。

写访问规则表明，对主体 s 所写的内容的信任程度不应超过对 s 自身的信任程度。读访问规则表明，对主体 s 的信任程度不应超过 s 所读取的客体的最低完整性等级。从本质上说，为了避免 s 被完整性等级更低的客体"弄脏"，要禁止 s 查看这样的客体。

如图 5-3 所示,假设系统中的主体集合 S 包含 3 个进程,即 $S=\{Process1,Process2,Process3\}$;客体集合 O 包含 3 个文件,即 $O=\{$电子邮件文件(Email),活动日志文件(Log),电话清单文件(Tel)$\}$;系统的完整性等级 $I=\{$高,中,低$\}$;系统操作分别为读(r)、写(w)。可见,根据读访问规则,Process1 完整性等级($I(s)$)为高,该进程可以读取电子邮件文件($I(o)$为高),但不可以读取活动日志文件($I(o)$为中)和电话清单文件($I(o)$为低)。根据写访问规则,Process1 可以写 Email、Log、Tel 这 3 个文件。Process2 可以读 Email、Log 文件,但不能读 Tel 文件;可以写 Log、Tel 文件,但不能写 Email 文件。

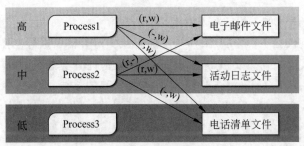

图 5-3　主客体完整性等级示例

在信息流向的定义方面,Biba 模型不允许信息从完整性等级低的进程流向完整性等级高的进程,也就是说,用户只能向比自己完整性等级低的客体写入信息,从而防止非法用户创建完整性等级高的客体信息,避免越权、篡改等行为的出现。Biba 模型可同时针对有层次的安全等级和无层次的安全类别。

Biba 模型的主要特征是"无下读、无上写"。这样就使得完整性等级高的文件一定是由完整性等级高的进程所产生的,从而保证了完整性等级高的文件不会被完整性等级低的文件或进程中的信息所覆盖。

Biba 模型在应用上限制性很强,因为其要求杜绝主体 s 查看完整性等级低的客体。在很多场景下,采用以下低水印原则有助于完整性策略的实施:

如果主体 s 能够对客体 o 执行读操作,那么 $I(s)=\min(I(s),I(o))$

在低水印原则下,主体 s 可以读取任何内容,但是在访问一个完整性等级较低的客体之后,主体 s 的完整性等级也会降低。由图 5-4 可见 BLP 模型和 Biba 模型之间的差异:BLP 模型用于机密性保护,隐含遵从高水印原则;而 Biba 模型用于完整性保护,隐含遵从低水印原则。

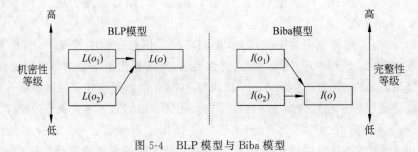

图 5-4　BLP 模型与 Biba 模型

5.3 物联网访问控制机制

5.3.1 物联网访问控制机制的实施

访问控制是主体向客体执行访问操作时的授权管理机制。在物联网场景中,访问控制的主体通常包括用户、物联网应用程序和第三方服务,客体主要是物联网设备。在物联网中,访问控制机制的实施常见于网络层与应用层。

1. 物联网网络层访问控制机制

在物联网网络层中,主要通过各类通信协议自身的访问控制机制实现对物联网设备信息(即物理感知状态)的访问控制。下面以 ZigBee 与 MQTT 协议为例,分别介绍物联网设备与网关之间以及网关与应用层之间的访问控制机制。

ZigBee 协议是一个基于 IEEE 802.15.4 标准的低功耗局域网协议,是一种短距离、低功耗的无线通信技术。该协议利用 2.4GHz 频段,最大传输速率为 250kb/s,传输距离为 10～100m。IEEE 802.15.4 协议有 3 种可选的安全特征:数据帧加密、完整性保护与访问控制。结合上述特征,ZigBee 提供了非安全模式、访问控制模式与安全模式[125]。在访问控制模式中,网络中的每一个节点均管理并维护一个访问控制列表(ACL),用于确定其余节点(即邻居节点)是否可信。IEEE 802.15.4 协议支持至多 255 个 ACL 条目,每个 ACL 条目包含邻居节点的地址、节点使用的安全策略、密钥以及最后使用的初始向量等信息。当某一节点接收到来自邻居节点的数据包时,该节点查询对应的 ACL 条目。当确定邻居节点可信时,就根据条目信息进行安全可信通信;否则通信被拒绝或者调用认证功能[126]。

消息队列遥测传输(MQTT)是 ISO 标准(ISO/IEC PRF 20922)下基于发布/订阅模式的消息协议。它工作在 TCP/IP 协议族上,是为低带宽环境中的机器间(Machine-to-Machine,M2M)遥测而设计的。相较于 HTTP,MQTT 能节省更多的资源,带来较少的传输负担,因此在物联网设备中广泛应用。作为发布/订阅协议,MQTT 允许客户端写(即协议中的发布操作)和读(即协议中的订阅操作)主题。然而,并非所有的客户端都有权读、写所有主题。用户可以在 MQTT 代理上配置访问控制列表,限制不同客户端对主题的权限。在 MQTT 的访问控制列表文件中,用户可以分别为所有客户端、指定用户名的客户端以及指定 ID 的客户端配置对于不同主题的访问控制权限[127]。

2. 物联网应用层访问控制机制

在应用层中,现有物联网平台基本均允许用户自行配置不同用户对物联网设备的访问控制权限。例如,苹果公司的 HomeKit 平台允许用户在 Home App 上邀请其余 iCloud 账户成为家庭成员,并管理受邀用户对智能物联网设备的(远程)访问和编辑权限[128]。

当考虑到第三方服务(如 Amazon Alexa[129]、Google Assistant[130]、IFTTT[131] 等)对物联网设备的访问控制时,通常由用户在第三方服务平台上向物联网平台发起授权请求,并由物联网平台同意后获得相应物联网设备的访问权限。例如，当用户想要在 Google 平台上获取飞利浦 Hue 设备的访问权限时，就会在 Google 平台上向飞利浦 Hue 平台发起授权请求(图 5-5(a))，并由用户在飞利浦 Hue 平台上确认该请求(图 5-5(b))。

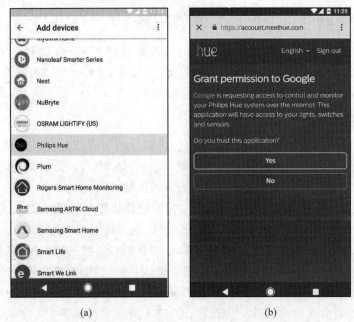

(a)　　　　　　　　　　　　　　　(b)

图 5-5　物联网中第三方服务平台的请求授权操作示例

在现实中，物联网平台常使用单点登录标准协议 OAuth 2.0 进行授权。OAuth 意为 Open Authorization(开放授权)。OAuth 2.0 是一种应用层授权协议，旨在允许网站或其他应用程序代表用户访问由其他 Web 应用程序托管的资源。而当物联网设备通过网络层连接到物联网平台(通常在云上)时，这些设备就成为该平台拥有的资源，其访问权限可通过 OAuth 2.0 标准开放给其余服务平台。OAuth 2.0 标准中存在以下角色[132]:

(1) 资源所有者(resource owner)。可以授予受保护资源权限的实体，通常为终端用户。

(2) 资源服务器(resource server)。保存着受保护资源的服务器。

(3) 客户端(client)。代表资源所有者请求访问某一资源的应用程序。

(4) 授权服务器(authorization server)。在认证资源所有者身份并获取其同意授权后，颁发访问令牌给客户端。

在物联网场景中，资源所有者为用户，客户端为第三方服务平台，而资源服务器和授权服务器的功能通常均由物联网平台承担。因此，第三方服务平台通过 OAuth 2.0 标准获取物联网平台授权的过程可以表示为图 5-6。

具体来说，该过程包括用户对服务的授权及服务对服务的授权两个步骤[133]:

(1) 用户对服务的授权。用户在第三方服务平台中发起对物联网平台的单点登录流程(图 5-6 中的①和②)，并在物联网平台上同意对第三方服务平台的授权(图 5-6 中的③)。

(2) 服务对服务的授权。物联网平台向第三方服务平台颁发一个访问令牌(token)

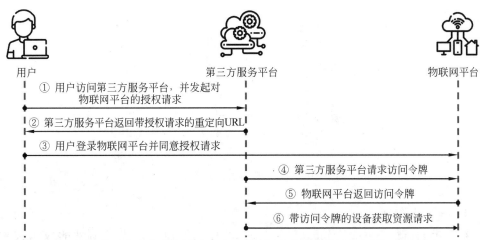

图 5-6 第三方服务平台通过 OAuth 2.0 标准获取物联网平台授权的过程

（图 5-6 中的④和⑤）。此后，当第三方服务平台需要请求对应设备的服务时，就会使用访问令牌向物联网平台申请获取设备资源（例如控制设备）（图 5-6 中的⑥）。

依照 OAuth 2.0 标准的规定，用户可以在物联网平台上指定授权访问令牌的权限范围和有效期，以控制第三方服务平台对物联网设备的访问权限。

5.3.2 物联网访问控制的安全问题

在物联网系统中，面向用户的访问控制主要采用基于角色的访问控制（RBAC）模型实现，用户可以依据其与当前系统的关系被分为系统管理员、家庭成员与访客等角色，从而与不同的访问策略相关联。系统管理员授予或撤销用户各种角色的成员资格[134]。面向用户的访问控制的实现是多种多样的，一些物联网云平台利用数据库插件，使用 MySQL、MongoDB 等数据库的 RBAC 功能配置访问控制列表[135]。Alessandra 等人[136] 也提出了针对 MQTT 云平台的访问控制框架，并耦合了密钥管理机制。

面向用户的访问控制主要面临未授权用户访问设备的问题。在物联网系统中，由于设备异构、网络复杂、节点算力有限等原因，其访问控制往往是粗粒度的。这种粗粒度的访问控制机制对权限的划分不明确，导致主体可以获得对特定客体的未请求权限，造成越权攻击，也称过度授权（over-privileged）问题。在这种情况下，主体可以获得比开发者或系统管理员预期更高或者更多的权限，从而合法执行未授权操作。权限提升有以下两种形式（图 5-7）：

（1）垂直权限提升。指原本对某一客体拥有某些权限的主体获得了对该客体的其他操作权限。例如，网上银行用户 A 本应只拥有查看个人账户余额的权限，却获得了修改个人账户余额的权限。

（2）水平权限提升。指原本对某一客体没有权限的主体获得了对该客体的某些操作权限。例如，网上银行用户 B 不应拥有访问其他用户账户余额的权限，却获得了访问用户 C 的个人账户余额的权限。

针对上述两种权限提升形式，本书给出物联网系统中的两个例子。

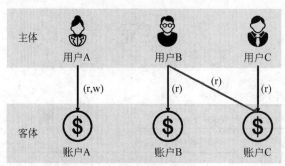

图 5-7　权限提升的两种形式

1. 垂直权限提升

在三星公司的 SmartThings 平台上,自动控制智能家居设备活动的应用被称为 SmartApp。SmartApp 并不直接在物联网设备上运行,而是在 SmartThings 云端平台提供的沙箱环境中运行。云端平台在后台还运行 SmartDevice,它是封装在云端平台的软件代码,是用户家居环境中物理设备在云端的虚拟表示。SmartThings 平台为不同的 SmartDevice 定义了具体的权能(capability),表示其对应物理设备的具体功能。例如,一个智能门锁对应的 SmartDevice 拥有 capability.lock、capability.battery 等权能,对应上锁/解锁、查看电池电量等物理功能。SmartApp 在安装时根据代码中定义的所需权能列出支持这些权能的设备,由用户选择对应设备的 SmartDevice 并授权该 SmartApp 对 SmartDevice 的操作。基于此过程,用户在应用安装时将 SmartDevice 绑定到 SmartApp。

然而,SmartThings 平台的当前权限模型仅提供 SmartApp 与 SmartDevice 之间的粗粒度绑定:只要用户选择了一个设备,即使 SmartApp 只需要其中一个权能的授权,该 SmartApp 也能够获取该设备的所有权能,即该 SmartApp 能够使用所有设备控制命令,获取该设备的所有属性状态信息。例如,一个 Z-Wave 密码锁支持的权能有 capability. lock、capability.lockCode、capability. battery、capability. sensor、capability. refresh 等。若一个提供门锁电量管理功能的恶意 SmartApp 获得了一个密码锁的 capability.battery 使用授权,该 SmartApp 便可以嗅探其门锁密码,控制该密码锁的开关,甚至设定门锁密码[137]。

2. 水平权限提升

在物联网系统中,消息中间件基于不同的消息协议实现感知层与应用层之间的消息通信。开源消息中间件 EMQ X 实现了 MQTT 协议的消息代理功能并以插件的形式实现了认证和访问控制功能[138]。物联网设备和其他应用层客户端可以经过访问控制插件认证,通过 MQTT 协议连接到消息中间件,并通过发布/订阅模式实现设备与其他应用间的消息通信。

然而,该中间件的访问控制实现没有考虑到 MQTT 协议的遗嘱消息(will message)功能。遗嘱消息是 MQTT 协议规定的一种消息机制,可在客户端连接到消息代理时设置,当客户端以发送 MQTT Disconnect 消息以外的方式断开连接(如直接关闭客户端与消息代理间的 TCP 连接)时,遗嘱消息会被触发并发送至设定好的主题。在连接到 EMQ

X 中间件客户端的遗嘱消息被触发时,EMQ X 的访问控制插件不会检查该客户端的权限,从而导致该条消息可以被发送至任意的 MQTT 主题下。例如,在一个部署在酒店的物联网系统中,酒店服务生具备连接到 MQTT 协议消息代理的权限,但不具备在某房间门锁接收指令的主题"门锁/指令"下发布的权限。此时,如果他尝试正常发布"开锁"指令给房间门锁,该消息会因无法通过权限检查而无法发布。然而,如果他在连接到消息代理时设置了在门锁的"门锁/指令"主题下发布"开锁"指令的遗嘱消息,通过触发遗嘱消息,该服务生可以向门锁注入"开锁"指令并将其打开[139]。

5.3.3 物联网访问控制的安全分析与防护

当前,针对物联网系统访问控制的研究主要包含对现有授权系统的安全增强、权限模型的改进和部署基于上下文的授权系统 3 方面。

1. 授权系统的安全增强

对于物联网系统中的 OAuth 令牌滥用问题,Fernandes 等人[140]设计了一个去中心式触发动作平台 DTAP,包括一个不受信任的云服务和一组用户客户端(每个用户仅信任其客户端),引入了传输令牌(XToken)的概念,以防止 OAuth 令牌被不信任的平台滥用。其他类型的访问控制方案还包括 Shezan 等人[141]开发的 TKPERM,利用迁移学习在智能手机、物联网和桌面浏览器各个平台之间传递权限相关系统的知识,实现统一识别管理各个平台的特权应用程序。Schuster 等人[142]设计的 ESO(Environmental Situation Oracles)访问控制框架封装了用户对敏感设备的访问权限,并以统一化的形式表示物联网环境中的具体情境,以解决过度授权等安全问题。Zeng 等人[143]设计了一个基于多用户的原型物联网应用程序,其中包含基于位置的访问控制、监管访问控制和活动通知等功能,根据测试与用户反馈结果,得到多用户情境中的访问控制需求。

嵌入式设备和基于云的 Web 服务之间的交互是物联网部署的常见场景。Chifor 等人[144]为物联网应用程序提出了一个轻量级授权堆栈,其中云连接设备将输入命令中继到用户的智能手机以获得授权。该架构以用户设备为中心,在不受信任的云平台中解决安全问题。

2. 权限模型的改进

面对安全事件频发的现状,权限模型方案也在不断更新。由于物联网中访问控制的主体、客体节点可以是各类传感器或其他设备,且种类繁多,对资源的访问呈现动态性和多层次性。而在基于角色的访问控制机制中,一旦用户被指定为某角色,其可访问的资源就相对固定了。因此,物联网需要更加细粒度的访问控制。基于属性的访问控制(Attributes-Based Access Control,ABAC)能够有效地解决动态大规模环境下的细粒度访问控制问题。基于属性的访问控制将主体和客体的属性作为基本的决策要素,利用用户所具有的属性集合决定是否赋予其访问权限。

基于属性的访问控制是一种动态的访问控制模型,与基于角色的访问控制需要管理者提前预设{用户,角色}和{角色,权限}的对应关系不同,基于属性的访问控制使用属性作为访问控制的关键要素,而属性是主体和客体固有的,通过实体属性发现机制可以挖掘出主体和客体的属性集合,通过〈属性,权限〉表达复杂的访问控制规则,从而实现物联网下的基于属性的访问控制。因此,基于属性的访问控制不仅可以解决物联网中节点的动态接入问题,而且也可以应对节点移动和访问数据变化带来的动态性。

2016 年,Ho 等人[145]发现 SmartThings 事件子系统不能充分保护携带敏感信息(如门锁密码)的安全问题。Fernandes 等人[146]针对上述问题提出了 FlowFence 系统,要求应用程序声明其预期的数据流模式,阻止所有其他未声明的流,以达成保护敏感数据的目的。Backes 等人[147]则根据对安卓系统用户的调查结果,建议将上下文完整性作为未来权限模型设计的规范性原则。Roesner 等人[148]向权限模型中引入了人为决策的环节,用户可以持续参与访问控制的整个决策过程。

除了上述向权限模型中加入更多辅助信息的方式外,提高权限模型的可用性是另一个热点研究方向。Felt 等人[149]介绍了一些关于权限请求时机与方式的准则,以帮助开发者设计权限模型安全策略。Wijesekera 等人[150]建议,权限模型要考虑用户的隐私偏好,当权限请求和用户的隐私偏好不一致时才寻求用户授权,以提高用户的使用体验。Kelley 等人[151]提出,通过给用户提供带有更细粒度的隐私信息权限申请对话框,帮助用户做出更有效的决策。

由于缺乏有效的访问控制机制,自动化应用程序不仅可以不受限制地访问用户的敏感信息,还可能执行非预期行为,产生安全风险。为了减轻这种威胁,Yahyazadeh 等人[152]提出了 Expat 系统,其权限模型针对应用程序的运行时行为做出优化,可以确保系统的预期行为而不被自动化应用程序所影响。

3. 部署基于上下文的授权系统

一些新的访问控制安全防护方案更关注事件触发时的上下文或物联网应用程序的描述语义信息。Jia 等人[153]提出了一种应用于物联网平台的基于上下文的权限系统 ContexIoT。该方案通过支持对敏感操作的细粒度上下文的标识提供上下文完整性,并使用丰富的上下文信息帮助用户执行有效的访问控制。ContexIoT 中的上下文定义处于过程间控制和数据流级别,并且可以灵活地进行调优,以支持不同的上下文粒度,以便平衡安全性和可用性。ContexIoT 的原则是用户授予的权限只允许在特定的使用上下文时触发应用程序功能。将应用程序功能的使用上下文抽象为程序路径,从而将上下文定义为运行时代码的执行流。当用户被提示时,上下文可表示为现实世界物理事件的触发序列。使用污点分析跟踪运行时执行路径上的数据和标签数据源,提供上下文信息给用户,帮助用户做出正确的决定。Tian 等人[154]提出了授权系统 SmartAuth,通过分析物联网应用程序的源代码、注释和描述,收集与安全相关的上下文信息。SmartAuth 利用自然语言处理技术,通过关键词的词向量计算代码与描述之间的语义相似度,并利用二者的一致程度判定是否进行应用授权。Gu 等人[155]设计的流量分析框架 IoTGaze 则从无线角度分析物联网的安全和隐私问题,并提出了物联网中的无线上下文(wireless context)概念。研究人员通过嗅探无线网络数据包,利用事件依赖关系实现自动分割数据包并生成事件序列,比较不同上下文中的事件状态转移图以发现不匹配和异常的方法。

5.4　本章小结

　　访问控制的目的是限制主体对客体的访问,从而保障数据资源在合法范围内得以有效使用和管理。在认证用户身份的情况下,访问控制机制可以约束和限制用户的行为。本章在对访问控制的基本概念与安全模型进行介绍的基础上,从网络层和应用层介绍了物联网现有的访问控制机制,然后给出了相关场景下的越权安全问题,并从授权系统的安全增强、权限模型的改进以及基于上下文的授权系统等角度总结了相关研究工作。物联网需要更加细粒度的访问控制,以有效地解决动态大规模场景中的细粒度访问控制问题。

习题

　　1. 访问控制是＿＿＿＿依据＿＿＿＿对＿＿＿＿进行不同权限的授权访问。

　　2. 列举至少 3 种访问控制类型。

　　3. 给出图 5-3 中 Process3 根据 Biba 模型对于客体文件的操作权限。

　　4. 从 BLP 模型和 Biba 模型的目的与特点出发,分析两个模型的差异。

　　5. 描述物联网场景中第三方服务平台通过 OAuth 2.0 标准获取授权的过程。

　　6. 举例说明物联网访问控制机制中的过度授权(over-privileged)问题。

第 6 章 感知层终端安全威胁与防护

作为物联网的数据来源,感知层终端的安全是整个物联网安全的基石。但是,由于其部署的物理环境、感知职能等的特殊性,感知层终端面临严峻的安全挑战。因此,本章从物理设备安全和识别认知安全两个层面分析感知层终端面临的安全威胁和对应的防御措施,最后以 RFID 系统为例讨论其具体的安全威胁与安全防护。

6.1 物理设备安全

6.1.1 物理设备安全威胁

感知层是物联网的核心,负责信息的采集、识别与控制。如图 6-1 所示,每一种物联网应用场景都需要多个感知层终端设备协同工作,如车联网中的摄像头、雷达、电子不停车收费系统(ETC)以及智能家居中的各种传感器和智能设备等。

图 6-1　物联网感知层终端设备

感知层最基本的安全威胁是设备的物理安全。根据威胁的来源,可以将物理设备安全威胁分为设备所处物理环境的威胁、设备自身物理缺陷带来的威胁以及攻击者带来的威胁,如表 6-1 所示。接下来将分别介绍这 3 类威胁。

表 6-1 物理设备安全威胁来源

威胁分类	设备所处物理环境的威胁	设备自身物理缺陷带来的威胁	攻击者带来的威胁
终端设备实例	交通摄像头	人工心脏	智能门锁
可能遇到的具体威胁	雨水 碰撞 雷击 信号不佳	电磁辐射 电量耗尽 血栓	人为干扰或破坏 复制指纹 拆解分析

1. 设备所处物理环境的威胁

在实际应用中,感知层终端设备常常部署在无人值守或者条件恶劣多变的环境中,如表 6-1 所示,道路旁的交通摄像头可能遇到雨水、碰撞、雷击、信号不佳等来自物理环境的威胁,这些威胁可能造成感知层终端设备丢失、损坏或无法工作等问题。根据终端设备在物联网中的不同职能,这些问题对物联网系统的危害程度也不同,轻则导致数据采集中断,重则导致整个物联网系统崩溃。

2. 设备自身物理缺陷带来的威胁

感知层终端设备自身的硬件设计缺陷或漏洞也会影响其物理安全。如果在硬件设计上安全考虑不足,可能导致攻击者长驱直入。例如表 6-1 中的人工心脏,作为病人生命支持的重要设备,其自身的物理安全十分重要。如果人工心脏抗电磁辐射性能较差,可能导致内部的精密部件工作异常,影响人工心脏对病人机体状况的检测,进而导致人工心脏起搏异常。例如,巴纳拜·杰克发现可以通过发送高电压使心脏起搏器短路[156]。同时,感知层终端设备自身设计缺陷也会带来安全隐患。例如,磁悬浮人工心脏的磁悬浮转子在旋转过程中容易破坏血液里的细胞,血液会凝结成血块,形成血栓[157]。感知层终端设备还有一常见的设计缺陷。例如,通常为了便于终端设备维护,设备生产厂商会预留相应的硬件调试接口,以进行运维过程中单独的本地调试。而如果对这些接口没有进行有效控制和管理,也可能造成极大隐患。

感知层终端设备自身的硬件设计缺陷是最难以消除的安全隐患,因为硬件的更新周期不像软件一样短,而且不同设备应用的硬件极有可能是相似的,例如主流的语音助手采用的麦克风大多是驻极体麦克风或微机电系统(Micro-Electro-Mechanical System,

MEMS)麦克风。这就导致攻击者一旦发现硬件的一个漏洞,就可以攻击多个厂商生产的终端设备。

3. 攻击者带来的威胁

攻击者可能蓄意进行物理破坏,使物联网终端设备无法正常工作,或者盗窃终端设备并通过破解获取用户敏感信息。几种常见的物理破坏行为包括物理攻击、睡眠剥夺攻击、拆解分析等。

1) 物理攻击

物联网终端设备,尤其是传感器、探测器设备,对环境比较敏感,攻击者可能引入极端温度、湿度、电压偏移和时钟变化,从而强迫系统在设计参数范围之外工作,表现出异常性能。例如,攻击者可以用电磁信号干扰读卡器识别卡片信息。特殊情况下,强电磁干扰或电磁攻击则可能将毫无物理保护的小型终端设备彻底摧毁。再如,表 6-1 中的智能门锁如果用到了指纹功能,就可能遭到指纹复制攻击。攻击者可以涂覆一层粉末到指纹识别器上,这样,当合法用户输入指纹时,其指纹就会被记录下来,攻击者进而可以复制这个指纹,即用硅胶制作指纹膜,最后用指纹膜打开智能门锁。类似的方法在 2018 年黑客大赛 GeekPwn 上被证明可用来解锁手机[158]。

2) 睡眠剥夺攻击

在物联网系统中,由于节点资源受限,为了延长节点的生命周期,大多数传感器节点通过可更换的电池供电,并且被编程为遵循睡眠程序以延长其电池寿命[159]。攻击者利用这一特点,采取睡眠剥夺攻击的方式,攻击破坏节点原有的睡眠程序,使节点保持唤醒状态,从而导致节点关闭。睡眠剥夺攻击也是一种拒绝服务攻击。通常此类攻击采用野蛮手段,耗尽被攻击对象的资源,使目标网络无法正常提供服务或资源访问,导致目标系统停止服务或崩溃。由于资源受限,对于广泛分布的物联网节点而言,拒绝服务攻击的效果通常极为严重。例如智能家居中检测入侵者的移动传感器大多靠电池供电,因此平时多数电路处于待机状态,只有检测到有人移动后才转为微波雷达,持续确认人是否还在范围内。在图 6-2(a)所示的正常使用状态下,电池电量消耗很慢,能使用较长时间。但如果攻击者不断在移动传感器附近移动,使微波雷达持续工作,处于如图 6-2(b)所示的遭受攻击状态,就会大大缩短移动传感器电池寿命,最终使其耗尽电量停止工作。美国食品药品管理局(FDA)证实,圣犹达医疗公司(St. Jude Medical)的植入式人工心脏设备存在漏洞,可能在黑客的攻击下耗尽电池,导致人工心脏无法工作,进而危及病人生命[160]。

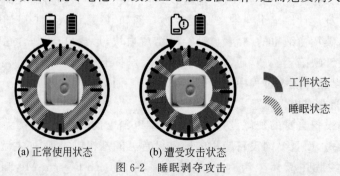

(a) 正常使用状态　　　(b) 遭受攻击状态

图 6-2　睡眠剥夺攻击

3）拆解分析

如果设备没有防拆功能,攻击者可以拆开设备,并利用工具读取、篡改其存储的敏感信息;如果硬件没有电磁信号屏蔽机制,攻击者则可能通过侧信道攻击获取密钥。例如,在表 6-1 中,攻击者可能通过拆解或者侧信道攻击等方式,通过分析获取智能门锁的密钥。

不难发现,上述攻击行为主要是对设备所处物理环境威胁和设备自身物理缺陷带来的威胁的放大。攻击者可能针对设备所处物理环境采用相应的攻击方式使设备无法正常工作,也可能基于设备自身物理缺陷构造攻击方式,进而达到目的。所以物理设备安全防护也主要从物理环境约束和自身物理设计两方面进行。

6.1.2　物理设备安全防护

针对物理层终端设备安全威胁,相应的防护措施主要包括以下 5 个。

1. 部署在物理安全且符合要求的环境中

部署感知层终端设备时,要选择在能够满足防盗窃、防破坏、防水防潮、防极端温度并且信号防干扰、防屏蔽、防阻挡、供电稳定可靠等要求的位置[161],同时根据终端设备对环境的要求进行部署。

2. 设备应经过质量认证并满足部署环境要求

根据国家标准 GB/T 36951—2018[161] 的要求,感知层终端设备的外壳要满足 GB/T 4208—2017 规定的外壳防护等级(IP)代码要求,并且设备应通过依据 GB/T 17799.1—2017、GB/T 17799.2—2003 规定的电磁兼容抗干扰度标准进行的电磁兼容抗扰度试验。同时,根据不同部署环境的情况,应选择能适应可能遇到的恶劣条件的终端设备。例如,部署在户外的摄像头应该有较强的防水性能。

3. 加装安全电路层

通过对传统的电路加入安全措施或改进设计,实现对涉及敏感信息的电子器件的保护。一些可以在电路层采用的措施主要是通过降低电磁辐射、加入随机信息等降低非入侵攻击所能测量到的敏感数据特征。另外,还可以加入开关、电路等对攻击进行检测。例如,用开关检测电路物理封装是否被打开,如果被打开,应执行数据自毁程序以防止数据泄露。

4. 设备冗余备份

在关键应用(如工业控制)中,应适当布置冗余设备。当某个设备出故障后,冗余设备可以接替其继续工作,以提升系统的稳定性。此外,还可使用容错硬件设计和可靠性电路设计以保障可用性。

5. 失效保护

感知层终端设备应该能自检出已定义的故障并报警,同时确保设备未受故障影响的部分正常工作。例如,当设备电池电量即将耗尽时,应该向系统发出警告,提醒维护者及时更换电池。

6.2　识别认知安全

6.2.1　识别认知安全威胁

感知层终端设备直接对接信息源,收集的数据将上传至应用层进行分析、决策等任务,因此感知层终端设备收集的数据的真实性与实时性至关重要。但多数感知层终端设备缺少必要的对识别认知过程的保护手段,且没有明确的信息采集、传输和访问控制规范,因此在识别认知过程中面临巨大安全风险。

1. 识别认知数据真实性

数据真实性是感知层终端设备在识别认知过程中面临的最大的安全威胁。以下是两类通过破坏数据真实性的手段实现的对感知层终端设备的攻击。

1) 数据注入攻击

感知层终端设备将物理世界的状态信息转换为数字信息,这些数字信息可能用于数据检索、分析、决策等任务。此外,感知层终端设备接收的控制或查询指令同样以数字信息形式存在。因此,一旦攻击者通过注入恶意数据使得数据的真实性遭到破坏,那么物联网感知层终端设备的安全也就会受到极大威胁。

攻击者可以直接将数据以物理形式展现在传感器前以被其读取。例如,攻击者可以通过精心构造的路标或路牌图像欺骗智能驾驶汽车的摄像头,对车联网的行车安全造成严重威胁。在图 6-3 中,当停车标志牌上被贴上若干小的色块后,识别系统便无法正确识别其信息[162]。有研究甚至表明,攻击者仅需改变原有图像的一个像素便能篡改传感器对输入信息的反馈[163]。

图 6-3　在停车标志牌上贴上干扰色块导致识别错误

此外,攻击者还可以获取某个感知层终端设备的数据权限,然后利用被控制的终端设备向其他终端设备传输不完整或错误的数据,这些数据可能导致系统发送错误的命令或提供错误的服务,从而影响物联网系统的正常运作[164]。如图 6-4 所示,智能家居配置了自动控制规则"如果温度高于 30℃就开窗",那么攻击者可以用其控制的设备发送虚假事件,欺骗控制中心打开窗户,进而攻击者可以实现入室抢劫等行为。

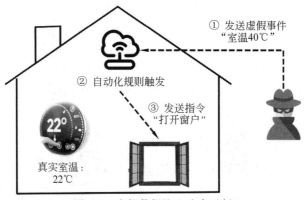

图 6-4 虚假数据注入攻击示例

2) 传感器欺骗攻击

传感器欺骗攻击是指攻击者通过向目标传感器注入恶意信号实施的攻击。主流的陀螺仪、加速度计、麦克风均存在可能被攻击的漏洞。著名的海豚攻击(Dolphin Attack)[165]就是基于语音助手麦克风对超声波识别的漏洞实现的。攻击者将语音助手指令调制到超声波频率中,这种指令人类听不见,但能被智能设备捕捉。基于这一技术,网络罪犯就可以悄无声息地劫持 Siri 和 Alexa 等语音助手,而且可迫使语音助手打开恶意网站,甚至可能打开门锁,如图 6-5 所示。具体而言,海豚攻击使用超声波扬声器传输超声波,在通过麦克风的非线性振膜和非线性功率放大器后,这个"听不见"的信号会在可听频率范围内产生"阴影",这使得利用超声波传输语音信息成为可能。由于麦克风硬件固有的非线性,仅仅经过简单幅度调制后的超声波信号可以在可听范围内还原出有效的语音信号,实现控制设备的目的。此外,还有研究发现,当注入与陀螺仪的共振频率相近的音频时,微机械陀螺仪会被这种高频、高功率的语音噪声影响而无法正常工作,甚至出现错误输出,危害巨大[166]。而通过有意的音频注入可干扰微机械加速度计,影响其数据完整性或正确性[167]。

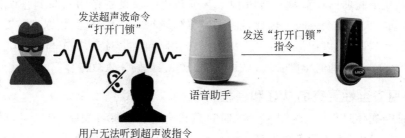

图 6-5 海豚攻击示例

2. 识别认知数据的时效性

感知层终端设备所收集的数据大多具有时效性,因此数据实时性也是识别认知安全的重要安全需求。但是,由于受到计算资源和通信资源等的限制或者系统设计缺陷的影响,感知层终端设备识别认知数据的实时性极易被破坏。重放攻击就是其中一类攻击手段,攻击者首先窃听某个终端设备与其他终端设备的交互数据和有效身份信息。若双方身份认证没有时间校验,攻击者可以过一段时间后重放交互数据以混淆目标设备;攻击者也可以将窃听的身份验证记录重放给目标设备,从而骗取目标设备的信任[168]。重放攻击破坏身份认证的新鲜性和有效性,允许恶意节点或设备利用虚假身份进行恶意攻击。如图6-6所示,攻击者可以窃听并保存屋主发送的"打开门锁"的指令,等屋主离开家后,重放"打开门锁"指令,就可以成功地打开门锁,进入屋主家中。

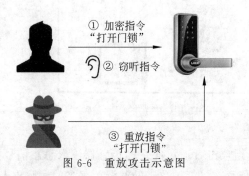

图 6-6　重放攻击示意图

除此之外,识别认知过程中可能还存在泄露用户隐私的风险,例如RFID标签可能会泄露用户位置信息,这将会在以后的案例分析中进行详细介绍。

6.2.2　识别认知安全防护

针对识别认知环节的安全威胁,相应的安全防护方法主要包括以下3种。

1. 信息源认证

建立双向的身份认证,既可以保证信息源提供信息的真实性,保障物联网系统安全,也可以保证感知层终端设备的真实性,防止敏感信息泄露。例如针对图6-5所示的海豚攻击,可以引入声纹识别技术,保证语音助手只处理注册过的声纹发来的指令。

2. 健全终端的数据过滤机制

一个系统最脆弱的环节就是接收输入。感知层终端设备作为物联网系统的数据入口,自然面临极大的安全风险。因此,在感知层终端设备上对采集的数据进行安全过滤后再交给上层物联网,可以在很大程度上抵御恶意代码和数据对系统安全的损害。例如,交通违法摄像头限制识别的车牌长度,就可以防止恶意代码注入攻击。

3. 使用安全性更高的认证和通信协议

在认证与通信过程中,加入随机数、时间戳和哈希值并进行加密处理,可以保障通信的机密性和完整性,有效抵御攻击者的虚假数据注入攻击和重放攻击。但是这会加重感知层终端设备的计算和网络负担,因此需要在协议安全性和轻量化之间合理权衡。

物理层案例分析：RFID 系统安全

6.3.1　RFID 简介

射频识别(RFID)技术是射频信号通过电磁耦合实现无接触信息传递,并通过传递的信息进行识别的技术。由于 RFID 技术可以方便、快捷地实现自动识别、信息共享等,因此在交通运输、仓储管理、电子票务和电子支付等领域有广阔的应用前景。如图 6-7 所示,高速公路的电子不停车收费系统(ETC)、门禁系统、动物管理、超市和图书馆出口的防窃系统都应用了 RFID 技术。

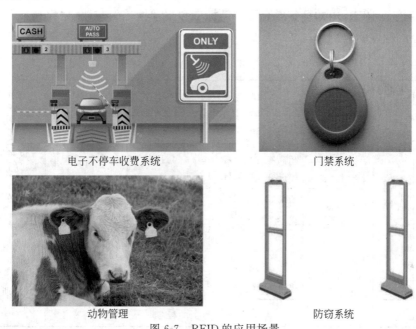

电子不停车收费系统　　　　　　　　　门禁系统

动物管理　　　　　　　　　防窃系统

图 6-7　RFID 的应用场景

RFID 系统通常由标签、阅读器和射频网络组成。标签内存储了一定格式的电子数据,常以此作为依据识别物体;阅读器与标签之间以约定的通信协议传递信息;射频网络主要由中间件、ONS(Object Name Service,对象名称服务)和 IS(Information Service,信息服务)3 部分组成,提供即时的信息交互功能。RFID 系统结构如图 6-8 所示。首先由阅读器把查询得到的标签信息发送到中间件;中间件把收到的标签代码转换为 ONS 可读码,ONS 解析与代码相应的 URL 并发送给中间件;中间件使用获得的 URL 和标签代码查询 IS;IS 在数据库中寻找匹配信息,最后通过中间件或应用系统把查询到的信息发送给阅读器。

依据标签的供电方式,RFID 可分为 3 类,即无源 RFID、有源 RFID 和半有源 RFID。对于无源 RFID 来说,当标签进入阅读器信号范围内会接收到阅读器发出的射频信号,这样标签凭借感应电流获得的能量发送存储在芯片中的产品信息,因此这样的标签也被称为被动标签(passive tag)。而在有源 RFID 中,标签内部有内置电源,可以主动发送某一

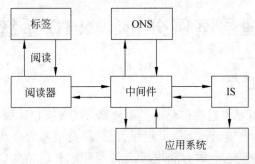

图 6-8　RFID 系统结构

频率的信号给阅读器,并且信号范围更远,因此这样的标签也被称为主动标签(active tag)。而半有源 RFID 中的标签融合了被动标签和主动标签的特性,被称为半主动标签。3 类 RFID 的特点和应用如表 6-2 所示。

表 6-2　3 类 RFID 的特点和应用

RFID 类型	标签 类型	能量来源	工作频段	优点	缺点	应用
无源 RFID	被动	感应电流	低频 125kHz 高频 13.56MHz 超高频 433MHz 超高频 915MHz	• 成本低 • 寿命长	• 工作范围小 • 存储容量小	公交卡、第二代身份证、食堂饭卡、防伪门票
有源 RFID	主动	自身电源	超高频 915MHz 微波 2.45GHz	• 工作范围大 • 存储容量大	• 成本高 • 寿命短	高速公路电子不停车收费系统
半有源 RFID	半主动	电磁感应激活后用电源供电	低频 125kHz 微波 2.45GHz	• 工作范围大 • 存储容量大 • 寿命较长 • 可激活特定的小范围内的标签	• 体积大	近距离多个低频激活器激活定位,远距离微波识别器接收数据

6.3.2　RFID 安全威胁

随着 RFID 标签制造成本的下降,RFID 技术的应用必将更加广泛,但是其面临的安全威胁也更加严重。

根据图 6-8 描述的 RFID 工作流程,RFID 面临的安全威胁体现在其中的每个环节。接下来分别从标签、阅读器和标签与阅读器的通信 3 个角度介绍 RFID 面临的安全威胁。

1. 标签面临的安全威胁

由于 RFID 系统的主要信息存储在标签中,因此标签面临的安全问题主要是信息泄露和无法工作,即机密性和可用性被破坏。

造成信息泄露的攻击方式可以是物理攻击,由于数据存储在标签内的芯片上,如果数据未经加密,攻击者可以使用微探针读取或修改 RFID 标签存储的内容。此外,攻击者也可以通过嗅探攻击获取标签内部数据,由于大部分 RFID 标签并不认证 RFID 阅读器的合法性,因此攻击者可以使用自己的阅读器套取标签的内容。

除了物理攻击,一些侧信道攻击也会带来信息泄露。一种经典的攻击方式是位置追踪攻击:通过接收 RFID 标签发送的信号来源,攻击者可以跟踪一个对象或人的运动轨迹。当一个标签进入阅读器可读取的范围内时,阅读器可以识别标签并记录标签当前的位置。无论是否对标签和阅读器之间的通信进行加密,都无法逃避标签被追踪的事实。如图 6-9 所示,当随身携带某个标签的用户在阅读器范围内活动时,攻击者就可以根据 RFID 阅读器接收到标签信号的时间与阅读器部署的位置获取用户的大致活动路径。考虑到阅读器识别范围有限,攻击者可以使用移动机器人跟踪标签的位置[169]。

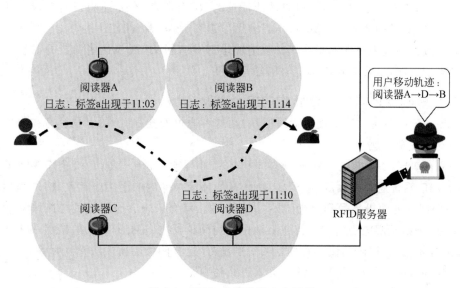

图 6-9　RFID 位置追踪攻击示例

标签无法工作也是 RFID 面临的一大安全威胁。一方面,RFID 系统的应用场景多元化使标签可能在户外的极端环境下工作,这导致其丢失、损坏等无法工作的风险较高。另一方面,标签制作成本低使得攻击成本也低。例如攻击者可以使用物理工具、X 射线破坏标签内容。这要求攻击者可以物理接触到标签,实施攻击的前提要求较高。标签可用性被破坏会影响基于 RFID 的上层系统的正常功能。例如,对于超市的防窃系统,攻击者破坏商品标签可用性,进而绕过出口的检测实施偷窃。对于有源 RFID,还可能遭受睡眠剥夺攻击,例如攻击者恶意把受害者的车辆上的 ETC 车载信号发射器电量耗尽后,就导致受害者的车辆无法被识别,影响出行。

2. 阅读器面临的安全威胁

阅读器作为数据接收方,数据是否真实是其面临的主要安全威胁。下面列举两种通过给阅读器提供虚假数据进行攻击的攻击方式。

1) 克隆攻击

RFID 系统的感知层中集成了大量 RFID 标签,且大多数 RFID 标签缺乏合适的认证机制,任何人都可以访问 RFID 标签,因此攻击者可以获取、修改、删除 RFID 标签中存储的信息,进行克隆攻击[170]。攻击者复制其获取的合法 RFID 标签中的数据以实现 RFID 克隆,从而伪造合法节点的身份骗过阅读器,进而获取一些权限,如门禁通行权,这可能会对人身安全与财产安全造成威胁。

2) 伪造攻击

根据计算能力,RFID 标签可以分为 3 类——普通标签、使用对称密钥的标签和使用非对称密钥的标签,其中普通标签不做任何加密操作,很容易进行伪造。普通标签广泛应用在物流管理和旅游业中,攻击者可以轻易将信息写入一张空白的 RFID 标签中或者修改一张现有的标签,在使用 RFID 标签进行认证的系统中获取对应的访问权限。与克隆攻击不同,伪造攻击中的攻击者可以伪造任意的 RFID 标签,例如把自己伪造成后端数据库的管理员,如果伪造成功,那么攻击者就可以盗窃数据,更改 RFID 标签,拒绝正常的服务或者直接在系统中植入恶意代码。伪造攻击的危害极大,因为这些伪造的信息会让真实的机密信息泄露,或者破坏系统信息的完整性。

3. 标签和阅读器的通信面临的安全威胁

由于 RFID 系统的通信使用无线通道,而这种通道安全程度不足,很容易在识别认知过程中发生安全问题。

一方面,RFID 系统的应用场景多元化使标签可能在户外、实验室、仓库等环境下工作,而 RFID 系统通信在潮湿、金属多、液体多的环境中受到的干扰非常大,特别是超高频(UHF)频段的通信极易受到干扰。另一方面,攻击者介入也会干扰标签与阅读器之间的通信信道,例如使用电磁信号干扰或阻塞标签与阅读器之间的通信信道,或者采用物理装置(如法拉第网罩)屏蔽阅读器对标签的识别信号,这样阅读器就无法识别标签,进而达到绕过检测的目的。例如,可以用这一方式进行盗窃。

此外,RFID 系统经常会出现多个读写器及多个标签的应用场合,从而导致标签之间或读写器之间出现相互干扰,这种干扰称为碰撞(collision),也称为冲突。如图 6-10 所示,碰撞分为多标签碰撞和多阅读器碰撞两种。

(a) 多标签碰撞

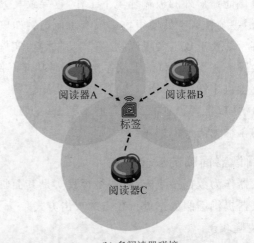

(b) 多阅读器碰撞

图 6-10　RFID 碰撞

（1）多标签碰撞。如果有多个标签同时位于一个阅读器的可读范围之内，则标签的应答信号就会相互干扰而形成数据冲突，造成标签与读写器之间的正常通信困难。

（2）多阅读器碰撞。当一个标签同时处于多个阅读器的可读范围内时，标签可能同时收到多个阅读器的识别信号，造成信号干扰，标签无法正确解析信号。

6.3.3　RFID 安全防护

通过以上对 RFID 安全威胁和攻击方法的分析可知，RFID 安全问题的根源是 RFID 标签的唯一性和标签数据的易获得性[171]。因此 RFID 标签安全防护可以从以下几方面入手。

1. RFID 标签匿名

标签匿名是指标签响应的消息不会向第三方暴露出标签 ID 的任何可用信息。加密是保护标签响应的方法之一，然而由于标签 ID 是固定的，每次通信时加密的数据极有可能也是固定的，这样攻击者仍然能够通过固定的密文确定每一个标签，进而实施位置追踪或者克隆攻击。因此，在加密时还应该加入随机数以保证安全。这样还可以在一定范围内解决标签 ID 追踪问题和信息推断的隐私威胁问题。

2. 物理方式屏蔽信号

通过物理方式屏蔽信号也能防止标签泄露信息或被追踪。例如，由传导材料构成的法拉第网罩可以屏蔽无线电波，使得外部的无线电信号不能进入。这样，把标签放进法拉第网罩可以阻止标签被扫描。但是这种方式也会屏蔽合法阅读器对标签的扫描，可能被攻击者用来绕过检测[172]。

3. 标签终止

当标签不再需要被使用或者即将面临信息泄露风险时，应使用永久失效命令使其内部物理结构被破坏，例如毁坏电源或使电路短路，进而无法读取或恢复内部数据。例如，为了防止攻击者拆开标签并利用工具读取其存储的敏感信息，标签可以用开关检测电路物理封装是否被打开，如被打开，标签启动自毁程序，使阅读器无法读取标签的信息。

4. RFID 标签访问控制

RFID 标签的访问控制是指标签可以根据需要确定读取 RFID 标签数据的权限。通过访问控制，可以避免未授权 RFID 阅读器的扫描，并保证阅读器读取的标签数据来自真实可靠的标签。访问控制对于保证数据真实性和机密性具有重要的作用。

5. 物理触发开关

针对睡眠剥夺攻击，可以通过在有源标签上设置物理开关，以物理触发方式实现睡眠与唤醒。这种方案简单易行，既可以防止攻击者耗尽标签电量，也可以保护隐私。但如果攻击者获得了该标签，物理标签就失去了保护功能。此外，物理开关也会增加标签设计难度和制造成本。

6. 设计标签防碰撞算法

在高频（HF）频段标签的防碰撞算法一般采用 ALOHA，而在超高频（UHF）频段主要采用二进制树状搜索算法防止标签碰撞。

RFID 标签自身的安全设计虽然存在缺陷,但是我们不能否定 RFID 标签的作用。目前针对 RFID 标签安全的种种努力仍在进行,这个命题任重而道远。

6.4 本章小结

感知层是物联网的核心,负责信息的采集、识别与控制,其安全性是整个物联网安全的基石。本章从物理设备安全和识别认知安全两个层面分析感知层终端设备面临的安全威胁和对应的防御措施。在物理设备安全方面,其威胁包括设备所处物理环境的威胁、设备自身物理缺陷带来的威胁以及攻击者带来的威胁,本章分别给出了各类威胁的安全攻击示例,并给出了相应的防护措施。在识别认知安全方面,从数据的真实性与时效性两方面分析了安全威胁,讨论了安全防护方法。最后,以 RFID 系统为例讨论其具体的安全威胁与对策。

习题

1. 物联网感知层终端设备面临的安全问题分为_____和_____。

2. 物理设备面临的安全威胁有_____、_____和_____。

3. 识别认知过程中的安全目标是保护数据的_____和_____。

4. 识别认知安全的防御机制有_____。

5. 结合 RFID 系统的工作流程,简述在哪些环节会遭到攻击,应当使用怎样的防御方法。

6. 针对物联网终端设备中的一类传感器,详细分析其可能受到的攻击及攻击过程。

第 7 章　网络层安全问题与防御技术

网络层是物联网信息和数据的传输层,将感知层采集到的数据通过集成网络传输到应用层进行进一步处理。当前,物联网面临的网络安全问题除了单一网络内部的信息安全传输问题外,还包括不同网络之间的信息安全传输问题。本章主要讨论物联网网络层面临的安全威胁,分别介绍网络层接入网与核心网的安全问题及典型攻击,最后对网络层使用的典型安全防御技术展开介绍。

7.1　网络层安全威胁

网络层是物联网信息和数据的传输层,将感知层采集到的数据通过集成网络传输到应用层进行进一步处理。网络层包括核心网和接入网,如图 7-1 所示。核心网是网络层的承载,是物联网网络层的骨干 IP 网络部分,通过高算力或分布式的网络设备转发或处理来自接入网各类设备的海量数据。与"核心"相对,接入网是网络中的"边缘"部分,负责将各类终端设备汇接到网络中。其使用的具体技术包含无线近距离接入(如无线局域网、ZigBee、蓝牙、红外),无线远距离接入(如移动通信网络、WiMAX 等)以及有线网络接入、现场总线、卫星通信等。

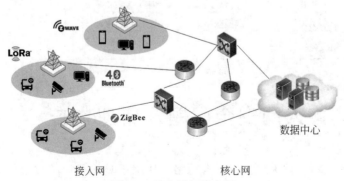

接入网　　　　　　　　　核心网

图 7-1　核心网与接入网

核心网要接收来自海量的、以集群方式存在的物联网节点的传输信息,很容易导致网络拥塞,极易受到分布式拒绝服务(DDoS)攻击,这是物联网网络层最常见的攻击手段。核心网中不同架构的网络需要互联互通,而异构网络的跨网认证可能存在密钥和认证机制的一致性和兼容性的问题,使网络暴露于中间人攻击、异步攻击、合谋攻击等威胁之下。另外,物联网中一些节点具有动态性,与邻近节点的通信关系会产生变化,所以节点之间信任关系的建立与维护若缺乏安全防护,也会面临虚拟节点攻击、虚假路由攻击、女巫攻击等威胁。

接入网负责将众多物联网设备接入网络,其接入方式以无线通信为主。物联网拥有海量节点和海量数据,包含的网络架构也不尽相同,故要求接入网可靠、高效,同时解决异构网络跨网认证的安全问题。在每个网络内,各个通信节点(实体)需在身份鉴别的基础上展开数据传输,又要求保证数据机密性、数据完整性和数据新鲜性。若无法保障通信节点间认证与数据传输的安全性,则接入网可能遭受包括敏感数据的非授权访问、非授权操作、滥用网络服务、否认、非授权接入服务在内的各种安全威胁。

总体来说,网络层的主要安全问题除了单一网络内部的信息安全传输问题,也包括不同网络之间的信息安全传输问题。现阶段对网络层的攻击仍然以传统网络攻击为主。然而,随着网络层通信协议的不断增加,数据在不同网络间传输会产生更为复杂的身份认证、密钥协商、数据机密性与完整性保护等安全问题。图7-2概括了物联网网络层存在的安全威胁。其中,多种典型的安全威胁,如数据安全性破坏、认证绕过等,可在网络层的不同位置存在;欺骗攻击及业务破坏(拒绝服务)攻击则主要针对核心网展开。

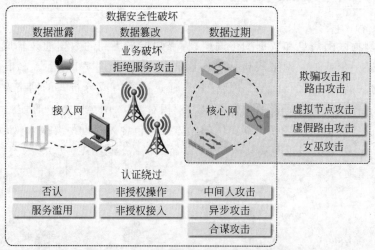

图 7-2 物联网网络层存在的安全威胁

7.2 接入网安全问题及典型攻击

众多物联网设备通过无线信道接入网络。取决于具体采用的数据传输技术,接入网存在的安全问题也不尽相同。本节首先对窃听攻击、未授权/仿冒设备接入以及中间人攻击这3类普遍存在于接入网中的攻击及其相关的安全问题展开介绍,随后介绍随着特定物联网设备入网技术引入接入网中的其他安全问题。

7.2.1　窃听攻击

在无线局域网中,如果接入点没有连接到交换设备而是连接到以广播方式作为工作模式的集线器(hub)上,那么借助无线网络分析器,所有流经集线器的 IEEE 802.11 会话数据包都会被攻击者捕捉到。进一步,攻击者可以修改网络数据(如目的 IP 地址等)并攻入网络。攻击者甚至可以伪装成合法用户,在实施窃听的过程中不引起察觉。

对于蓝牙技术,其发送的数据包中只有数据载荷被加密,报文中的其余各部分均以明文形式传输,其中包括前导、接入地址、报头、校验值。攻击者即使无法通过解密直接获取载荷数据,也可以通过嗅探报文中的其他部分获取关于窃听目标及数据的信息,或通过流量分析推断物联网用户的活动及行为(例如,某些健身环发送数据包的频次与人的运动强度相关)。蓝牙报文中可能存在的大量空数据包也可被用以实施对报文中特定区域的嗅探。当前已有多种工具用于在蓝牙准备或已建立连接后开展窃听攻击。这些窃听攻击常常以被动窃听的方式开展,但也可以在攻击者主动触发蓝牙消息传递后开展。这种情况下攻击者的目标更明确,造成的危害也更加严重。

7.2.2　未授权/仿冒设备接入

攻击者可通过未授权的设备接入无线网络。例如,企业内部的某些员工购买便宜小巧的无线接入点,通过以太网口接入网络。如果这些设备配置有问题,或处于未加密、弱加密的条件下,那么整个网络的安全性就大打折扣,造成了接入危险。此外,如果一些部署在工作区域周围的无线设备没有做好安全控制和接入权限管理,那么一旦企业外部的非法用户与企业内部的合法接入点之间,或企业内合法用户的 WiFi 终端与不可信的外部接入点之间建立连接,物联网网络就会因为未授权的设备接入而暴露于各种安全威胁之下。这些安全威胁包含被动的窃听,也包含主动的数据篡改、拒绝服务等。此外,无线局域网中使用的动态主机配置协议(Dynamic Host Configuration Protocol,DHCP)降低了攻击者入侵的成本:由于服务集标识符(Service Set Identifier,SSID)易泄露,攻击者可轻易窃取 SSID 并成功与接入点建立连接。当然,如果要访问网络资源,还需要配置可用的 IP 地址,但多数的 WLAN 采用的是动态主机配置协议,自动为用户分配 IP 地址,这样攻击者就可轻而易举地进入网络。

在蓝牙连接中,如图 7-3 所示,攻击者可通过向蓝牙硬件开发板写入蓝牙设备模拟程序以配置一个仿冒的蓝牙低功耗(Bluetooth Low Energy,BLE)设备,随后开启该设备并向外广播待连接信息。其中,设备地址与被仿冒的设备保持一致;而设备名称既可以设定为与被仿冒设备一致,也可以选取其他具有诱导性的名称以吸引用户连接。当收到该广播信息后,用户的蓝牙控制设备(如移动终端)就可能错误地选择仿冒设备连接。连接建立后,仿冒设备可以向用户发送虚假的数据进行欺骗攻击,也可以将用户终端发送的蓝牙数据返回给攻击者的计算机等设备,实现对用户信息的窃听。又由于一个 BLE 从设备(如传感器)只能同时连接到一个 BLE 主设备(如控制终端),被攻击后用户并不能与良性设备相连,因而攻击者也达到了拒绝服务攻击的效果。

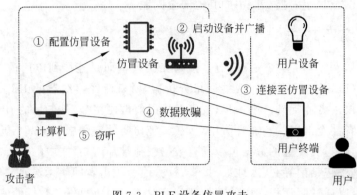

图 7-3　BLE 设备仿冒攻击

7.2.3　中间人攻击

在不使用基于安全连接的认证配对的情形下,BLE 设备的连接过程极易遭受中间人攻击的威胁。攻击者可以使用两台设备分别仿冒通信双方,让它们错误地与攻击者控制的设备相连接,同时又认为自己在与正确的设备通信。在对数据时延不敏感的情况下,攻击者也可以用单台设备先后与两台设备进行相互认证与连接。为了提升攻击的成功率,还可利用信号干扰技术阻止合法的设备连接到待连接设备,并使后者第一时间连接到攻击者的 BLE 设备。一旦中间人攻击成功,攻击者就可以完全控制数据的转发与处理,并解密任何加密的数据。攻击者还可以通过蓝牙向设备发送恶意负载以进行漏洞利用、病毒传播、木马植入或其他破坏性操作。

需要指出的是,即使 BLE 设备的配对采用了安全机制,攻击者仍有可能实现中间人攻击。这是因为 BLE 常常配合各类应用程序(运行于 Windows、Linux、Android 以及 iOS 等系统上)工作,且依赖于具体的硬件设备实现。因而,除了其本身的设计以外,BLE 的安全性也取决于具体应用场景中配置的软件和硬件。利用蓝牙软硬件实现中存在的各种漏洞展开攻击可以绕过蓝牙协议本身部署的多种安全防护措施[173,174]。例如,攻击者在嗅探到目标设备的信息后,可以同时部署仿冒的蓝牙硬件以及仿冒的蓝牙软件,后者会扫描并尝试连接用户空闲的蓝牙设备,并将自己伪装为用户的主设备。配合仿冒的蓝牙设备,攻击者就可以展开中间人攻击。

在图 7-4 所示的攻击场景中,攻击者首先利用仿冒的 BLE 设备诱使用户终端与之连接,再利用仿冒的蓝牙控制终端连接到用户设备。这样,用户终端和设备分别认为它们在与正确的通信方通信。然而,攻击者可以通过仿冒的 BLE 设备截获用户终端发出的所有数据,包括控制指令和设备信息等,还可以通过仿冒设备向用户终端发送虚假的数据,使其不对蓝牙设备的正常工作产生怀疑。而此时用户设备由于没有收到用户终端发来的信息,无法做出响应。因此攻击者也可以通过仿冒终端向用户设备发送控制指令,让后者认为其在被正常地控制。由此,用户的两台设备之间的蓝牙通信对攻击者是透明的,攻击者拥有对通信的强大控制能力,而这种控制又不会被用户终端和设备察觉。

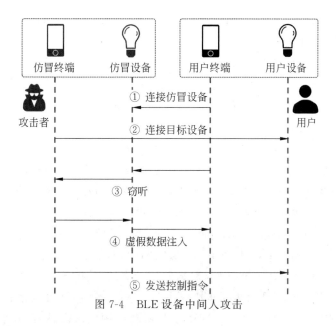

图 7-4　BLE 设备中间人攻击

7.2.4　其他安全问题

在接入网中,攻击者可能以令用户无法正常访问网络服务而不是直接获取敏感信息为目的的发起拒绝服务攻击。通过不断地发送信息或使设备保持待连接状态,用户的物联网设备将一直处于等待状态,无法正常接入物联网并工作。此外,通过干扰正常数据包的传输,攻击者既可以对物联网业务功能造成破坏,也可以实现对会话的劫持。例如,在BLE 场景中,攻击者可以通过向 BLE 传递的消息序列中注入特定数据包实现会话劫持攻击。

除了上述安全问题,基于具体使用的通信技术,接入网也会面临其他特定的安全问题。例如,无线接入技术相对于有线接入技术,采用了电磁波作为载体传输数据信号。虽然目前局域网建网的地域变得越来越复杂、利用无线技术建设局域网也变得越来越普遍,但无线网络通过电磁辐射的传输方式也为接入网引入了电磁干扰、电磁信号嗅探等安全威胁。

此外,在物联网中,传感器节点可能通过无线移动通信网络(如 GPRS 或者 TD-STDMA)直接将收集到的数据传递到中央控制点(如 M2M 应用),或者发送到网关后再通过远距离无线移动通信发送到中央控制点。因此,物联网接入网的安全也离不开移动通信网络的安全。以第五代移动通信技术(5G)为例,该技术为物联网提供了连续广域覆盖、热点高容量、低功耗大连接和低时延高可靠的通信方式,但由于目前 5G 的应用仍处于较为初级的阶段,在将来一段时间内仍将与 4G 网共存,故 5G 宣称的许多安全特性尚不能充分地实施。下面对 5G 网络中使用的新技术引入的新的安全问题展开介绍。

多接入边缘计算技术是 5G 网络的业务核心技术之一,分布式网络架构将服务能力和应用放到网络边缘,改变了网络与业务分离的状态,对物联网业务时延降低提供了很大的帮助。5G 中的边缘计算技术继承了中心计算的优势,也面临和中心计算相似的威胁:

由于靠近边缘，外部环境可信度降低，管理控制能力减弱。例如，5G 网络的数据上下行以及不同站点可采用不同的通信技术，5G 与 4G/3G 的兼容组网为攻击者提供了安全降级的攻击途径。此外，物联网中越来越多的支持人机交互功能和应用拓展的智能设备（如手机、智能语音助手等）接入 5G 网络，这些边缘设备脆弱性也为攻击者提供了更多、更灵活的攻击途径。由于边缘的接入网的安全性得不到保障，且核心网功能下沉至边缘数据中心，核心网面对的攻击面也相应增大。

网络切片是 5G 重要的技术之一，但同时这会使网络边界变得模糊，依赖物理边界防护的安全机制会难以应用，给 5G 网络带来安全威胁。同时，切片可能作为攻击者攻击其他切片的跳板，非法用户对切片的非授权访问也会威胁切片上流转的数据的安全。此外，切片间可能存在数据泄露或互相干扰的情况，也会对保密性与可用性产生威胁。

软件定义网络（Software Defined Network，SDN）与网络功能虚拟化（Network Function Virtualization，NFV）也是 5G 及物联网中使用的新兴技术。SDN 解耦了网络的控制平面与数据平面，将网络控制与数据转发分离，使得大型网络更易于管理。然而，SDN 也使得攻击者的攻击目标高度集中。一旦 SDN 控制器被攻破，那么整个网络都会暴露于安全威胁之下。具体来说，SDN 中控制层对应用层缺乏认证机制，攻击者可能利用恶意请求通过控制层获知整个 SDN 的状态，发动拒绝服务攻击或篡改网络中数据流的传输路径。此外，SDN 中的接口还没有一个完全统一的标准，在很多应用场景中 SDN 仍大量使用明文传输协议，不同 SDN 应用程序的具体实现中也可能隐藏安全隐患。NFV 允许在标准服务器上提供网络功能，通过增加通用设备的使用降低网络部署的成本，同时使网络节点功能的更新与调整更为灵活。然而，和网络切片一样，NFV 会模糊传统的网络安全防护边界，使原有的基于物理边界进行防护的安全机制失效。实现对虚拟环境中不同切片（即同一业务对应的网络资源）之间的资源隔离是安全运用 SDN 和 NFV 技术的重点。如果隔离失效，攻击者可以以内部或外部环境为起点，非法嗅探、尝试和攻击虚拟网络中的资源。

7.3 核心网安全问题及典型攻击

核心网需要确保非授权用户不能访问网络设备上的资源，限制网络拓扑结构可视范围，保证网络上传输的信息的机密性和完整性，监督网络流量并对异常流量进行管控。本节介绍核心网中存在的安全问题及典型攻击。

7.3.1 拒绝服务攻击

对于核心网而言，拒绝服务（DoS）攻击通过攻击网络协议或以大流量"轰炸"物联网网络，消耗物联网中所有可用资源，使物联网系统的服务不可用[175]。由于物联网节点资源有限，大部分节点都容易受到资源消耗攻击。传统的 DoS 攻击包括 Ping of Death、Tear Drop、UDP Flood、SYN Flood、Land Attack 等。针对物联网可以进行阻塞通道、消耗计算资源（如带宽、内存、磁盘空间或处理器时间等）、破坏配置信息（如节点信息）等攻击[176]。在一种新型的物联网 DoS 攻击中,攻击者通过恶意节点以多播的方式发送大量具有不同虚构身份的消息,使得合法节点重启 Trickle 算法并且广播过多的消息,从而消耗合法节点的资源,最终对合法节点实现 DoS 攻击[177]。在"万物互联"的物联网中,DoS攻击可以通过众多设备向特定目标同时发起,即分布式拒绝服务(DDoS)攻击。典型的攻击案例包括始于 2016 年的 Mirai 僵尸网络。如图 7-5 所示,攻击者首先扫描网络中的开放 TCP 22/23 端口,暴力破解物联网设备密码,随后植入恶意软件并开放远程控制。被感染的物联网设备称为"肉鸡",会尝试继续将 Mirai 病毒传播至更多的设备。具体来说,"肉鸡"会扫描网络中的其他设备,将扫描到的设备信息回传给攻击者。随后,攻击者继续尝试将 Mirai 病毒传播至新发现的设备,如此循环,导致病毒的指数级扩散传播。最终,Mirai 僵尸网络控制了网络摄像机、数字硬盘录像机和智能路由器等多种设备。这些设备同时被操控,向攻击目标密集发送流量,导致其瘫痪,具备非常强大的破坏性。2022年,国家互联网应急中心仍检测到该病毒的变种 Mirai_miori 的快速传播,每日可以传染上万台"肉鸡",并对多个目标发起 DDoS 攻击。需要注意的是,弱口令爆破仍是其主要的传播方式,表明提升物联网设备的安全性仍是一项持续的挑战。

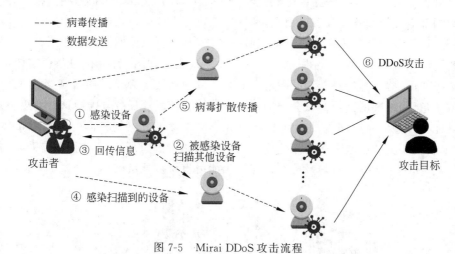

图 7-5　Mirai DDoS 攻击流程

7.3.2　槽洞攻击

槽洞(sinkhole)攻击的对象是计算能力和通信能力强大的节点,在数据路由过程中,邻居节点会选择这类节点作为转发节点[178]。攻击者声称其拥有性能与电量具备显著优势的节点,吸引周围节点将其作为路由转发节点。实现槽洞攻击后,被攻击的节点可以吸引邻居节点的所有通信数据,形成一个"路由黑洞"。槽洞攻击不仅破坏已传输数据的机密性,而且可以作为发起附加攻击(如 DoS 攻击等)的基本步骤,对网络负载均衡产生破坏,降低链路质量。槽洞攻击的一种常见的实现形式是仿冒基站。如图 7-6 所示,攻击者在网络中插入槽洞基站后,原本应与良性基站交互的网络节点的流量均被吸引到槽洞基站,网络的正常业务遭受严重破坏。

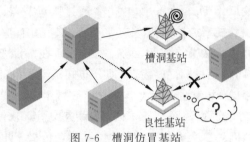

图 7-6 槽洞仿冒基站

7.3.3 女巫攻击

女巫(sybil)攻击可以破坏点对点存储系统中的复制和碎片机制,以及无线传感器网络中的分布式存储[179]。攻击者的恶意设备名为女巫设备,它声明多个合法身份并在物联网系统中模拟这些身份,因此由女巫设备发送的错误数据很容易被女巫设备所仿冒的真实设备的良性邻居设备接收,从而影响物联网系统中无线传感器网络的传输。此外,选择女巫设备作为转发节点的路由可能会涉及多个不同的交叉路径,在这些路径上,所有传输的数据都需要经过女巫设备。因此,利用女巫攻击不仅可以攻击网络中的路由算法,而且可以通过丢弃数据包等操作进行拒绝服务攻击,甚至可以返回错误的数据查询结果,干扰物联网的正常业务活动。在图 7-7 所示的女巫攻击中,攻击者持有的恶意实体可以声明多个虚假的身份,这些身份对应网络中的多个女巫节点。基于这些女巫节点所声称的位置或角色,网络中的其他节点会分别将数据存储或转发等任务分配给这些女巫节点,而不是其他可以完成对应功能的良性节点。由于这些女巫节点均被同一个恶意实体所控制,因而所有相关的物联网网络流量均会流转至攻击者,遭受被窃听、篡改或丢弃的安全威胁。此外,网络的冗余备份及分布式计算的能力也将被严重破坏。

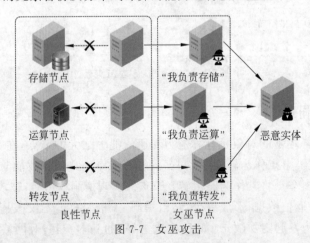

图 7-7 女巫攻击

7.3.4 虫洞攻击

如图 7-8 所示,虫洞(wormhole)攻击常被部署在物联网中的两个合作恶意设备或节点上,攻击者在相隔长距离的两个不同地理位置间通过高增益天线建立专用链路,从而使两个位于不同地理位置的恶意设备或节点通过该私有链路交换路由信息,以实现一个假单跳传输[180],仿佛宇宙中的虫洞一般。在虫洞攻击中,恶意设备或节点之间的转发跳数被设计得尽可能少,因此可能导致网络的路由算法或其他节点被欺骗,错误地认为恶意设备或节点相隔较近,使得更多的通信数据将通过这两个恶意设备或节点传递,对网络的破坏包括在传输网络中形成路由循环、网络混乱、网络中的源路径扩展、端到端延时增加、关键节点资源耗尽、传感节点决策错误等[181]。

随着恶意设备或节点访问的数据量逐渐增大,虫洞攻击可以达到类似于槽洞攻击的破坏程度。此外,虫洞攻击也可以和槽洞攻击或女巫攻击相配合,实现更强的攻击效果。

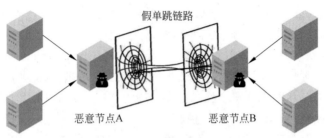

图 7-8　虫洞攻击

除上述攻击之外,和接入网类似,物联网核心网也可能遭受欺骗(spoofing)攻击与中间人(Man-In-The-Middle,MITM)攻击。欺骗攻击的目的是获得物联网系统的完整访问权限以发送恶意数据。IP 地址欺骗攻击是物联网中常见的一种欺骗攻击,攻击者记录其他授权设备的有效 IP 地址,然后利用获得的有效 IP 地址访问物联网系统并发送恶意数据以伪造有效数据[182]。而在 RFID 欺骗攻击中,攻击者记录有效 RFID 标签的信息,然后用该有效标签 ID 向物联网系统发送恶意数据。

在中间人攻击中,攻击者在良性通信节点中间部署恶意设备,窃取并转发网络层中传递的数据,而这种恶意行为对于通信的节点是透明的、无法察觉的[183]。中间人攻击利用恶意节点监视、窃听、篡改和控制正常节点之间的通信,破坏物联网设备通信数据的完整性和机密性,从而造成网络决策失误。此外,感知层的节点捕获攻击需要对设备硬件进行物理篡改,但是网络层的中间人攻击只需针对物联网网络中使用的通信协议发起攻击就可以奏效,实现成本更低。

7.4　网络层典型安全防御技术

随着通信技术的更新换代,物联网网络层的安全风险也日趋严重,越来越多的解决方案也被运用到网络层防御中,除了传统的接入控制、入侵检测方面的防御,物联网也需要结合其具体使用的新技术(如 5G、边缘计算等)实施相应的安全增强措施。

7.4.1　数据加密

加密是增强网络层安全最直接、最通用的技术。在物联网使用的加密技术中,有线等效保密(Wired Equivalent Privacy,WEP)机制是一种经典的对在两台设备间无线传输的数据进行加密的方式。WEP 采用共享密钥认证,通过客户端和接入点之间命令和回应信息的交换,将命令文本以明码发送到客户,在客户端使用共享密钥加密,并发送回接入点。WEP 使用 RC4 流密码进行加密,支持长度可变的密钥。然而,WEP 也存在缺少密钥治理、完整性校验值算法不合适、RC4 算法存在弱点等严重安全缺陷。

无线保护访问(WiFi Protected Access,WPA)改进了 WEP 所使用的密钥安全性,提高了密钥更新的频率,支持消息完整性校验。随后的 WPA2 是 WiFi 联盟在此基础上推出的第二代标准,它推荐使用一种安全性能更高的加密标准,即 CCMP(Counter CBC-MAC Protocol,计数器模式密码块链消息完整码协议),同时也支持时限密钥完整性协议(Temporal Key Integrity Protocol,TKIP)和高级加密标准(AES)。WPA 和 WPA2 两种标准都是在 IEEE 802.11i 的基础上发展起来的。

基于加密,物联网可选用虚拟专用网络(Virtual Private Network,VPN)这一通过公用网络安全地对企业内部专用网络进行远程访问的连接方式,其借助加密方式保证数据传输的安全性并与其他的无线安全技术兼容。IP VPN 一方面可相当方便地代替租用线以及传统的 ATM/帧中继(FR)VPN 连接计算机或局域网,另一方面还可提供峰值负载分担、租用线的备份、冗余等功能,因此大大降低了成本。另外,VPN 也支持中央安全管理。VPN 的缺点是需要在客户机中进行数据的加密和解密,这会大大增加系统的负担。VPN 在实际应用中还存在无线环境运行脆弱、吞吐能力存在制约性、网络扩展有局限等诸多问题。

7.4.2　入侵检测

入侵行为主要指任何试图破坏目标资源完整性、机密性和可访问性的行为,是物联网安全防范所针对的主要方面。传统的安全防御机制(如加密、身份认证等)比较被动,不论如何升级更新,总会被入侵者找到漏洞进行攻击。入侵检测是近年来出现的一种安全防御技术,可以相对主动地对网络进行安全检测并采取相应的措施,从而在很大程度上弥补传统安全防御技术的不足。入侵检测系统(Intrusion Detection System,IDS)通过在物联网系统中收集信息并进行分析,从中发现网络或系统中是否有违反安全策略的行为和遭到攻击的迹象,并作出相应的预警或采取防御措施。选取网络层中若干关键节点并监视它们的流量的 IDS 称为基于主机的 IDS(Host-based IDS,HIDS),而监控整个网络层流量的 IDS 则称为基于网络的 IDS(Network-based IDS,NIDS)。

入侵检测系统通常需要进行网络的流量检测等以发现异常,例如使用硬件探针、流量镜像协议分析等方法监视网络流量[184]。判别入侵流量的方法主要有两种,分别是基于特征的方法和基于异常的方法。其中,基于特征的方法在接收到流量后,将其与特征库相匹配,如果匹配成功,则可以确定流量具体对应的攻击行为。这种方法的不足是它要求对各种攻击流量的特征加以理解和枚举,因而需引入一定的先验专家知识。此外,基于特征的入侵检测也对新类型的攻击无能为力。在基于异常的方法中,入侵检测系统考察传入流量与已有的良性流量的偏离量,如果传入流量相对于良性流量为离群点,则标记为潜在的攻击流量。这种方法面临主要的问题是误检率高(即,将与新出现的正常业务行为相关的流量错误判定为异常)以及结果可解释性差。将上述两种方法合理结合的混合检测方法(如图 7-9 所示)相比使用单一方法可以获得更好的检测效果。

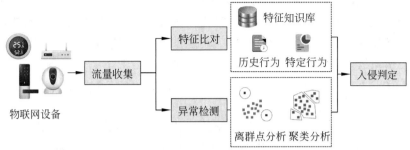

图 7-9　攻击流量混合检测方法

当前,运用机器学习、贝叶斯推理、博弈论模型等方法,能够实现有效的入侵检测。结合流量检测,这些方法可以实现异常检测的自适应。训练一个可解释的模型解释网络异常的结果,从异常流量检测中获得网络异常的状态,可以自动对新的异常行为进行学习。同时,如果对这些异常状态的重要性进行排序,可以针对这些异常行为生成物联网的访问控制策略,实现访问控制的自适应[185]。

7.4.3　接入认证控制

接入认证安全是保证物联网安全的重要防线,有效的身份认证机制有助于避免非法甚至是恶意的节点接入合法网络。一种最基础的做法是对物联网中的海量节点或设备进行强身份认证和访问控制:在新设备接入网络、接收或传输数据前进行身份认证,正确识别新设备及用户身份后再进行授权,以确保恶意节点无法接入。

例如,蓝牙低功耗(BLE)技术围绕设备连接安全性、数据机密性与完整性设计了若干安全选项,在使用中可以选用特定安全模式下的某种安全级别。表 7-1 列出了 BLE 的安全配置。

表 7-1　BLE 的安全配置

安全模式	安全级别	设备连接安全性	数据机密性与完整性	引入版本
1	1	不配对	无	4.0
	2	无认证配对		4.0
	3	认证后配对	加密＋消息认证码	4.0
	4	认证后配对(安全连接)		4.2
2	1	无认证配对	数字签名	4.0
	2	认证后配对		4.0
3	1	不配对	无	5.2
	2	无认证配对	加密＋消息认证码	5.2
	3	认证后配对		5.2

其中主要包含如下安全措施：

(1) 配对。配对是两个设备连接前的操作，用以建立若干密钥并共享。这些密钥的功能不尽相同，可分别用于建立会话、加密数据、签名或验证数字签名等。此外，考虑到固定的蓝牙设备地址可能存在被跟踪的风险，故蓝牙设备可定期更改其地址，因而也有专用于生成或解析随机地址的密钥。显然，在不经过配对的情况下蓝牙设备会无条件接受任何设备的连接请求，且数据传输也没有任何加密措施，毫无安全性可言，在实际使用中不被建议。

(2) 认证。在配对过程中，两台蓝牙设备可进行身份认证。两台设备在配对后交换密钥。为了提升安全性，密钥可以通过 BLE 以外的技术(如近场通信，Near Field Communication，NFC)交换，或利用每次变化的 6 位数字(个人身份识别码，Personal Identification Number，PIN)由用户在设备屏幕上确认交换。这样，待连接的设备的身份可以得到认证。特别地，认证连接过程可分为传统连接(Legacy Connection，LC)和安全连接(Secure Connection，SC)。在传统连接中，设备首先交换时限密钥(Temporary Key，TK)，该密钥与随机值配合运算，生成短期密钥(Short Term Key，STK)用于加密数据。为了提升安全性，安全连接利用椭圆曲线 Diffie-Hellman 密钥交换协议生成公私钥对，随后在不直接通过无线信道传递密钥的前提下交换公钥以防止窃听。安全连接的功能在蓝牙 4.2 版本被引入。

(3) 加密。可选用 AES 对数据进行加密，并配合消息认证码(MAC)验证数据的完整性。在蓝牙 5.0 版本前，AES 的密钥长度可选用 56～128 位。从蓝牙 5.0 版本开始，要求 AES 密钥长度必须达到 128 位以确保安全性。

可见，配对是蓝牙各种安全措施的基础，而认证是防范诸如中间人攻击的关键，加密则有助于保护敏感数据不被泄露。特别地，表 7-1 中的蓝牙安全模式 2 使用数字签名，但没有加密，这种安全模式常用于对数据保密性不做要求，但是要求数据可信的应用场景，例如通过蓝牙获取温度传感器的读数[186]。

在无线局域网技术中，如果入侵者通过一定的途径了解到网络的 SSID、MAC 地址、WEP 密钥等相关信息时，他们就可据此尝试与访问接入点建立联系，从而使无线网络出现安全隐患。因此，在用户建立与无线网络的关联前对其进行身份认证是必要的安全措施。身份认证是系统安全的一个基础方面，它主要是用于确认尝试登录域或访问网络资源的每一位用户的身份。如果开放身份认证，就意味着只需要向接入点提供 SSID 或正确的 WEP 密钥，而此时如果没有其他保护或身份认证机制，那么无线网络对每一位已获知网络 SSID、MAC 地址、WEP 密钥等相关信息的用户来说将会处于完全开放的状态，后果可想而知。共享机密身份认证机制可以在用户建立与无线网络的关联前对他们进行身份认证，它是一种类似于"口令-响应"身份认证系统，也是在客户端(也称工作站，STAtion，STA)与接入点共享同一个 WEP 密钥时使用的机制。其工作模式是：STA 向接入点发送申请请求，然后接入点发回口令，随后 STA 利用发回的口令和加密的响应进行回复。不过这种方法的不足之处在于：口令是通过明文直接传输给 STA 的，在此期间如果有人能够同时截获发回的口令和加密的响应，那么他们就很可能据此找出用于加密的密钥信息。所以，在此基础上建议配置强共享密钥，并经常对其进行更改，例如通过使用加密的共享机密信息认证客户机并处理 RADIUS(Remote Authentication Dial-In User Service,远程身份认证拨号用户服务)服务器间的事务,不再通过网络发送机密信息,从而提高网络安全性。当然也可以使用其他的身份认证和授权机制,例如 IEEE 802.1x、证书等对无线网络用户进行身份认证和授权,而实际上使用客户端证书也可以使入侵者达到几乎无法获得访问权限的效果,大大提高无线网络的安全性能。

还可以使用物理地址(即 MAC 地址)过滤控制和 IEEE 802.1x 端口访问控制进行接入认证控制。在过滤控制中,考虑到在无线局域网中每个无线客户端网卡持有唯一的物理地址标识,可以在接入点中手工维护一组答应访问的 MAC 地址列表以实现物理地址过滤。不过,物理地址过滤属于硬件认证而不是用户认证。这种方式要求接入点中的 MAC 地址列表必须随时更新,自动化难度较大,因此扩展能力较差,只适合小型网络。另外,非法用户利用网络侦听手段很轻易窃取合法的 MAC 地址,而且 MAC 地址并不难修改,因此非法用户完全可以盗用合法的 MAC 地址进行非法接入。IEEE 802.1x 端口访问控制机制则是一种基于端口访问控制技术的安全机制,它被认为是无线局域网的一种加强版的网络安全解决方案。它的主要工作模式是:当一个外来设备发出接入访问接入点的请求时,用户必须提供一定形式的证明,让访问接入点通过一个标准的 RADIUS 服务器进行鉴别以及授权。一旦无线终端与接入点相关联以后,IEEE 802.1x 标准的认证是用户是否可以使用访问接入点服务的关键。换句话说,如果 IEEE 802.1x 标准认证通过,则接入点为用户打开此逻辑端口;否则接入点不允许该用户接入网络。IEEE 802.1x 端口访问控制机制除了为无线局域网提供认证和加密外,还可提供快速重置密钥、密钥管理等相关功能。使用 IEEE 802.1x 标准可周期性地把这些密钥传送给相关各用户。不过此机制的不足之处是 IEEE 802.1x 的客户端认证请求方法仅属于过渡期方法,且各厂商在实际运用中的实现方法又有所不同,这直接造成兼容问题。另一个问题是此机制还需要专业知识部署和 RADIUS 服务器支持,费用偏高。

此外,对于物联网中的每个设备,可引入误差检测机制以确保敏感数据不被篡改,并保护数据完整性。每个设备的 RFID 标签、ID 和数据等都需要加密以保护数据机密性。在条件允许的情况下,设备的其他标识信息,如 IP 地址与访问地址,也应定期更换以避免跟踪。误差检查机制和密码算法的选择同样需要考虑物联网设备资源有限的特点。此外,进行匿名化数据采集和处理,即隐藏设备中包含的敏感信息(如设备位置和标识),也较为常见。

在安全接入方案中,安全连接承载数据的基础传输工作,支撑接入设备实体和被接入设备实体双方完成接入认证、加密数据传输等工作。业界内厂商的物联网方案在处理设备实体间跨网关的数据传输时普遍采用数据透传的方式。现有的比较有效的方案是对网络域做专网隔离,即通过网络隔离以降低入侵的安全风险[187]。在通过对物联网中的海量设备进行身份和访问管理的同时,也可使用安全接入网关(Security Access Gateway,SAG)以保证边界安全。

近年兴起的区块链技术也有助于接入认证控制。区块链的验证和共识机制以及可证可溯源的特性可以为恶意物联网节点的接入认证控制与隔离提供借鉴。然而,区块链在物联网中的应用目前仍面临部署成本高、资源开销大等问题。对物联网应用轻量级的去中心化认证机制为解决物联网海量设备的认证难题提供了一种可行的途径。

7.4.4 通信技术防护

物联网网络层的发展离不开通信技术的进步。随着 5G 技术的不断发展,物联网将会搭上 5G 的快车,在通信层面向前一步。然而,5G 自身安全性带来的问题在物联网中同样需要加以重视,并采取适当缓解方法。

由于 5G 能够实现更大的网络容量,即多设备共享带宽,物联网安全可采用网络切片的策略使资源消耗合理化。与当前的开发-运营模型相比,在 5G 环境下,物联网安全模型可能会转变为开发-安全-运营模型,安全策略会直接加入物联网设备中。同时,当前的防御模型的基本假设是所有企业网络都基于中心辐射,而在 5G 环境下,网络设备会更倾向采用集成网络、自动化系统和物联网安全标准。

LTE(Long Term Evolution,长期演进)通信的安全性是通过集成认证、完整性、加密等多种安全算法实现的。然而,现有安全方案的主要挑战是资源消耗过高、开销过大和缺乏协调,这些解决方案不适用于 5G 中的关键基础设施通信。因此,利用物理层安全、射频指纹、非对称安全方案等新的安全机制可以提高关键通信的安全水平。

为了增强物理层的传输安全性,可采用基于 OFDM(Orthogonal Frequency-Division Multiplexing,正交频分多工)的防窃听技术、分布式 IP 移动管理等方法,将干扰信号注入用于数据传输的子网,可提高机密性,改善 TDD(Time Division Duplexing,时分双工)系统使用中的保密缺陷[188];在智能家居场景中,网络层应当优化认证、密钥交换、完全前向保密和隐私保护等环节,以抵御资源枯竭攻击和恶意 MGW(Mobility Gate Way,移动网关)攻击[189]。由于要求低时延、高安全性的物联网通信业务场景要求 5G 网络在保证高可靠性的同时提供低时延 QoS 保障,因此低时延移动性安全也逐渐投入研究[190]。

7.4.5 协同防御与云端防御

多接入边缘计算技术是 5G 网络的业务核心技术。分布式网络架构将服务能力和应用放到网络边缘,改变了网络与业务分离的状态,对物联网、车联网等业务延时降低提供了很大的帮助。5G 中的边缘计算技术继承了中心计算的优势,也面临和中心计算相似的威胁:由于靠近边缘,外部环境可信度降低,管理控制能力减弱;核心网络功能下沉至边缘数据中心,增大了核心网面临的攻击面。5G 中多接入边缘计算安全主要从基础设施、运维管理等方面入手,在平台安全上引入可信计算等技术,建立资源池,相互提供异地灾备能力,提高可用性;在网络安全方面,除了传统的边界防御,还需要部署入侵检测技术、异常流量分析等技术,对恶意软件和攻击等行为进行检测,还可以使用多节点协作方案进行协同检测。

5G 的边缘计算技术也运用在物联网中。当需要优化延时以避免网络饱和以及在集中式基础设施的数据处理负担很高的情况下,需要使用边缘计算技术在物联网系统中的数据收集器或其附近进行数据处理。

云计算对物联网的数据处理等环节至关重要,数据存储位置、隔离、恢复等步骤事关数据的安全。同时,随着越来越多的虚拟化技术运用到云计算系统当中,云安全也面临着很多问题。合理地将软件定义网络(SDN)以及网络功能虚拟化(NFV)技术运用到云安全体系中,可实现可定义、自适应的安全,提升对网络的便捷控制以及防护的效率和准确率。各种物理通信设备与 NFV 网源由 SDN 控制器集群进行抽象,进而实现对原本离散、异构的设备的整合,形成一个逻辑安全的资源池,对全部资源进行统一管理调度;与此同时,对流量检测路径进行规划,制定和提供更为可靠的、与拓扑不相关的安全策略,从而实现更为灵活的安全云服务。

中国信息通信研究院的《云计算白皮书(2022 年)》中指出,随着越来越多的设备加入云端,安全需求日益复杂,基于零信任理念构建的安全体系逐渐成为趋势。传统的基于边界访问控制列表(ACL)的边界安全防护遭遇瓶颈。如图 7-10 所示,在大量分散用户访问云上的数据中心时,除了在所有私有云及公有云中的计算资源和设备上部署安全防护措施以外,也需要具备统一权限控制策略。以身份而非网络为中心构建零信任云上防护体系,通过强身份认证与授权对所有访问主体进行管控,在建立信任前不进行任何数据传输,并通过统一接入、统一访问控制和统一资源纳管体系保护分布式的关键数据和业务[191]。

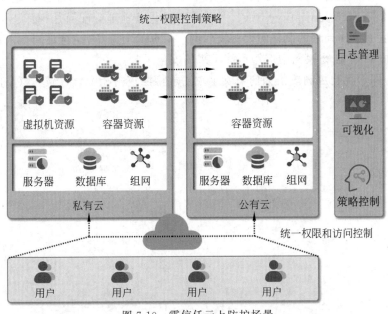

图 7-10　零信任云上防护场景

7.5　本章小结

物联网中产生的各类数据均需要通过网络层流转。作为连接感知层与应用层的桥梁,网络层的安全性会对整个物联网的安全性产生决定性影响。特别地,网络层接入网和核心网所面临的安全威胁与可能遭受的安全攻击也各不相同。具体来说,接入网的安全问题主要由无线接入采用的具体技术(如 5G、WLAN、蓝牙等)的固有缺陷导致,而核心网的安全攻击则主要针对网络的业务性能展开。按照"木桶效应",无论是接入网还是核心网,物联网网络层的安全性都与网络中最脆弱的部分紧密相关。考虑到物联网中存在海量异构设备与节点,各类安全防护手段的综合运用显得尤为重要。

习题

1. 物联网网络层核心网的主要功能是( )。

A. 数据收集与整理 B. 数据计算

C. 数据传输 D. 数据交互与可视化

2. 简述蓝牙低功耗(BLE)防范中间人攻击的安全机制。

3. 下列措施中( )可以有效降低 Mirai DDoS 攻击带来的危害(多选)。

A. 限制节点的广播半径 B. 采用强口令,选用弱口令时给出警示

C. 使用更长的密钥加密通信数据 D. 禁用 Telnet(23 号)端口

4. 目前,IPv6 技术正在逐渐推广使用。IPv4 地址数量有限,需采用网络地址转换(Network Address Translation,NAT)等技术解决设备地址分配问题;而 IPv6 的 IP 地址空间极大,适用于具有海量设备的大型物联网。根据如上介绍,结合你对 NAT 技术原理的了解,分析 IPv6 在物联网中应用可能带来的安全风险。

5. 结合图示说明虫洞攻击如何与女巫攻击或槽洞攻击相配合以破坏核心网业务。

第 8 章 应用层安全防护技术

物联网应用除了物联网设备、管道端，更重要的是部署在边缘和云端的各类物联网服务，这些服务可以从控制平面获取、分析和控制大量物联网设备的行为，所以应用层的安全是物联网安全的重要组成部分。本章主要涉及以下几方面：应用层安全问题、数据库安全、云边安全、大数据安全和业务安全。

8.1 应用层安全问题

应用层主要提供数据存储、数据挖掘、数据分析等各类应用服务，这些物联网数据来源于感知层，经由网络层传输至应用层的管理系统（如云平台等）。管理系统针对当前物联网应用场景存储、处理数据，并提供不同交互接口供用户查询、操作。同时，应用层提供的功能还包括用户分级认证、系统维护管理、可用性监控等。应用层通常包括数据库、云计算平台和服务支持平台等组件。从这些组件的角度分析，物联网应用层的安全风险[192]如下：

（1）应用层存储大量与用户隐私相关的物联网数据，成为攻击焦点。物联网系统的各种感知数据都存储在数据库中，由于用户数据高度集中，容易成为黑客攻击的目标，一旦遭受到攻击或入侵，将导致用户隐私泄露、系统业务功能被控制等安全问题。

（2）应用层基础环境及组件存在漏洞，易受黑客攻击。应用层的各类平台系统自身也存在许多安全漏洞，例如云边平台漏洞、大数据系统漏洞、虚拟容器漏洞等，这些漏洞或设计缺陷容易导致非授权访问、数据泄露、远程控制等后果。

（3）应用层 API 开放，业务逻辑多样，容易引入新风险。应用层 API 开放可能会造成接口未授权调用，导致批量获取系统中敏感数据、消耗系统资源等风险。攻击者可以利用业务逻辑漏洞绕过或篡改业务流程，例如，绕过认证环节远程对物联网设备进行控制，或者通过篡改用户标识越权访问物联网业务系统中其他用户的数据，等等。

综上，应用层安全问题可以归结为数据库安全、云边安全、大数据安全和业务安全。本章将重点讨论、分析这些安全问题及其防护措施。

8.2 数据库安全

数据库是按照数据结构组织、存储和管理数据的仓库。随着信息技术和市场的发展，数据管理不再仅仅是存储和管理数据，而转变成用户所需要的各种数据管理方式。数据库有很多种类型，从最简单的存储各种数据的表格到能够进行海量数据存储的大型数据库系统在各方面都得到了广泛的应用。

物联网可以通过各种感知方式对现实世界进行自动、实时、大范围、全天候的各类数据标记、采集、汇总和分析，并在必要时进行反馈控制。数据库技术是物联网系统中的核心技术之一。数据库负责存储由感知层收集的感知数据，所用到的数据库管理系统(DataBase Management System, DBMS)可选择大型分布式数据库管理系统(如 DB2、Oracle、Sybase 和 SQL Server)。数据库管理系统能够将已存储的数据进行可视化显示、管理(包括数据的添加、修改、删除和查询操作)以及进一步分析和处理(生成决策和数据挖掘等)。

使用结构化查询语言(Structured Query Language, SQL)的关系数据库管理系统是传统的数据库系统。关系数据库是在关系模型基础上创建的数据库，借助于集合代数等数学概念和方法处理数据库中的数据。现实世界中的各种实体以及实体之间的各种联系均可以用关系模型表示。关系数据库的主要代表包括 SQL Server、Oracle、MySQL、PostgreSQL。关系数据库的优点包括：通过事务处理保持数据间的一致性，能够支持复杂查询，关系模型相对于网状模型、层次模型等更易于理解，通用的 SQL 使得对数据库的操作比较方便且易于维护。

关系数据库适用于结构化数据的存储。而对于非结构化数据与半结构化数据，非关系数据库 NoSQL 是一个较好的选择方案。依据结构化方法以及应用场合的不同，NoSQL 主要分为以下几类：

(1) 面向高性能并发读写的键-值(Key-Value)数据库。顾名思义，键-值数据库就是以键-值对形式存储的非关系数据库，它读写效率高，查询速度快，典型代表为 Redis、Tokyo Cabinet、Flare。

(2) 面向海量数据访问的面向文档数据库。这类数据库解决了关系数据库的表结构(schema)扩展不方便的问题，可以在海量的数据中快速查询数据，典型代表为 MongoDB 以及 CouchDB。

(3) 面向可扩展性的分布式数据库。这类数据库解决的问题是关系数据库在可扩展性上的缺陷，这类数据库可以适应数据量的增加以及数据结构的变化。

由于物联网数据的海量性、异构性、时空相关性、序列性等特点，物联网通常使用 NoSQL 数据库。

8.2.1 NoSQL 数据库安全问题

NoSQL 数据库满足了快速、轻松访问数据的需求，然而其安全性尚未完全成熟[193,194]。以下将从内置安全保护机制问题、加密问题、身份认证和授权问题以及注入攻击 4 方面阐述 NoSQL 数据库的安全特性[195]。

1. 内置安全保护机制问题

NoSQL 数据库在设计时没有优先考虑安全机制[196]，因此它没有内置安全层。NoSQL 数据库依赖于数据库管理员、外部安全软件或物联网应用程序安全功能等外部机制为数据库添加安全功能。

2. 数据加密问题

将物联网数据加密可以提高数据的机密性。然而，加密是 NoSQL 数据库中最弱的安全特征，任何有权访问（授权或未授权）文件系统的人都可以访问物联网数据[197]。

3. 身份认证和授权问题

身份认证是验证访问系统的用户身份的过程，授权是指定用户对特定数据对象的访问权限。对于 NoSQL 数据库，当用户可以访问数据库中一个级别的数据时，他们可以无限制地访问其他级别的数据[198]。

4. 注入攻击

NoSQL 数据库依旧面临注入攻击的威胁。攻击者可以将恶意代码注入应用级的语句（如 JSON 和 Cypher 查询语言的语句）中，将其传递到数据库中，实现注入攻击。

8.2.2　数据库安全防护方法

为了提高物联网场景中的数据库应用安全性，可以从以下 3 方面进行防护与增强：一是认证、授权与访问控制；二是加密机制；三是审计与监控机制[199]。

1. 认证、授权与访问控制

身份认证是在用户访问数据或资源前识别并验证用户身份的机制，包括单用户身份认证、用户与数据库服务器之间相互身份认证等，常见的实现是基于口令的身份认证。一些数据库系统有自己的集成身份认证机制，还有一些数据库可以使用用户证书或者集成目录服务（integrated directory service）进行身份认证。在该服务中，用户（及其角色）可以通过组织级目录服务，如轻量级目录访问协议（Lightweight Directory Access Protocol，LDAP）和 Kerberos 服务器进行认证。

通过授权机制，可以确保只有获得相关权限的数据库用户及其角色才能访问定义的对象集或整个数据库。传统的访问控制模型包括自主访问控制（DAC）、强制访问控制（MAC）和基于角色的访问控制（RBAC）。关系数据库系统通常具有 RBAC 机制，因此它们在表（table）级别实现授权；而大多数 NoSQL 数据库系统在列族（column-family）级别进行授权。

2. 加密机制

Microsoft、IBM 和 Oracle 等主流数据库服务提供商通常采用透明数据加密（Transparent Data Encryption，TDE）对数据库中存储的数据进行加密。TDE 的体系结构如图 8-1 所示。TDE 不是针对数据库中的字段和记录进行加密,而是针对整个数据库进行加密,以保护数据文件和日志文件。数据库开启 TDE 后,对于连接到所选数据库的应用程序来说是完全透明的,不需要对现有应用程序做任何改变。TDE 使用数据库加密密钥(Database Encryption Key,DEK)加密数据库,它存储在数据库启动记录中以供恢复时使用。DEK 可以是对称密钥,由存储在主数据库 master 中的证书保护;也可以是非对称密钥,由外部密钥管理(Extensible Key Management,EKM)模块保护。TDE 通常使用 AES 或 3DES 加密算法加密数据。现在,Cassandra 和 HBase 等 NoSQL 数据库也集成了 TDE 机制。

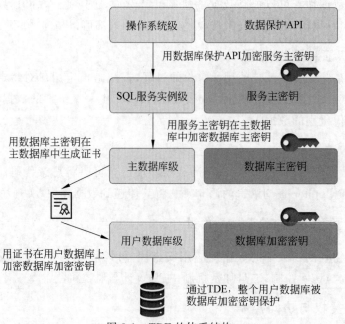

图 8-1　TDE 的体系结构

在 SQL Server 2016(Azure SQL 数据库)中,微软公司引入了一项名为 Always Encrypted 的技术[200],可以确保对数据在传输过程中与存储时进行加密。此外,它确保内部数据库管理员、云数据库操作员或其他高特权但未经授权的用户无法访问敏感信息,从而最大限度地降低具体攻击的风险。

2011 年,Popa 等人提出了 CryptDB[201],这是一种适用于关系数据库系统的加密查询处理机制。它通过随机性加密、确定性加密、同态加密、保序加密等手段,实现了在密文层级处理 SQL 请求的功能。在数据库服务器受到损害的情况下,CryptDB 能够确保大部分数据是安全的。

针对大多数 NoSQL 数据库没有内置安全加密机制的情况,一些研究也提出了各种不同的方法实现加密 NoSQL 数据的安全存储。BigSecret[202]是一个支持安全外包和处理加密数据的键-值存储框架,其中索引以允许比较和范围查询的方式进行编码。Ahmadian 等人[203]提出了 SecureNoSQL 安全方案,将其应用于文档存储数据模型上,可以保证数据的机密性和完整性。

3. 审计与监控机制

数据库审计和监控是指对数据库用户行为或系统事件执行的记录,例如记录哪个用户接触了哪个数据库对象或数据记录。对数据库中的数据资源和权限的使用活动进行审计跟踪有利于有效的数据管理[204]。审计确保没有人可以未经授权访问数据库中的数据,并检测可能的密码破解攻击。在实践中,数据库审计和监控可以分为以下类别[205]:

(1) 认证和访问控制审计。识别谁访问了哪些系统和哪些组件的信息,包括何时以及如何访问。

(2) 主体/用户审计。识别数据库系统的用户或管理员执行了哪些活动(例如插入、更新、删除等)。

(3) 安全活动监控。识别和标记任何可疑、异常活动及访问敏感数据的活动。

(4) 漏洞和威胁审计。识别数据库中的漏洞并监控试图利用它们的用户。

一些基于云的面向服务的数据库系统,如 Amazon DynamoDB、Azure Cosmos DB 和 Google BigTable,利用云基础设施级别的诊断和日志记录工具实现数据库日志记录机制;而大多数数据库系统通常具有集成的日志记录机制。即使数据库系统没有集成的日志记录机制,也可以使用第三方日志记录库和框架(例如 Log4j[206] 和 SLF4J[207])进行配置,以启用审计和日志记录。

8.3　云边安全

8.3.1　物联网中的云边协同

物联网数据在地理上分散,随着计算机技术和网络通信技术的发展,实现了物与物之间数据信息的实时共享,智能化的实时数据收集、传递、处理和执行变得尤为重要[208]。云计算服务是一种集中式服务,所有数据通过网络传输到云计算中心进行加工处理。资源的高度集中与整合使得云计算具备高通用性,可集中解决计算和存储问题。云中可以提供各种类型的服务,如资源池、弹性和灵活性、可扩展性(水平和垂直)、性能高可用性、托管服务等[209]。因此,在物联网发展初期,云计算服务是物联网架构应用层的重要业务措施,众多云厂商也都推出了针对物联网场景的云平台服务。例如,谷歌云平台(Google Cloud Platform,GCP)提供在 GCP 上开发与部署物联网应用的 IoT PaaS(Platform as a Service,平台即服务)——Google Cloud IoT[210] 和用于在物联网设备上运行安卓系统的嵌入式操作系统 Android Things[211]。亚马逊网络服务(Amazon Web Services,AWS)提供了在 GCP 上开发与部署物联网应用的 IoT PaaS——AWS IoT Core[212] 和预配置 AWS 上物联网应用的定制硬件设施 AWS Button[213]。微软 Azure 分别提供了 IoT PaaS——Azure IoT 解决方案加速器[214] 和 IoT SaaS(Software as a Service,软件即服务)——Azure IoT Central。

然而,随着万物互联概念与相关技术的推广,传统集中式云计算服务已经不能满足物联网场景中实时敏感的应用,海量异构数据全部上传至云数据中心也对网络带宽带来极大的压力。为解决数据传输延时和网络带宽降低的问题,边缘计算架起物联网设备和数据中心之间的桥梁,使数据在源头附近就能被及时、有效地处理[215]。边缘计算的"边缘"是指从数据源到云计算中心的路径之间的任意计算和网络资源[216]。在云边协同计算的物联网架构中,用户数据并非全部上传到云计算中心,而是通过部署在网络边缘的边缘节点快速计算与存储部分数据。同时,部分经过处理的数据仍需要从边缘节点汇聚到云计算节点,由中心云节点进行数据分析、挖掘、共享、存储等工作。

物联网中典型的云边协同场景如图 8-2 所示。在这个 3 层模型中,分布式云由中心云和边缘云两层组成。其中,最上层的中心云统筹物联网中的所有数据,并基于海量数据进行数据的存储与分析。它可以将一部分存储或计算任务下发给边缘云中的一个或多个节点。相比中心云,边缘云中的云节点与最底层的物联网终端设备(通常是数据采集设备)的物理距离更近,传输延时更短,可以快速收集数据或进行实时的设备控制操作。边缘云节点在中心云与物联网终端设备之间架起了一个桥梁,在降低设备控制与数据采集延时的同时也大大减少了中心云的计算与存储负担。此外,这个 3 层模型中各层的规模与配置还可以根据实际的应用场景灵活调整。

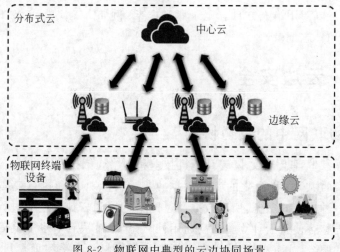

图 8-2　物联网中典型的云边协同场景

上述云厂商依托自身在云计算技术上的先发优势,将云计算技术下沉到边缘侧,推出了相关边缘计算产品[217]。例如,谷歌公司推出了硬件芯片 Edge TPU[218]和软件堆栈 Cloud IoT Edge[219],可将数据处理和机器学习功能扩展到边缘设备,使设备能够对来自其传感器的数据进行实时操作,并在本地进行结果预测。亚马逊公司推出了 AWS Greengrass 功能软件[220],将 AWS 扩展到设备上,在本地处理终端设备生成的数据,同时仍然可以使用云进行数据管理、分析和存储。微软公司发布了 Azure IoT Edge 边缘侧产品[221],将云分析扩展到边缘设备,支持离线使用,同时聚焦边缘的人工智能应用。阿里云计算公司推出 Link IoT Edge 智能边缘计算框架[222],广泛兼容各种物联网应用层数据采集协议,南向屏蔽底层硬件通信链路的差异,将数据进行标准化转换,北向提供标准物模型数据,将云上能力下沉到边缘,就近为用户提供计算服务。海尔公司专门为物联网企业打造了一站式设备管理平台 COSMO-Edge 平台[223],提供多源的边缘设备接入能力与强大的边缘计算能力。

需要强调的是，边缘计算是对云计算的补充和延伸，为物联网提供更好的计算平台。边缘计算模型需要云计算中心的强大计算能力和海量存储能力的支持；而云计算也同样需要边缘计算中边缘设备对海量数据及隐私数据的处理，从而满足实时性、隐私保护和降低功耗等需求[208]。云计算与边缘计算需要通过紧密协同才能更好地满足各种需求场景的匹配，从而最大化云计算与边缘计算的应用价值。

8.3.2　云边安全问题

随着数字化进程的不断深化，网络架构中的传统数据中心逐步向以云计算为承载，融合大数据、人工智能等新一代技术的数字基础设施转变，分布式云、云边协同等成为主要形态，以数据中心内部和外部进行划分的安全边界被打破[224]，云边协同的物联网架构面临更大的安全信任危机。同时，由于终端设备的开放性和异构性，以及（相比云计算中心）有限的计算和存储资源，使得部署安全防护方法的广度和难度大幅提升[225]。此外，云计算和边缘计算还面临信息系统中普遍存在的网络攻击威胁。物联网中的云计算与边缘计算框架在以下方面存在安全问题[224,215]。

1. 身份认证

在云边协作的计算框架中，不同可信域中的边缘服务器、云服务提供商和用户分别提供和访问实时服务，其分散化、实时服务的低延时需求给身份认证的实现带来了巨大的障碍。用户接入网络的位置和时间多变，用户的不可控性增大，判断用户身份是否合法的难度提升。同时，接入设备的种类复杂，难以保证所有涉及的实体都是可信的，导致风险要素增多。

2. 访问控制

在万物互联的背景下，需要实施访问控制以确保只有受信任方才能执行给定的操作。不同用户或终端设备具有访问每个服务的独特权限，其要求云计算与边缘计算服务提供商能够在多用户接入环境下提供访问控制功能。然而，当前高度异构的计算架构（公有云、私有云、各类边缘计算设备等）中的资源与服务在属性、物理位置、网络等方面均可能存在差异，难以确保所有用户、访问策略、资源等信息的及时同步与更新。另外，对于高分布式且动态异构数据的访问控制本身就是一个重要的挑战。

3. 入侵检测

在云计算和边缘计算中，外部和内部攻击者可以随时攻击任何实体。不同节点之间需要进行频繁的交互，跨节点的连接和数据传输使得安全攻击面增大，面临更多来自互联网的规模化、多样化威胁。若没有实施适当的入侵检测机制以发现终端设备和网络节点的恶意行为或协议违规，则会逐步破坏服务设施，进而影响整个网络。但是，在万物互联环境下，由于设备结构、协议、服务提供商的不同，难以检测内部和外部攻击[226]。此外，如何通过分布式的设备进行全局的入侵检测，使其能够在大规模、广泛分布和高度移动的环境中得到应用，是十分重要的研究课题。

4. 隐私保护

在传统云计算架构中,物联网的海量数据被传输至一个集中的节点(中心云节点),该过程可能受到网络攻击者对传输数据的窃听攻击以及云节点利用数据对用户隐私的推演。边缘计算将计算迁移到临近用户的一端,直接对数据进行本地处理、决策,将处理后的数据与决策再发送给云节点,在一定程度上避免了数据在网络中长距离的传播,降低了隐私泄露与推演的风险。然而,由于边缘设备获取的用户第一手数据中包含大量的敏感隐私数据。在保证用户在使用服务的同时又不泄露其敏感信息,对边缘计算中的隐私保护算法提出了更高的要求。

8.3.3　云边安全防护方法

针对上述安全问题与需求,可以从云边计算基础设施安全、云上通信网络安全、云上数据安全、云边协同安全等方面考虑相应的安全防护方法[227]。

1. 云边计算基础设施安全

云边计算基础设施为整个云计算架构中的所有计算节点提供软硬件的基础。云边计算基础设施的安全是云边计算的基本保证。需要保证云边计算基础设施在启动、运行、操作等过程中的安全可信,包括设备完整性校验、节点的身份标识与鉴别、虚拟化安全和操作系统安全、接入网络认证等。

2. 云上通信网络安全

网络安全是实现云边计算节点与多种多样的物理对象之间互联互通的必要条件,保证云边网络可靠、可信。可以从安全协议、网络域隔离、网络监测、网络防护等从内到外保障边缘网安全。

3. 云上数据安全

云上数据安全保障数据在不同计算节点中存储以及在复杂异构的边缘网络环境中传输的安全性,同时可以根据业务需求随时被用户或系统查看和使用。因此,需要新的边缘数据安全治理理念,提供轻量级数据加密、数据安全存储、敏感数据处理和敏感数据监测等关键技术能力,保障数据的产生、采集、流转、存储、处理、使用、分享、销毁等环节的全生命周期安全,涵盖对数据完整性、机密性和可用性的考量。

4. 云边协同安全

除了考虑上述防护对象外,还应考虑如何利用云边协同的特点提高安全防护能力,通过结合流分析、大数据、人工智能等技术深度挖掘数据价值,通过威胁情报、安全态势感知、安全管理编排、安全运行监管以及应急响应与恢复,实现云边计算安全事前、事中、事后的及时防御和响应。

8.4　大数据安全

随着物联网应用规模不断扩大,物联网要求数据处理技术能够应对高并发业务场景,及时分析、提取数据并做出快速决策。其中,大数据技术负责物联网海量数据的存储、传输与处理。

大数据指的是大小超出常规的数据库工具获取、存储、管理和分析能力的数据集[228,229]。由于数据大小超出了传统软件在可接受的时间内处理的能力,因此对大数据的分析统计方法与传统处理方法不同。全球知名咨询公司麦肯锡在《大数据:创新、竞争和生产力的下一个前沿领域》报告中称:"数据已经渗透到当今每一个行业和业务职能领域,成为重要的生产因素。人们对于海量数据的挖掘和运用,预示着新一波生产率增长和消费者盈余浪潮的到来。"

业界将大数据包含的特征归纳为"5V",即 Volume、Velocity、Variety、Veracity 与 Value,具体如下:

(1) 数据体量(Volume)大。指收集和分析的数据量非常大,在实际应用中,很多企业用户把多个数据集放在一起,已经形成了 PB 级的数据量。

(2) 处理速度(Velocity)快。需要对数据进行近实时的分析。

(3) 数据类别(Variety)丰富。大数据来自多种数据源,数据种类和格式日渐丰富,包含结构化、半结构化和非结构化等多种数据形式,如网络日志、视频、图片、地理位置信息等。

(4) 数据真实性(Veracity)。大数据中的内容是与真实事件息息相关的,从大数据中可以解释和预测现实事件。

(5) 数据价值(Value)高。从商业角度,通过分析大数据有助于抓住机遇及收获价值。

8.4.1　物联网中的大数据应用

大数据技术在不同的物联网场景中均有应用,例如智慧城市、智慧生活、智能建筑等。在智慧城市场景中,数据来源的范围相当大,包括传感器数据、多媒体、社交媒体等。现有智慧城市研究与实践可以利用这些数据搭建智慧城市框架,对城市数据进行实时批处理[230,231],为智慧旅游提供情境感知建议[232],分析移动人群感知的空气质量数据,进行时空相关分析[233,234],等等。在智慧生活场景中,利用大数据技术,可以对物联网传感器检测到的环境数据[238,239]、日常生活数据[240]、医疗健康数据[241]等进行统计处理,以提高人们的幸福感与生活质量。在智能建筑场景中,借助大数据分析技术,利用对建筑物及其居民的实时监控数据,实现楼宇自动化(building automation)[235]、居住者行为分析[236]和能源管理[237]。

在物联网场景中,常用的大数据处理架构包括 Apache Hadoop[242]、Apache Spark[243] 及 Apache Storm[244]。Apache Hadoop 是一种批模式大数据处理框架,具有很强的可扩展性和容错性。Apache Hadoop 支持 PB 级数据,并允许应用程序在多个节点上运行,其架构如图 8-3所示。主节点(也称名称节点)存放有关于从节点(也称数据节点)及数据的元数据,以便于查找最近的数据节点进行通信。此外,主节点也可以通过资源管理器对数据节点发送数据创建、复制、删除等指令。而在每个从节点中,节点管理器负责监控当前节点的工作状态(如资源消耗情况)并维护日志等,而数据存放在基于名为 HDFS 的分布式文件系统的数据块中。所有数据将会被分解成块并发送到 Apache Hadoop 集群中的各个节点。其中,Apache Hadoop 并行、快速检索海量数据的关键在于首先通过名为 Map 的操作将大数据分隔为键-值对形式的元组,并在后续的 Reduce 操作中再对这些元组(大数据的不完整的部分切片)进行组合、排序、统括。Apache Hadoop 因其检索快速、可扩展性强、容错能力强、数据插入快等特点而广受欢迎[245]。

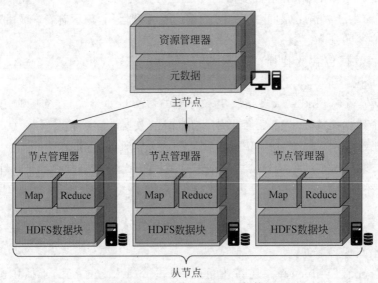

图 8-3　Apache Hadoop 架构

Apache Spark[246]是一种分布式数据处理的统一模型。Apache Spark 使用弹性分布式数据集(Resilient Distributed Dataset,RDD)的数据共享概念扩展了 MapReduce 模型。使用 RDD,Apache Spark 可以捕获和处理更多类型的工作负载,例如 SQL、流数据、机器学习和图形处理等。

Apache Storm 则是一个开源的实时计算系统。Apache Storm 可以方便地实时处理数据流。此外,它能够在每个节点上每秒处理上百万个元组。Apache Storm 还提供了在处理过程中合并数据库的功能[247]。

8.4.2　大数据安全问题

在大数据时代,数据的产生、流通和应用日益普遍和密集,信息系统的安全边界更加模糊,并可能引入新的、未知的安全漏洞和隐患,分布式节点之间和大数据相关组件之间的通信信息容易被截取和分析,分布式数据资源池的应用造成了用户数据隔离的困难。另外,数据的广泛、多源收集给大数据自身安全及个人信息保护带来了新的挑战,大数据来源和真实性验证存在困难,个人信息过度收集、未履行告知义务等现象侵害了个人合法权益[248]。

与传统数据安全问题相似,物联网中大数据应用的安全问题[249]也可以从完整性与隐私性两方面进行考虑。

1. 大数据完整性安全问题

在物联网中,由于设备磨损、传感器故障、数据源难以信任和缺乏可靠性等多种原因,需要在数据源级别引入对捕获数据的完整性考虑。另外,在一些依赖移动群智感知(Mobile Crowd Sensing,MCS)的物联网应用中,用户可能会提供虚假信息。这类数据完整性问题会影响大数据的质量,从而影响基于此类不真实大数据的统计分析与决策制定过程。

2. 大数据隐私性安全问题

在物联网场景中,物联网客户端节点的安全性较低,数据传输可能通过多个中间点,数据传输利用的网络通信协议异构,利用边缘计算/雾计算节点进行数据外包处理加大了攻击面。因此,大数据的隐私保护安全问题将变得更加复杂。

8.4.3 大数据安全防护方法

针对以上安全问题,物联网中的大数据应用在采集、存储、传输、交换、使用等诸多环节需要进行安全防护,通过制定数据安全管理制度和安全标准,加强对大数据处理及应用环节的信息保护,在对数据利用脱敏、失真、匿名化限制发布等技术处理后,可让处理后的数据满足安全交易、开放共享的要求,可让更多的大数据得到更充分的利用,也可确保大数据符合行业/监管数据隐私法令和法规的要求[248]。

从大数据完整性安全问题的角度考虑,为解决对数据及其来源缺乏信任的问题,可以从数据来源(provenance)与使用追踪、可信数据传递等方面进行安全防护;而从大数据隐私性安全问题的角度考虑,可以从数据加密、隐私保护、安全访问控制等方面进行安全防护。

1. 数据来源与使用追踪

为了追踪物联网应用中大数据的来源与使用,可以使用本体(ontology)模型对数据的所属权、传输过程、使用策略等信息进行语义级别的表示与描述。Kolozali 等人提出了一种流数据注释框架,它使用 Prov-O 本体跟踪数据流的来源以及数据处理和使用的信息[250]。使用 Prov-O 本体可以提供关于流数据可信度的可靠性度量。Cao 等人提出了一种在智慧城市中基于本体的可信数据使用方法[251]。他们提出的本体模型能够实现数据所有权的语义表示和可信策略,以实现智慧城市利益相关者之间数据使用的透明性,同时还可以使用区块链等技术确保数据的不可篡改性。Zheng 等人提出了基于区块链模型防止建筑数据篡改,并确保数据模型符合时间戳的数据审计与跟踪方法[252]。

2. 可信数据传递

通过对大数据源的可信分析与保证,可以确保所用大数据的真实性。为防御 MCS

场景中的内部威胁和共谋攻击,Hu 等人提出了一种对用户属性及亲密度的评估方案[253]。它应用用户之间的关系属性选择可信赖的参与者,以确保可信数据传输。Yan 等人为虚拟化物联网网络提出了一个安全信任框架[254]。该框架将硬件级信任和软件级信任解耦,由使用根信任模块的 NFV 可信平台基础措施确保硬件级信任,由云服务提供的信任功能确保软件级信任。

3. 数据加密

为满足数据机密性的要求,云端数据需要以密文的形式进行存储。除了使用常见的加密算法(如 AES[255]、Castagnos-Laguillaumie 加密系统[256] 等)对大数据进行加密存储外,还可以使用可搜索加密技术(Searchable Encryption,SE)[257,258],令合法用户具备基于关键词对密文进行检索的能力。针对存储在服务器上的数据的添加更新和删除等需求,出现了基于可搜索加密实现的延伸加密技术——可搜索动态加密,服务器上保存的数据可以在安全的前提下动态地进行添加、更新和删除等操作。

4. 隐私保护

常见的隐私保护方法通过对大数据中的用户身份、路由信息、位置等敏感信息进行匿名化处理[259,260],保护用户数据的隐私安全。主流的隐私保护方法的代表是差分隐私技术。差分隐私是 Dwork 在 2006 年针对统计数据库的隐私泄露问题提出的一种新的隐私定义[261]。根据该定义,对数据集的计算处理结果对于某个具体记录的变化不敏感,单个记录是否在数据集中对计算结果的影响微乎其微。因此,攻击者无法通过观察计算结果获取准确的个体信息差分隐私,从而解决了传统隐私保护模型中的缺陷。另外,对大数据的差分隐私处理需要确保数据的可用性。例如,经差分隐私处理的大数据即使被用于机器学习的训练过程,依旧能得到良好的分析结果[262]。

5. 安全访问控制

访问控制是保护系统数据安全的重要手段。在物联网大数据应用中,如何有效地解决复杂用户多数据资源域的访问是大数据隐私安全防护技术的重要研究方向。常见的安全访问控制机制包括基于用户角色和用户属性认证的访问控制。基于角色的访问控制模型在传统访问控制模型的基础上,一定程度地解决了其系统管理员工作密集、系统访问控制策略静态、严格等问题[263,264]。而基于属性加密的访问控制模型利用密文机制实现客体访问控制,将属性集合作为公钥进行数据加密,要求只有满足该属性集合的用户才能解密数据[265,266]。

8.5 业务安全

在物联网安全中,业务安全的核心是保障物联网提供的服务被安全、合法地使用。根据物联网业务涉及的领域,业务安全主要分为人工智能安全、Web 安全和 API 安全 3 部分。

8.5.1 人工智能安全

物联网将设备收集的数据处理为信息后,为用户提供服务。但是物联网设备时刻产生大量的数据,要实时分析、处理这些数据,就需要使用人工智能技术。但是由于人工智能技术自身难以解释等原因,其应用会降低物联网业务的可靠性,带来安全威胁。同时,人工智能技术作为一种工具,被越来越多的攻击者和开发者应用到物联网攻防中。

1. 人工智能在物联网系统中的安全应用

人工智能在物联网系统中的一个安全应用就是在设备/身份认证中成为核心技术。为防止物联网设备之间传播的数据被截获(interception)、中断(interruption)、篡改(modification)或伪造(fabrication),需要采用认证机制。基于生物特征进行身份认证在物联网中获得广泛关注。目前指纹识别、人脸识别等生物识别技术已广泛应用于智能手机、无人售货机、考勤机、智能门锁等物联网设备中[267]。其中,指纹识别用到了计算机视觉技术,有多种机器学习算法可以用于人脸识别任务,如支持向量机(Support Vector Machine,SVM)、主成分分析(Principal Component Analysis,PCA)、神经网络、隐马尔可夫模型(Hidden Markov Model,HMM)等[268]。此外,还有许多基于声纹[269]、虹膜[270]、掌形[271]、签名[272]、呼吸声[273]等生物特征的认证方式也采用了与人工智能相关的算法与技术。

除了静态的生物特征,动态的用户行为特征也可以被建模后用来进行身份认证。现在智能手机和智能手环等可穿戴设备内置了加速度传感器,可以在用户移动时收集加速度等物理数据。基于这些数据可以对用户的步态特征进行建模,用于用户身份认证[274]。此外,不同用户使用物联网设备的习惯各不相同,而物联网丰富的设备数量可以为用户特征建模提供多种属性,进而用于身份认证[275]。例如,用户 Alice 喜欢睡觉时开夜灯,而用户 Bob 喜欢关了灯睡觉;用户 Alice 开车等红灯时习惯挂 P 挡,而用户 Bob 习惯挂 N 挡。在动态行为特征认证中,多用到深度学习、决策树等人工智能算法进行身份识别。

此外,人工智能相关技术还被广泛应用于物联网系统入侵检测、恶意检测等安全防护措施中。在物联网中,入侵检测呈现出从单一模型到组合模型、从注重方法精度到兼顾效率和有效性、从集中检测到分散检测三大趋势[276]。传统的入侵检测系统单一采用误用检测或异常检测。已经有研究将两种入侵检测方案串联起来,达到了更好的入侵检测效果[277]。由于物联网设备计算资源有限,基于物联网的入侵检测算法需要轻量化设计[278]。而物联网中一般没有集中处理设备,所以多采用分布式入侵检测[279]。与此同时,各类机器学习、深度学习算法成为入侵检测机制的有力支撑。

在物联网终端设备上和云端安装了许多软件与物联网设备进行交互。攻击者可能编写恶意软件操控物联网设备或者窃取用户隐私信息。恶意软件检测能保护物联网设备免受隐私泄露、电力消耗和网络性能下降的影响,防范病毒、蠕虫和木马等恶意软件[280]。

物联网终端设备与相应的移动终端应用软件可能包含恶意代码或者有开发漏洞,极易被攻击者利用,进而获得物联网设备的控制权或者窃取用户隐私数据。基于软件的运行日志、抽象语法树(Abstract Syntax Tree,AST)、通信报文等数据,可以使用自动编码器(Auto-Encoder,AE)[281]或卷积神经网络(Convolutional Neural Network,CNN)[282]等机器学习算法训练恶意软件检测模型。在三星的物联网云端平台 SmartThings 上,用户可以根据需求安装各式各样的 SmartApp 用于控制物联网设备。而研究表明,物联网终端设备面临的恶意软件攻击也会迁移到物联网云端平台上[283]。可以采用与终端类似的静态分析与运行时分析的方式进行恶意软件检测[284]。也有研究基于贝叶斯网络算法对运行时事件进行审计,以检测云端操作的安全性[285]。

2. 应用人工智能引入的安全威胁

人工智能除了在上面所述的安全增强方面的应用以外,在物联网其他场景中也有很多应用,如图 8-4 所示。例如,图像识别技术应用于智能驾驶,可实现交通标志识别功能[286]。但值得注意的是,人工智能算法自身的脆弱性会给物联网带来许多安全威胁。

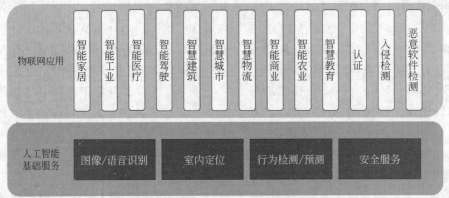

图 8-4　人工智能在物联网中的应用场景

对抗攻击最早由 Szegedy 等[287]于 2014 年提出。他们发现,只需对人工智能模型输入的测试数据加入微小的扰动(称为对抗扰动),就有可能改变模型预测的分类结果,如图 8-5所示。改变了模型分类结果的数据被称为对抗样本。

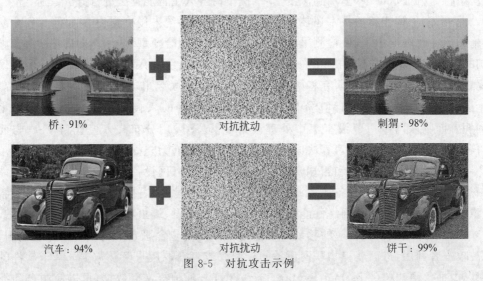

图 8-5　对抗攻击示例

根据扰动位置的不同,对抗攻击可以分为投毒攻击(poisoning attack)和逃脱攻击(evasion attack)[288],如图 8-6 所示。在投毒攻击中,攻击者将对抗样本放置于训练数据集中,通过影响训练的模型,干扰其在未被污染的测试数据集上的表现;在逃脱攻击中,攻击者将对抗样本放置于测试数据集中,而模型的训练数据集未被污染,训练好的模型在测试数据集上的表现将受到影响。

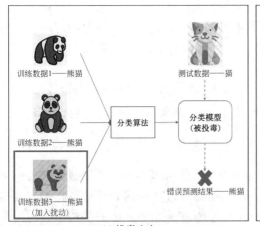
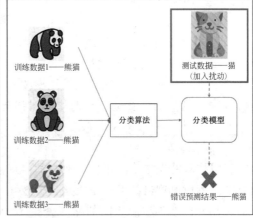

图 8-6　对抗攻击分类

目前已有多种投毒攻击方式,例如针对联邦学习[289,290]或一些经典机器学习算法[291,292]都出现了投毒攻击案例。当然,也有许多方法可以防御投毒攻击,例如对训练数据进行数字签名保护[293],或基于训练数据上下文判断数据是否可信[294]。

在对于逃脱攻击的研究中,目前已经发现有对入侵检测系统的逃脱攻击[295]和对恶意软件检测系统的逃脱攻击[296]。除了直接对物联网系统进行攻击以外,对人工智能提供的基础服务的攻击也会影响上层物联网业务的安全。例如,对图像识别系统[297]或者传感器数据[298]的逃脱攻击将影响无人驾驶汽车的安全驾驶,对语音识别系统的逃脱攻击将帮助攻击者获得对智能家居设备的控制权[299]。可以通过对抗训练对逃脱攻击进行防御,即把对抗样本添加到训练数据集中[300]。

3. 人工智能作为攻击工具

现在人工智能技术也被攻击者利用为威胁物联网安全的攻击手段。根据攻击方式,以人工智能技术作为工具的攻击主要包含自动化漏洞挖掘、侧信道攻击和基于图结构的攻击 3 种。

1) 自动化漏洞挖掘

自动化漏洞挖掘可以分为静态分析(static analysis)、动态分析(dynamic analysis)、符号执行(symbolic execution)和模糊测试(fuzzing)4 类。

* 静态分析[301]不需要运行目标程序,通过对程序进行各种语法、语义、数据流等的分析,进而得到抽象语法树,进行漏洞发掘。静态分析速度快,但是误报率高,且需要对目标程序有一定的先验知识。
* 动态分析[302]需要跟踪程序运行过程,对其运行行为进行分析。它的准确率很高,但是对开发人员要求高,而且这种方法很难进行大规模的程序漏洞挖掘。
* 符号执行[303]构造多种符号化的输入,试图找到不同输入对应的不同运行状态,进而覆盖程序所有的执行路径,以方便进行漏洞挖掘。但是,当目标程序比较复杂,

有很多执行路径时,这种方法效率较低。

- 模糊测试[304,305]通过构造大量输入数据寻找哪些数据能使程序或者系统崩溃。但是利用随机生成数据的方法进行模糊测试效率低下,因此攻击者往往借助人工智能技术对目标程序进行自动化分析,再有针对性地构造数据。符号执行与模糊测试的优势在于不需要攻击者对目标程序有较多的先验知识,因此可以对黑盒程序或者系统进行漏洞挖掘。

借助上述基于人工智能的漏洞挖掘技术,攻击者可以对物联网发动有效的攻击,例如对智慧城市的基础设施进行自动化漏洞扫描,生成可能危及这些系统的对抗策略(攻击树)[306]。

2) 侧信道攻击

利用物联网设备不经意间释放出的信息信号进行隐私信息破译的攻击模式称为侧信道攻击。侧信道攻击的目的主要是为了破译密钥,例如通过物联网硬件设备在加密通信时的功耗分析[307]或者 CPU 的噪声分析[308],就有可能破译加密算法的密钥。但有时候攻击者无须掌握密钥就可以实现攻击目标,因此侧信道攻击的目标变得多样化。例如,通过麦克风监听打印机的声音就能判断出打印文本的内容[309]。

3) 基于图结构的攻击

如果将物联网设备抽象成节点,将设备之间的通信或者关联关系抽象成边,那么物联网就可以被抽象成图。基于这样的图结构,攻击者可以实施节点的拒绝服务攻击、女巫攻击、去匿名化等。

简单的拒绝服务攻击很容易被防火墙等安全设备识别出来,因此攻击者采用深度学习算法,如生成对抗网络,模仿正常访问流量,绕过防火墙或者入侵检测系统的识别[310]。攻击者还可以利用物联网设备数量众多且易于入侵的优势,控制一批物联网设备构成僵尸网络(botnet),进而发动分布式拒绝服务攻击。例如,2016 年对 DNS 提供商 Dyn DNS(现 Oracle DYN)的分布式拒绝服务攻击包括来自数千万个 IP 地址的 DNS 查询,这是通过 Mirai 病毒感染超过 10 万台物联网设备实现的[311]。与此同时,人工智能技术也可以用于僵尸网络的识别,例如采用卷积神经网络识别物联网设备构成的僵尸网络[312]。

在女巫攻击中,攻击者可以利用人工智能技术伪造一些物联网设备,进而控制物联网的部分设备,降低网络的有效性[313]。

通常情况下,物联网设备的属主是不会对外公开的。但是攻击者可以通过去匿名化技术将用户的一些生物特征(如面部信息、声音信息)与物联网设备联系起来,作为在线追踪用户的桥梁[314]。

8.5.2 Web 安全

物联网是基于互联网发展起来的,因此不可避免地会继承传统互联网面临的 Web 安全问题,同时,物联网独有的协议也带来了新的 Web 安全问题。不过,随着软件定义网络和区块链等新技术融入物联网,为提升物联网的安全性和隐私保护性带来了更多的可能。本节首先分别介绍物联网面临的传统 Web 安全问题和新的 Web 安全问题,然后介绍新技术在物联网 Web 安全中的应用。

1. 物联网继承的传统 Web 安全问题

在物联网中,有如下几个传统 Web 安全问题仍产生较大的安全威胁。

1) XSS 攻击

在传统 Web 安全中,跨站脚本(Cross Site Scripting,XSS)攻击是指攻击者利用网页的漏洞,使正常用户访问此网页时触发恶意代码执行。而根据攻击方式的不同,XSS 攻击又分为注入型、反射型和 DOM 型 3 类。注入型 XSS 攻击是指攻击者将恶意代码提前注入网页的服务器中,受害者访问特定的网页时会触发恶意代码执行;反射型 XSS 攻击是攻击者把恶意代码附于 URL 中,诱骗受害者访问此 URL,进而触发恶意代码执行;而 DOM 型 XSS 攻击是攻击者对网页的 DOM(Document Object Model,文档对象模型)树进行未经授权的修改以实现攻击目的。

在物联网中,由于设备之间以及用户与设备之间会有频繁的通信,因此攻击者极易发动 XSS 攻击,而且 XSS 攻击的后果极为严重。成功执行 XSS 攻击后,攻击者可以获得对物联网设备的访问权限,进而可以推送恶意软件更新以改变物联网设备的功能,或构建僵尸网络以发起分布式拒绝服务攻击。

对于 XSS 攻击的防范可以利用机器学习算法,基于网络流量设计分类器模型以识别 XSS 攻击流量[315]。

2) CSRF 攻击

在跨站请求伪造(Cross-Site Request Forgery,CSRF)攻击中,攻击者诱骗用户单击带有恶意请求的 URL,如果用户浏览器以前被网站验证过,那么网站就会运行此恶意请求。例如,攻击者针对银行网站构造一个发起给自己账户汇款请求的 URL,然后发给受害者 Alice,Alice 单击此 URL 后,浏览器就会自动向银行服务器发起汇款请求。如果在此之前浏览器已被验证过,那么银行服务器就会执行此汇款请求,从 Alice 账户转账到攻击者账户中,如图 8-7 所示。

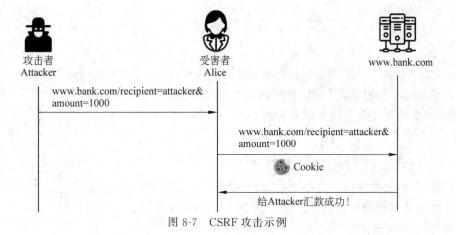

图 8-7　CSRF 攻击示例

根据惠普公司在 2017 年的统计,60% 的云连接物联网设备有 CSRF 漏洞,这些漏洞可能会导致物联网数据面临泄露、篡改、破坏等风险[316]。

3）SQL 注入攻击

SQL 注入攻击是一种针对数据库的攻击方式。当攻击者在执行 SQL 查询时输入不安全字段，而系统又未对输入数据进行过滤时，就会发生 SQL 注入攻击。由于物联网也会应用数据库进行数据存储、读取等，所以这种类型的威胁也存在于物联网中。SQL 注入可能导致物联网数据被泄露、篡改，进而攻击者可以将自己对物联网设备的权限升级，以获得系统的更多访问权限。为了避免 SQL 注入攻击，应用程序需要在调用数据库 API 之前验证输入数据[317]。

4）弱口令攻击

由于物联网设备大多部署于家庭、办公室等看似封闭且安全的场景，用户可能会使用弱口令甚至默认口令管理设备。同时，由于物联网设备数量众多，为了方便管理，管理员会采用统一的口令管理所有设备。这些都会带来极大的安全隐患。

根据 Kumar 等人[318]在 2019 年的调查，在支持 FTP 的物联网设备中有 17.4% 的设备采用弱口令，在支持 Telnet 协议的设备中弱口令占比为 2.1%，30% 的 TP-Link 路由器在管理网页认证时采用弱口令。此外，7.1% 的物联网设备和 14.6% 的路由器支持 FTP 和 Telnet 协议远程登录。由于这两个协议采用明文形式传输信息，攻击者很容易通过窃听抓包的方式获取登录口令。

2. 物联网面临的新 Web 安全问题

目前物联网有七大通信协议，但主流的物联网平台，例如三星公司的 ARTIK、Amazon 公司的 AWS IoT、微软公司的 Azure IoT、谷歌公司的 Google Cloud IoT，都采用了 MQTT 协议作为应用层的通信协议[319]。MQTT 协议[320]是一种由 IBM 公司设计的即时消息传递协议，已成为 OASIS（Organization for the Advancement of Structured Information Standards，结构化信息标准促进组织）标准。MQTT 协议采用发布/订阅模式，所有的物联网终端都通过 TCP 连接到云端的代理，由其管理各个设备关注的通信内容，负责转发设备之间的消息。

设计 MQTT 协议时，考虑到物联网设备运算能力的有限性，没有采用认证、授权、机密性和完整性保护等安全机制[321]。因此，在部署 MQTT 协议时，云端应当配置相应的安全策略，保证 MQTT 协议中消息、会话、身份与主题 4 个实体的安全性。然而在实际应用中，很少有云平台能够完全合理地配置安全策略，尤其是当系统部署到现实场景中需要考虑很多情况的时候，例如比较复杂的授权和撤销过程。这时，由于平台不合理的配置，物联网系统可能具有消息授权漏洞、会话管理漏洞、身份管理漏洞和主题订阅漏洞等高危漏洞[322]。

3. 保护物联网 Web 安全的新技术

近来，一些新技术已经应用于物联网以保护物联网安全和用户的隐私。接下来分别介绍软件定义网络和区块链技术在保护物联网 Web 安全方面的应用。

1）软件定义网络

软件定义网络（SDN）是一种新型的网络架构，其核心是将网络转发功能与网络控制功能分开。用于物联网的 SDN 架构如图 8-8 所示，分为转发层、控制层和应用层。在

SDN 中,路由器、交换机、网关和一般的物联网设备作为转发层,不负责路由转发表的计算,它们从控制层接收这些规则,而控制层统一管理网络中的所有决策[323]。

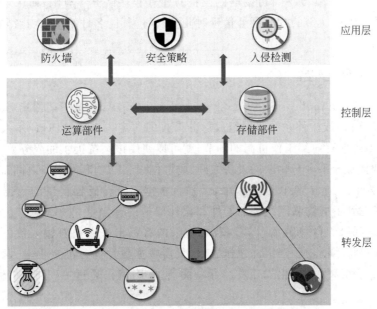

图 8-8　用于物联网的 SDN 架构

由于将转发表等相关运算上移至控制层,转发层的物联网设备的运算负载有所缓解。同时得益于控制层对转发层数据的集成,应用层可以根据这些数据实现网络状态检测、负载均衡、入侵检测、主动防御等安全服务。

但是,上述安全服务依赖于控制层的集中式架构,这使得控制层的安全性成为整个 SDN 安全的短板。一旦控制层遭受攻击,很有可能使安全服务失效,甚至导致整个 SDN 瘫痪。此外,由于物联网设备数量较多,而控制层资源往往有限,使得用于物联网的 SDN 可拓展性较差,对车联网等要求低时延、高连接的应用场景难以适用。

2) 区块链

区块链(block chain)是比特币等加密货币工具背后的技术,旨在以分布式方式实现实体之间的交易,这种交易不涉及任何中央可信服务器,不要求实体之间相互信任,并且一旦交易被验证就不可更改或拒绝[323]。同时这一交易具有匿名性,即他人无法知道某一用户在区块链上的资产和交易记录。并且为了加快交易速度,区块链上存储了一系列自动执行的规则,称为智能合约(smart contract)。

区块链除了应用于加密货币领域以外,近年来,许多研究人员还尝试使用这一技术设计物联网中的安全方案。在物联网中,感知层的传感器产生位置、温度等信息,这些信息需要在不同设备之间共享,经过大数据分析后为用户提供个性化服务。区块链可以利用其账本不可篡改的特征,保证所有参与的设备以更一致和更安全的方式访问相同的数据,防止虚假物联网节点的干扰。除了数据流管理之外,基于智能合约自动执行的特点,区块链可以帮助物联网系统以分布式方式确保物联网设备通信规则的顺利运行。得益于区块链去中心化的特点,应用区块链技术的物联网具有较好的扩展性。目前,基于区块链的物联网已得到了一定的应用,例如 IBM 公司基于区块链技术设计的物联网 ADEPT 已被工业界采用[323]。但是,由于大部分物联网设备的计算和存储资源有限,而区块链运算复杂度较高,导致应用区块链的物联网通信延时高。同时,其匿名性给了攻击者隐藏自己身份的可乘之机。

8.5.3　API 安全

应用程序接口(Application Programming Interface,API)是一些预先定义的接口(如函数、HTTP 接口)或软件系统不同组成部分衔接的约定。借助 API,开发人员无须访问某个系统源码或理解内部工作机制的细节,就可以使用该系统提供的服务。

在物联网中,云平台与物联网设备之间、物联网设备与物联网设备之间有功能依赖关系或互操作关系。例如,在智能家居中,云平台根据温度传感器提供的数据调节空调温度。但是,考虑到不同物联网组件的硬件和软件架构的差异性,要实现交互难度较大,因此需要每个物联网组件使用 API 声明各自提供的服务形式以及对输入数据的要求。进而,开发者可以将不同物联网组件视作黑盒,只需根据黑盒的标准提供输入数据,就可以获得其提供的服务,大大简化了开发。可以说,物联网就是通过 API 把各个实体联系起来的。

对 API 的广泛使用意味着与 API 相关的攻击有巨大的安全威胁。在 OWASP 统计的 10 个最重要的 Web 应用安全风险中,有 9 个包含 API 组件[324]。对 API 的攻击主要有以下两种情景:

- 攻击者伪造 API 调用请求,试图破坏其他物联网设备的功能或窃取隐私信息等。
- 对某个 API 进行 DoS 攻击,影响物联网的正常服务。

而 API 安全防护就是保护 API(包括拥有和使用中的 API)的完整性。大多数 API 实现属于表述性状态传递(REST)或简单对象访问协议(Simple Object Access Protocol,SOAP)。

REST API 使用 HTTP 并且支持基于传输层安全性协议(Transport Layer Security,TLS)加密的 HTTPS。TLS 可以保证物联网两个实体间发送的数据的机密性和完整性,同时能对通信双方进行身份认证。这意味着攻击者很难构造虚假的 API 调用请求。但 TLS 只能保证点到点的安全,在多点传输的场景下无能为力。

SOAP API 使用称为 Web 服务安全性(Web service security)的内置协议。这类协议会定义一套保密和身份认证的规则集。SOAP API 支持两大国际标准机构——OASIS 和万维网联盟(W3C)制定的标准,它们结合使用 XML 加密、XML 签名和 SAML 令牌验证身份和授权。通常而言,SOAP API 具有更加全面的安全措施,但效率比 REST API 低。

此外,还可以采用机器学习算法,根据 API 调用记录训练分类器识别恶意 API 调用,但是这一方法可能面临对抗攻击的干扰,使分类器误分类[325]。

8.6　本章小结

　　物联网感知层与网络层主要是面向底层的数据收集与流转而构建的,物联网应用层面是向各种实际业务逻辑而设计的。物联网应用层依靠数据库、云、大数据、人工智能、Web 等多种技术的支撑,向用户提供丰富的数据存储、挖掘、分析、可视化等各类应用服务。相较而言,应用层的具体功能与实现更为灵活,同时主要承担了与当前物联网环境外部的各类实体(如用户、托管服务等)的交互任务。因此,相较于感知层与网络层,应用层的安全风险更加多样化。此外,作为物联网三层架构的顶层,物联网应用层持有所有业务需要的设备数据与工作逻辑,因此,该层一旦受到安全威胁或攻击,就会直接影响整个物联网系统的正常工作。最后,提升应用层的安全性需要围绕其具体使用的技术展开。

习题

　　1. 应用层安全问题可分为_____、_____、_____和_____4 类。

　　2. 通过(　　)可以验证访问数据库的用户的身份。

　　　　A. 加密　　　　　　　B. 认证　　　　　　　C. 授权　　　　　　　D. 审计

　　3. 描述边缘计算在物联网中的一个应用场景,并分析其可能面临的安全问题。

　　4. 物联网中的大数据完整性保护可以从_____和_____两方面进行;隐私性保护可以从_____、_____和_____三方面进行。

　　5. 物联网业务安全的核心是保护(　　)。

　　　　A. 机密性　　　　　　B. 完整性　　　　　　C. 可用性　　　　　　D. 安全、合法使用

　　6. 简单介绍人工智能技术在物联网应用层安全中的应用领域,并分析人工智能技术可能给物联网带来的安全威胁。

第9章

物联网隐私安全

在对物联网各层次安全性的分析中,隐私安全始终占有非常重要的地位。本章首先对隐私的定义以及物联网场景下隐私的含义进行详细解读;在此基础上,通过讲解物联网中的数据隐私模型,分析数据流生命周期的各个环节存在的隐私泄露隐患,主要包括身份识别隐私威胁、位置与跟踪隐私威胁以及数据关联隐私威胁等;进一步,对现有的数据隐私保护方案进行讨论,主要包括数据假名化、数据匿名化、差分隐私等,并针对其在物联网场景下的应用挑战与可行性进行分析;最后,结合之前提出的隐私威胁场景,细粒度讨论隐私保护方案的具体方法与应用实例,包括身份隐私保护、位置隐私保护与数据关联隐私保护 3 方面。

9.1 物联网中的隐私安全

物联网通过广泛部署的智能节点为用户提供生活与工作任务的高度自动化控制,这些智能节点包括微控制器、传感器以及执行器等,它们通过传输和交换数据实现更智能的交互,为用户决策提供支撑。然而,物联网节点嵌入用户设备和工业机械中,能够收集和交换有关大量与用户隐私以及周围环境相关的数据,如智能手环记录的用户运动信息、温度计记录的温度数据等,为用户个人隐私带来安全隐患。此外,智能节点可以直接从近距离或通过 Internet 远程控制,它们在收集、存储、处理、传输数据时,也有可能将隐私数据信息不同程度地暴露在公开信道中,加大了隐私泄露的风险。

当前,物联网中用户隐私威胁日益加剧,相关保护措施与技术的发展速度远不及新兴设备引入市场的速度。鉴于物联网设备的高普及率及其对日常生活的影响,充分了解此类设备对用户隐私构成的风险和挑战十分有必要。另外,传统互联网中的隐私保护机制是否能够同样为物联网用户提供隐私保护和安全环境,也是一个值得讨论的议题。

本节首先讲解物联网环境中隐私的定义,再进一步围绕物联网的数据隐私模型,讨论其中存在的威胁与挑战。

9.1.1 物联网中隐私的定义

个人数据定义为"与已识别或可识别的自然人相关的任何信息"[326]。在物联网场景中,个人数据由物联网系统生成、分析和共享。这些数据不但可能直接揭示用户的生活状态信息,还能进一步用于推断附加信息,例如可穿戴医疗设备可以揭示用户特定时间段的身体数据[327],而家中的智能电表可能会揭示用户的日常作息习惯[328]等。

隐私意味着个人数据受到保护:一方面,不得在未经用户明确同意的任何情况下公开个人数据;另一方面,数据拥有者具备决定与谁实现数据共享的完全权利。齐格尔多夫等人进一步将物联网场景下的隐私定义为以下三重保障[329]:

- 知悉与个人数据相关的智能节点以及服务存在的隐私风险。
- 能够独立控制周边智能节点收集和处理个人数据的过程。
- 能够知悉且控制个人数据的后续使用及其传播到用户主体个人控制范围之外的任何实体的过程。

物联网隐私问题,即个人数据经由物联网节点生成、分析和共享的过程中所面临的泄露威胁,也就是数据拥有者在控制谁有权、在什么情况、出于何种目的访问其个人数据时所面临的挑战。以一个物联网数据隐私泄露场景为例:David 在锻炼时查看自己的智能手环,发现心率偏高,于是他与安装在房间里的智能音箱对话,让其提供附近心脏病专家的名单,并挑选名单中的一位医生前去看病。然而,David 第二天在使用浏览器时发现被推送了很多与心脏药物、心脏监测设备相关的广告,后来甚至接到保险公司要求体检的电话。在此场景下,David 本应该是唯一一个决定是否与保险公司分享他患有心脏病这一信息的主体,由于在个人数据生成、分析以及共享的过程中发生了信息泄露,让保险公司获悉了他的隐私信息。

9.1.2 物联网数据隐私模型

由 9.1.1 节可知,物联网中的隐私安全与数据紧密关联,因为其各个节点都通过获得数据支持来实现业务功能。本节介绍物联网数据隐私模型,即依据物联网中关键节点的交互逻辑定义信息流生命周期的各个阶段,为后续讨论隐私威胁打下基础。

物联网数据隐私模型如图 9-1 所示。物联网中的信息流生命周期分为以下 5 个阶段:在信息交互(interaction)阶段,用户或者其他实体主动或被动地与其环境中的智能节点交互,从而触发后续的智能服务;在信息收集(collection)阶段,由智能设备收集感知层的感知数据,并在中间网关等基础设施的支持下,通过可用的网络将其传输到相应的后端;在信息处理(processing)阶段,后端分析信息以提供触发的服务;在信息传播

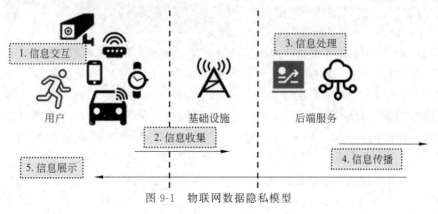

图 9-1　物联网数据隐私模型

(dissemination)阶段,数据流向用户或者第三方服务;最后则是信息展示(presentation)阶段,由周围的智能节点根据后端的指令向用户提供服务。

由于物联网不断发展的技术以及物联网的互联和交互特征,不同类型的隐私威胁本不能就信息流生命周期的各个阶段单独讨论,隐私威胁的场景也非常复杂。然而,为便于理解,本书仅讨论各类物联网隐私问题最典型的产生原因与场景。

9.1.3 物联网隐私威胁的分类

1. 身份识别隐私威胁

物联网中的身份识别(identification)威胁即攻击者将(持续性的)标识符与某个具体的用户相互关联的安全威胁。这些用于关联的标识符可以是姓名、地址、设备的唯一指纹或其他任何类型的标识。该威胁的危害性体现在能够将用户身份与某个侵犯隐私的上下文关联,并能够与其他隐私威胁技术相结合以实施影响更大的隐私危害手段,例如分析和跟踪特定用户或通过不同数据源之间的组合得到用户隐私属性画像等。

身份识别的威胁大多发生在数据隐私模型中后端服务的信息处理阶段,该阶段集中了大量用户主体无法控制的信息。此外,在信息交互和信息收集阶段也开始涉及身份识别的威胁。在物联网应用场景下,与身份识别隐私威胁相关的攻击手段包括利用媒体数据关联与利用设备指纹关联两种。

1) 利用媒体数据关联

利用媒体数据进行用户身份识别的技术被广泛应用于物联网平台,例如,在物联网监控系统中使用嵌入式摄像头和麦克风实现面部识别和语音识别等。然而,一方面,潜在的非授权攻击者可能访问媒体数据;另一方面,合法的物联网授权节点也可能利用媒体数据实施用户身份识别,例如,部署在公共环境中的监控摄像头(用于视频分析和客户分析[330,331])利用公共面部数据库(如 MIT-CBCL 人脸识别数据库[332])跟踪用户。

2) 利用设备指纹关联

对于物联网中某一个特定的节点实体(即设备),选择并提取其相关特征,生成能够唯一标识该节点实体的指纹信息,进一步关联具体的用户。这些用于生成节点实体指纹的特征往往是攻击者基于侧信道技术获取的。这种身份识别方式往往出现在信息收集阶段。

利用设备指纹关联用户身份的攻击手段主要有以下两种。

(1) RFID 系统标签识别。

射频识别(RFID)技术在物联网场景中常被用于识别事物、记录元数据以及通过无线电波控制不同目标[333]。RFID 系统的基本架构包含 RFID 标签和阅读器[334]。RFID 标签与用于与识别对象相关联,阅读器使用近距离通信技术读取这些标签。每个 RFID 标签的电路在制造过程中都会引入与其他 RFID 标签不同的细微差异,攻击者可以利用该差异识别与跟踪特定的 RFID 标签,并进一步关联到具体用户。有研究表明,若 RFID 标签用于通信的无线电频率不同,相同品牌和类型的 RFID 标签的行为也会有所不同[335-336]。由于这些差异具备稳定性,攻击者可以利用它们对 RFID 标签进行指纹识别,从而追踪 RFID 标签。然而,该攻击所需的设备比较昂贵,且很难在不被注意的条件下实施,因此该攻击的适用性较低。

(2) 基于无线网络技术的指纹攻击。

攻击者可以从设备通信产生的无线通信流量中获悉识别设备的关键特征,即设备指纹。例如,通过设备 MAC 地址的前三字节知悉制造商,利用 DNS 查询(DNS query)或流量速率分辨设备类型。此外,除了广泛使用的 HTTPS 互联网协议以外,越来越多的低功耗无线通信协议在物联网场景中普及,例如 ZigBee[337]、Z-Wave[338]、蓝牙[339] 等。攻击者通过嗅探通信流量统计时间序列等特征,将其与特定设备关联,进一步将其关联到特定用户。

2. 数据关联隐私威胁

数据关联(linkage)主要发生在信息传播阶段。它是指通过组合来自不同分布式物联网节点的数据或组合物联网数据与其他外部公开数据的方式,推测、分析出原先并没有向其中任意独立数据源披露的信息。

数据关联本身是为物联网系统服务功能提供支持的技术。例如,将智能家居系统收集的传感器数据和用户健康数据结合,可以控制室内的温度;结合智能会议室每把椅子上的传感器数据,可以推测会议的参与者总数。由此,数据关联技术是物联网服务发展中不可或缺的技术,但由它带来的隐私威胁也会随着它的发展而愈演愈烈,攻击者可以利用数据间的关联性生成用户画像,推断敏感信息,带来意想不到的威胁。例如,Franz[340] 利用数据关联攻击,将获取的传感器数据与公开可用的本地天气信息相结合,可以确定传感器的具体位置。由于每个地区的天气变化轨迹都是独一无二的——取决于季节以及环境,在使用机器学习模型建立传感器数据(例如空气质量或者活动等)和当地天气之间的映射关系后,就能够基于获取的传感器数据预测天气数据,并由此推测出传感器的具体位置。此外,关联从可穿戴的物联网设备收集的多层次原始量化数据,实施面向用户行为分析的数据挖掘,是近年来的主要研究方向[341-342]。

另一种常见的数据关联攻击是重识别(re-identification),主要针对一些采用匿名化保护机制的数据。物联网异构、分布式的设备收集海量数据,且这些数据会流经数字化在线存储云服务器等。尽管这些数据在大多数情况下并不会公开,但是被授权访问的第三方服务(例如提供大数据分析服务的公司)以及一些攻击者会出于恶意商业目的窃取数据。保护隐私的一种常见方法是数据匿名化处理,但攻击者可通过重识别攻击链接、组合来自多个集合的数据重新识别来自外包、已发布或开放的匿名记录,而攻击者对不同匿名数据集采取的组合方法往往是难以预见的。

3. 定位与追踪隐私威胁

定位(localization)与追踪(tracking)是通过时间和空间确定和记录一个人的位置的威胁,其中,追踪需要利用某种用户身份识别技术将连续的定位与某个独立的数据实体(即用户)相互关联。通常,该类威胁出现在信息处理阶段,即位置序列在脱离用户控制的后端建立的过程。然而,近年来随着物联网技术的飞速发展,定位与追踪隐私威胁甚至扩展到了信息交互阶段:个人数据可能会被个人领域之外的不受信任的设备感知(例如城市内的智能停车系统感知到用户地理位置等),并且数据主体可能完全不知道这个交互过程。此外,定位与追踪隐私威胁的危害随着定位精确度的提升日益严重,当前已将定位范围扩展到了内部环境(例如智能零售[342-343])。

当前,针对定位与追踪隐私威胁的讨论主要围绕基于位置的服务(Location-Based Service,LBS)中的隐私问题。位置服务是近年来物联网领域新兴的增值业务,它对位置信息进行数据化处理,为用户提供方便生活与工作的便捷服务。其基本架构由 4 部分组成:使用位置服务的移动终端用户、定位服务、通信基础设施传输网络以及位置服务提供商,如图 9-2 所示。位置服务提供商在地理信息系统(Geographic Information System,GIS)平台的支持下,通过部署各种规模的传感设备实时感知目标事物的基本信息和位置信息,分析、挖掘其活动特征和规律,向用户提供方便生活与工作的相关服务。位置服务主要包含以下两个阶段:

(1) 位置获取阶段。移动设备通过 GPS 定位或者第三方网络定位获取当前位置信息。

(2) 服务获取阶段。移动设备将第一阶段获取的位置信息和查询兴趣点发送给位置服务提供商,由其进行信息查询并将查询结果返回给移动设备。

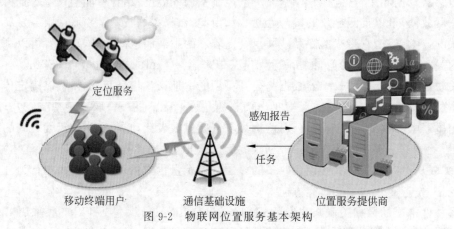

图 9-2　物联网位置服务基本架构

在该服务体系中,隐私泄露威胁存在于以下 3 种情况:

(1) 用户在移动客户端的隐私泄露。例如,用户的移动设备被捕获或劫持造成的用户隐私信息泄露,这种情况主要通过移动设备的安全机制进行保护。

(2) 查询请求和查询结果在通信网络传输的过程中被窃听或遭受中间人攻击,导致机密数据泄露以及数据完整性遭到破坏。这种情况可以通过网络安全通信协议(如IPSec、SSL 等协议)进行保护。

(3) 位置服务提供商端的隐私泄露问题。位置服务器一旦获得了用户的查询内容,就可以对用户的隐私信息进行推测,甚至出于商业利益将其提供给第三方机构,供其分析使用,从而导致严重的用户隐私泄露问题。

前两种情况的隐私泄露威胁并不属于本章的关注重点,本章只针对第三种情况进行讨论。

9.2 隐私保护技术

需要保护的个人数据具备一系列可识别度与敏感度各异的属性,可分为以下 3 类:

(1) 直接标识符。能直接关联到具体用户的数据属性,例如姓名、地址、电话等。

(2) 间接标识符。本身并不能够识别唯一的用户,但可以将其与其他外部数据集进行关联,进一步为用户创建唯一标识的数据属性[344]。

(3) 敏感数据。包含数据集主要效用的数据属性,往往是敏感信息(如用户的薪资、购买记录、医疗记录等)。这些数据往往不公开,并且在披露时可能会对个人造成很大的不利影响。

当前,常见的敏感数据保护方法包括数据假名化、数据匿名化、差分隐私等[345],这些方法可以应用于物联网场景,但必须对适用于中心化数据库的常用模型进行调整,同时需要考虑到物联网中有大量分布式数据源的实际情况。

9.2.1 数据假名化

假名化(pseudonymization)指用假的标识符或假名代替私人标识符,例如用"鲁迅"标识符代替"周树人"标识符。假名化可以保持统计特征的精确性和数据的机密性,当改变后的数据被用于创建、训练、测试和分析时依然能够保持数据的隐私。对数据进行假名化的方法有很多种,主要包括数据标记化、数据屏蔽和加密。

1. 数据标记化

数据标记化(tokenization)方法指使用随机生成的字母/数字值(称为标记)替换原始值,并由标记服务器存储原始值和标记值之间的关系,其具体示例如图 9-3 所示。当用户的应用程序需要原始数据时,标记服务器会在标记数据库中查找标记对应的原始值,从而恢复数据。这种技术始终保留数据的格式,同时保持高安全性,因此主要用于(但不限于)保护支付处理系统中的敏感数据,例如信用卡信息或社会保障账户信息。数据标记化方法的优势在于需要的算力较小。然而,数据标记化方法的可扩展性较差,因为标记数据库的规模会随着数据增多而变大。

图 9-3 数据标记化示例

2. 数据屏蔽

数据屏蔽(data masking)是用于创建在结构上看起来与原始数据相似,但隐藏(屏蔽)了敏感信息的数据版本的技术,其具体示例如图 9-4 所示。与数据标记化机制不同,数据屏蔽并不存在用于恢复原始数据的检索机制。

数据屏蔽常用于软件测试场景。大多数组织都有严格的安全控制措施,可以在存储和业务使用时保护生产数据。然而,组织不可避免地面临在测试时生产数据可能被组织

图 9-4　数据屏蔽示例

外第三方使用等安全风险极高的情况。数据屏蔽则使用相同的数据格式模拟原始数据，同时更改敏感数据的值，能在允许访问数据的前提下保护敏感数据。

3. 加密

加密(encryption)是指使用复杂的算法将原始明文数据编码为不可读的密文，加密后的数据需要解密密钥才能恢复为可读格式，具体示例如图 9-5 所示。为了实现更高的性能，还可以使用加密的映射表解密数据，该方法可以进行格式保留加密(Format Preserving Encryption，FPE)，但其安全性低于数据标记化和数据屏蔽。

图 9-5　加密示例

9.2.2　数据匿名化

数据匿名化(data anonymization)是一种常见的隐私保护方法，能够通过移除、替换、失真、泛化、聚合等技术对数据进行处理，使处理后的信息即使结合额外信息也无法识别特定的个人信息主体。数据匿名化与数据假名化的最大差别在于可恢复性：假名化数据仍允许某种形式的重新识别(如利用假名与实际值的映射关系进行数据替换)；而匿名化数据则不能重新识别。

传统匿名化方法对结构化数据集很有效，具体包括 k-匿名模型、l-多样性模型和 l-紧密度模型等。

1. k-匿名模型

k-匿名(k-anonymity)模型是针对数据发布中的链接攻击而提出的匿名化模型。该模型的主要思想是：要求数据集中每条记录都至少与发布数据集中的其他 $k-1$ 条记录具有相同的间接标识符属性值，达到个体与记录无法一一对应的目的，进而实现个体隐私信息保护。k-匿名模型是最简单的匿名模型，是很多匿名模型的实现基础。其示例如图 9-6 所示。

图 9-6　k-匿名模型示例($k=3$)

实现 k-匿名的常见方法有以下两种：

（1）抑制（suppression）。不发布某数据项。例如，将属性值用星号（＊）代替。

（2）泛化（generalization）。对数据进行抽象的、概括性的描述。例如，把年龄 30 岁泛化成区间[20,40]的形式。

然而，尽管 k-匿名模型是一个定义简洁且具有很多可行算法的手段，可以较好地解决一组数据的匿名化问题，攻击者从其他角度仍然可以攻击满足 k-匿名性的数据。若攻击者掌握并利用其他背景知识，k-匿名性甚至会使攻击更有效率。常见的攻击方法有同质性攻击和背景知识攻击。

1）同质性攻击

k-匿名知识破坏了个体与间接标识符的关联关系，但是没有破坏个体与敏感属性（即攻击者想要获知的敏感信息）的关联关系。若发布的数据集匿名等价类中敏感属性的值没有充分多样化，即匿名等价类的敏感值具有同质性，则攻击者仍然可以从匿名的数据中推导出个体的全部隐私信息，这就是同质性攻击（homogeneous attack）。

如图 9-7 所示，尽管李小兰的年龄信息进行了 k-匿名处理，然而其与同一匿名组成员的观影偏好都是喜剧片，由此李小兰的观影偏好得以确认。

姓名	性别	年龄	邮编
李小兰	女	21	102103

姓名	性别	年龄	邮编	观影偏好
＊	女	(10,20]	83400*	喜剧片
＊	女	(10,20]	83400*	科幻片
＊	男	(10,20]	10010*	战争片
＊	男	(10,20]	10010*	动作片
＊	女	(20,30]	10210*	喜剧片
＊	女	(20,30]	10210*	喜剧片
＊	男	(20,30]	47001*	恐怖片

图 9-7　同质性攻击示例

2）背景知识攻击

即使匿名等价类中的敏感属性值各不相同，攻击者也能够依据已知的背景知识推测用户的隐私信息。背景知识攻击（background knowledge attack）指利用攻击对象的已知信息缩小敏感属性可能值的推测范围。如图 9-8 所示，若攻击者已知王小明的个人信息且知道他不喜欢战争片，那么攻击者就能从匿名数据中推测出王小明的观影偏好是动作片。

2. l-多样性模型

k-匿名方法对数据敏感属性值的多样性有极高的要求。如果敏感属性值缺乏足够的多样性，即使面临间接标识符相同的多组数据，攻击者也能够通过同质化攻击或背景知识

姓名	性别	年龄	邮编
王小明	男	18	100100

姓名	性别	年龄	邮编	观影偏好
*	女	(10,20]	83400*	喜剧片
*	女	(10,20]	83400*	科幻片
*	男	(10,20]	10010*	战争片
*	男	(10,20]	10010*	动作片
*	女	(20,30]	10210*	喜剧片
*	女	(20,30]	10210*	喜剧片
*	男	(20,30]	47001*	恐怖片

图 9-8　背景知识攻击示例

攻击推测出用户的隐私信息。l-多样性（l-diversity）模型可以解决 k-匿名模型在该方面的问题。该模型要求发布匿名数据集的每个等价类中的元组在敏感属性上至少有 l 个不同的取值，因此，即使攻击者能够识别一个匿名组，仍然无法确定具体个体的敏感属性值，由此降低了匿名数据集中隐含的同质性攻击风险，也在一定程度上降低了背景知识攻击所带来的隐私泄露风险。如图 9-9 所示，有 7 条间接标识符（性别和年龄）相同的数据，其中 5 条数据的观影偏好是科幻片，其他两条数据的观影偏好分别是喜剧片和恐怖片，那么在这个例子中公开的数据就满足 3-多样性。

姓名	性别	年龄	邮编	观影偏好	
*	女	(10,20]	83400*	科幻片	5条科幻片
*	女	(10,20]	83400*	科幻片	
*	女	(10,20]	10010*	科幻片	
*	女	(10,20]	10010*	科幻片	
*	女	(10,20]	10210*	科幻片	
*	女	(10,20]	10210*	喜剧片	2条其他类别
*	女	(10,20]	47001*	恐怖片	

图 9-9　l-多样性模型示例

l-多样性模型除了上述传统形式外，还有引入了其他统计方法的变体模型：

（1）基于概率的 l-多样性（probabilistic l-diversity）。在同一个等价类中，具备相同敏感属性值的数据记录的出现概率都不大于 $1/l$。

（2）基于熵的 l-多样性（entropy l-diversity）。在同一等价类 E 中，敏感属性值的信息熵 $\text{Entropy}(E) > \log l$。等价类 E 的信息熵被定义为

$$\text{Entropy}(E) = -\sum_{s \in S} p(E,s) \log p(E,s)$$

其中,S 是敏感属性的值域,$p(E,s)$ 是等价类 E 中敏感值为 s 的数据记录出现的概率。基于熵的 l-多样性模型比传统的 l-多样性模型更为健壮。因为为使每个等价类都满足基于熵的 l-多样性,整个数据表的熵至少为 $\log l$。然而,该 l-多样性模型的实施有较为严苛的限制条件,若存在几个常见的敏感属性值,则整个数据表熵值低是不可避免的。

（3）递归 (c,l)-多样性(recursive (c,l)-diversity)。每个等价类都满足 $r_1 < c(r_l + r_{l+1} + \cdots + r_m)$,其中,$m$ 表示等价类中不同敏感属性值的个数,r_i 表示该等价类中第 $i(1 \leqslant i \leqslant m)$ 频繁的敏感属性值出现的次数。即,出现频次最高的敏感属性值总数 r_1 小于出现频次排在后 $m-l+1$ 个位置的敏感属性值总数乘以常数 c 的值。该模型以递归方式确保等价类中频次最高的属性值不至于出现次数太多。

l-多样性模型可能面临相似性攻击和偏斜攻击的威胁。

1）相似性攻击

相似性攻击(similarity attack)主要针对 l-多样性模型没有考虑敏感属性语义这一缺陷。例如,某个敏感属性为当前用户所患有的疾病,其值域为｛"肺癌","肝癌","胃癌"｝,若攻击者将特定个体与该组数据联系起来,则可以推断出该个体患有癌症的信息。同样,如果敏感属性值为数值类型,虽然取值满足 l-多样性,但互相之间非常接近,攻击者可以将该组中的个人敏感属性值限定到一个非常小的区间内。虽然 l-多样性要求确保了每个组中敏感属性值的多样性,但它没有考虑这些值的语义接近度。

2）偏斜攻击

偏斜攻击(skewness attack)针对的是总数据集合中敏感属性值的分布存在较大的偏斜(某个值的出现频率与整体频率相差很大)的情况,此时,即使敏感属性值满足 l-多样性,也并不能防护隐私。举例来说,假设患有某种疾病的群体仅占总人群的 1%,那么 99% 的人对该疾病患病情况的公开都持有不在意的态度。假设其中一个等价类满足 $l=2$ 的多样性,即阴性和阳性的人数相等,那么该类中的每个人都会被认为有 50% 的概率为阳性,这增大了用户信息泄露的可能性;同理,假设另一个等价类中有 49 个用户阳性,而 1 名用户阴性,此时攻击者会认定其有 98% 的概率是阳性。事实上,这个等价类与具有 1 个阳性记录和 49 个阴性记录的等价类具有完全相同的多样性,但这两个等价类隐私风险级别差异很大。

通过以上案例说明,l-多样性虽然保证了敏感数据多样性,有效克服了 k-匿名模型存在的潜在风险,但是泄露隐私的可能性会变大,因为 l-多样性并没有考虑敏感属性的总体分布。此外,l-多样性带来的信息损失也很大。

3. t-紧密度模型

t-紧密度(t-closeness)模型是基于 l-多样性的匿名化方法的进一步细化,它通过加大数据表示的粒度保护数据集中的隐私,保证在相同的间接标识符类型组中,敏感信息的分布情况与整个数据的敏感信息分布情况接近,不超过阈值 t。

直观地说,隐私是以观察者的信息增益衡量的。l-多样性限制了攻击者从 B_0(未访问任何数据集之前关于某件事情的认知)到 B_2(访问了匿名数据集后关于某件事情的认知)的信息增益。然而,在攻击者实际获得 B_2 前,会率先获得 B_1(访问实现间接标识符匿名化的数据集后的认知,该数据集只包含关于敏感属性值分布的相关信息)。且攻击者获得 B_1 是无法避免的,例如某种疾病的全球发病率是公开数据。t-紧密度模型正是限制 B_1 到 B_2 的信息增益的一种匿名化方法。

t-紧密度模型限制了间接标识符属性和敏感属性之间的相关性信息,t 参数用于实现数据实用性和隐私性之间的权衡。

9.2.3　差分隐私

差分隐私(differential privacy)是一个经典的隐私保护技术[346,347],通常应用于对统计数据库进行查询的场景,它可以在实现最大化数据查询准确性(或保障数据必要的统计特性)的同时,最大限度地降低个别记录被识别的可能性。差分隐私技术对攻击者的背景知识做出非常保守的假设,并以量化的方式限制隐私泄露的程度。通常,差分隐私技术通过扰动的方法考虑一条记录不同的邻接数据集以保护独立实体的隐私。其示例如图 9-10 所示。

图 9-10　差分隐私技术示例

【定义 9-1】　邻接数据表。两个数据表 T_1 和 T_2 若有且仅有一条记录存在差异,则双方互为邻接数据表。

【定义 9-2】　ϵ-差分隐私(ϵ-differential privacy)。对于任意两个邻接数据表 T_1 和 T_2,在其上运行随机算法(指对于特定输入,输出不是一个固定的数值,而是服从某一个分布的算法)$\mathcal{A}$,若每个输出 $S \subseteq \mathrm{Range}(\mathcal{A})$ 都满足

$$\Pr[\mathcal{A}(T_1) = S] \leqslant e^{\epsilon} \times \Pr[\mathcal{A}(T_2) = S] \tag{9-1}$$

则称 $\mathcal{A}$ 能够保证 ϵ-差分隐私。

其中,概率空间 Pr 建立在 $\mathcal{A}$ 的随机性上;ϵ 为隐私预算,是对隐私保护程度的量化衡量指标,其值越小,则表示保护程度越高,所需噪声越强。式(9-1)表示两个概率分布 $\mathcal{A}(T_1)$ 与 $\mathcal{A}(T_2)$ 之间的差距可以通过参数 ϵ 限定。在差分隐私模型中,数据通过随机算法 $\mathcal{A}$ 发布并且面向用户/第三方服务提供查询接口。该模型的数学定义保证了无论单条记录 r 是否存在于数据表 T 中,算法 $\mathcal{A}$ 输出内容的概率分布都几乎不变。

在差分隐私模型中,攻击者的计算能力以及获取的背景知识并不会影响模型本身的隐私保护程度。因为差分隐私随机算法并不依赖于特定的数据表且输出被随机噪声扰乱,数据表中的每一条记录都得到了相同程度的保护。差分隐私模型满足以下两个性质。

【性质 9-1】 后加工不变性（post-processing）。给定随机算法 $\mathcal{A}_1(\cdot)$ 满足 ϵ-差分隐私，则对于任意算法 $\mathcal{A}_2(\cdot)$，其与 $\mathcal{A}_1(\cdot)$ 的复合函数（例如 $\mathcal{A}_2(\mathcal{A}_1(\cdot))$）也满足 ϵ-差分隐私。

【性质 9-2】 串行合成性（sequential composition）。给定随机算法 $\mathcal{A}_1(\cdot)$ 满足 ϵ_1-差分隐私，$\mathcal{A}_2(\cdot)$ 满足 ϵ_2-差分隐私，则 $\mathcal{A}(T)=\mathcal{A}_2(\mathcal{A}_1(T),T)$ 满足 $(\epsilon_1+\epsilon_2)$-差分隐私。

当前，用于实现差分隐私的随机算法主要包括拉普拉斯机制与指数机制。

1. 拉普拉斯机制

拉普拉斯（Laplace）机制主要应用于数值类型的数据（或非负整数组成的向量）。其思想是：给要保护的数据添加拉普拉斯噪声，从而实现差分隐私。拉普拉斯分布是一个连续分布，μ 为期望，通常设置为 0。拉普拉斯分布的概率密度函数为

$$\mathrm{Lap}(x\mid b)=\frac{1}{2b}\exp\left(-\frac{|x|}{b}\right)$$

概率分布方差为 $2b^2$。其中，$b>0$ 为尺度参数，该值越大，添加的噪声幅度越大，隐私保护程度越高。参数相同的独立随机拉普拉斯噪声累加之后得到的噪声随机变量的方差为它们各自的方差之和。

拉普拉斯机制示例如图 9-11 所示。

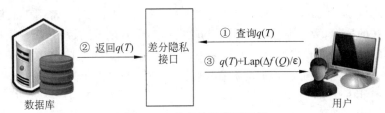

图 9-11　拉普拉斯机制示例

图 9-11 所示的步骤如下：

（1）用户对某个数据表 T 进行查询，使用 $q(T)$ 表示查询请求，即数据表 T 在某个函数 q 作用下得到的一个值，而这些函数所构成的集合表示为 Q。

（2）数据库查询后将结果输入实现拉普拉斯机制的差分隐私接口进行处理。

（3）差分隐私接口为查询请求结果添加噪声，返回 $q(T)+\mathrm{Lap}(\Delta f(Q)/\epsilon)$ 作为查询结果，其中 $\mathrm{Lap}(\Delta f(Q)/\epsilon)$ 表示满足拉普拉斯分布的噪声。

拉普拉斯噪声的参数选择取决于隐私预算 ϵ 以及敏感度（表示为 Δf），其具体定义如下。

【定义 9-3】 拉普拉斯机制敏感度。给定一个函数集 Q，且 $q(T)_{q\in Q}\in \mathbf{R}$，那么函数集 Q 的敏感度定义为

$$\Delta f(Q)=\max_{T_1,T_2}\left(\sum_{q\in Q}|q(T_1)-q(T_2)|\right) \tag{9-2}$$

其中 T_1 与 T_2 互为邻接数据表。

设 $\mathcal{A}$ 为随机算法，针对函数集 Q 中每一个函数 q 的输出添加拉普拉斯噪声，若该噪声参数值取 $\Delta f(Q)/\epsilon$ 的拉普拉斯分布，则称 $\mathcal{A}$ 算法满足 ϵ-差分隐私。

2. 指数机制

拉普拉斯机制要求数据处理类型必须为实数,并通过简单地对输出结果加入噪声实现差分隐私。而指数机制则适用于非数值类型的查询过程,采用满足特定分布的随机抽样实现差分隐私。数据表接受一次查询时并不返回确定性的结果,指数机制定义一个效用函数 c,它会针对每一种输出方案进行打分,得分越高的输出方案被发布的概率越高,反之亦然。相比拉普拉斯机制,指数机制拓宽了差分隐私技术的应用范围。

【**定义 9-4**】 指数机制敏感度。设一个效用函数 c,r 表示输出结果,其敏感度可定义为

$$\Delta f(c) = \max_{T_1,T_2} \left(\sum_{q \in Q} \| c(T_1, r_i) - c(T_2, r_i) \| \right) \tag{9-3}$$

其中,T_1 与 T_2 互为邻接数据表,$c(T_1, r_i)$ 表示输出结果 r_i 的分数。

效用函数 c 需具有尽量低的敏感度。对于数据表 T,c 是一个对数据表 T 的所有输出的效用函数。若算法 A 满足输出为 r 的概率与 $\exp\left(\dfrac{\epsilon c(T,r)}{2\Delta f(c)}\right)$ 成正比,则该算法满足 ϵ-差分隐私。

9.2.4 数字遗忘与数据摘要

数字遗忘(digital forgetting)与数据摘要(data summarization)常用于缓解人们对于信息收集存在的疑虑,数字遗忘是可证明删除数据集所有副本的过程,而数据摘要提供了高级数据抽象以隐藏细节或加大粒度。采用这些机制,用户知道收集的数据将被清除或者并不精确,则会更愿意分享他们的数据。

数据摘要的方法分为两类:

(1) 时间摘要。收集的数据是时间的函数(例如,每天而不是每分钟收集传感器读数)。

(2) 空间摘要。收集的数据是位置的函数(例如,以邮政编码为粒度发布位置数据,而不是精确的原始 GPS 数据)。

9.2.5 物联网中的隐私保护挑战

与传统计算应用相比,物联网设备具有异构性和异质性,收集的数据量体量巨大、形式各异,大大加剧了隐私威胁,并给隐私保护技术带来了新的挑战。

1. 数据体量大且数据类型多

物联网网关可以控制数千个传感器,收集的数据体量巨大。此外,物联网数据与数据库中的单一的数据条目相比数据类型更为丰富,包括但不限于:

(1) 离散数据。由具有专有格式或者协议标准的物联网设备或传感器收集的离散数据,例如温度、湿度、位置等数据。

(2) 连续数据。通过传感器收集的连续数值类型数据,使用适当的通信协议(如 MQTT 等)收集并保持实时性。

(3) 媒体数据。很多物联网设备,例如 IP 摄像头,都可以实时采集媒体数据,包括音频、图像、视频、文本数据。

由此,适用于数据库结构的传统隐私保护方法无法适用于某些物联网场景。

2. 数据实时性

一些物联网应用(例如交通控制)需要无缝收集数据,这些数据流具有一定的时间维度(time dimension)。然而,传统隐私方法生成的最终处理结果必然存在一定的延时。由此,适用于静态数据集的传统隐私保护方案并不适用于对实时性有极高要求的动态数据流处理场景,例如将传感器网络输出的数据流用来对某些异常的情况做出紧急响应等。

3. 资源受限

物联网设备(如传感器、网关等)都存在资源受限的问题,因此其可接受的算法复杂性较低。

4. 分布式架构

由于物联网采用分布式架构,传统的中心化匿名结构也不再适用。传统的匿名化方法只能对单个实体生成的数据流提供隐私保护,且这些数据流有固定的属性集合;但在物联网场景中,由于单个用户实体可以每次使用多个物联网设备,由其产生的数据流本质上不是固定的。

综上所述,传统方案应用于物联网系统依然存在诸多挑战,不可直接迁移。9.3 节~9.5 节将细粒度讲解面向物联网场景下身份隐私、位置隐私以及数据关联隐私问题的具体防护思路。

9.3 身份隐私保护

随着物联网在电子支付、电子医疗、智慧交通、智能家居等领域的逐步渗透,物联网对个人身份的识别能力越来越强大——各种感知设备将采集的用户相关数据信息和用户实体关联,从而获得用户的身份信息。传统的认证方式向应用泄露了过多的用户身份信息,这可能会造成恶意服务提供商非法使用用户的隐私信息,在此情况下,对用户身份隐私的保护变得尤为重要。

9.3.1 匿名凭证系统

匿名认证技术是指用户可以根据具体场景向服务提供商提交其拥有的身份凭证,以证明自己属于有资格访问服务的用户集合,但服务提供商无法定位且识别具体某个用户的认证技术。采用匿名认证技术的凭证系统是匿名凭证系统。匿名凭证也称为基于属性的凭证(Attribute-Based Credential,ABC),是隐私友好的身份认证系统核心加密模块,允许用户获取属性凭证,并以不可链接的方式证明自己拥有这些凭证。它允许灵活和有选择地验证有关实体的不同属性,而无须透露有关实体的其他信息(零知识属性)。例如,一种智能 IC 卡包含该用户的出生日期,能够用来证明持卡人的年龄足以在电影院观看有年龄限制的电影,而无须透露具体的出生日期。而该卡在同一个电影院的多次使用记录是不可链接的,即无法将其关联到一个具体用户身份。

在一个匿名凭证系统中通常有以下几种角色：

（1）签发者（issuer）。可信的身份提供商和发布凭证的权威机构。凭证即用户身份属性的一个容器，签发者需保证签发凭证的正确性。

（2）用户（user）。签发者签发的凭证授予的对象，他们向服务提供商提供自己的属性凭证从而获取服务。在一些应用中，用户也称为证明者（prover）。

（3）验证者（verifier）。对资源、信息或服务的访问提供保护的第三方组织。

（4）撤销机构（revocation authority）。该实体负责撤销已颁发的凭证并防止其被继续使用。在典型的 ABC 系统中，撤销机构不是强制性实体。

（5）检查者（inspector）。它由一个受信任的权威机构组成。检查者的职责是在特定情况下（例如误用或需要承担责任）对用户进行去匿名化。在传统方法中，该实体不是强制性的。在理想情况下，检查过程必须符合以下规则，该规则规定了哪些信息可以由检查员恢复以及在什么情况下可以恢复。

通常，匿名凭证系统包含以下 5 个阶段：

（1）启动（set-up）。系统中的每个实体仅执行一次。该阶段结束后，签发者可以开始签发凭证，而验证者可以开始验证凭证。

（2）签发（issuance）。签发者可以签发证书，而与用户拥有的任何已有证书无关。

（3）展示（presentation）。这是 ABC 生命周期中最重要的阶段之一，验证者要求用户提供一个凭证，用户提供它（或从它派生的表示令牌）以供验证。

（4）撤销（revocation）。证书由撤销机构撤销，撤销机构还负责提供可用的更新撤销信息。

（5）检查（inspection）。在某些情况下（例如发现行为不端的节点时），需通过令牌检查实现证书持有者去匿名化。

9.3.2　身份隐私保护技术

计算机系统中的假名往往以数字标识符的形式实现，具体的实例化方法包括随机值、公钥、证书（签名公钥）或匿名凭证。匿名凭证是一种加密结构，它使持有者能够在不泄露其身份的情况下进行身份验证。匿名凭证可以使用群签名、环签名、盲签名、零知识证明和基于角色信任（Role-based Trust，RT）的管理语言匿名授权等隐私保护技术实现用户的身份隐私保护。

1. 群签名

群签名（group signature）是指群体中的任意一名成员都可以以匿名的方式代表整个群体对消息进行签名的机制，其原理如图 9-12 所示。与其他数字签名一样，群签名可由其他人使用群公钥公开验证。验证人仅知晓签名消息由群成员发布，但不知道具体是哪一个成员。群签名的一般流程可以概括为以下 5 个步骤：

（1）初始化。群管理者建立群资源，生成对应的群公钥（group public key）和群私钥（group private key）。群公钥对整个系统中的所有用户（例如群成员、验证者等）公开。

（2）成员加入。在用户加入群时，群管理者颁发群证书（group certificate）给新加入

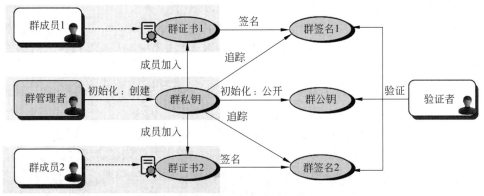

图 9-12　群签名的原理

的群成员。

（3）签名。群成员利用获得的群证书签署文件，生成群签名。

（4）验证。验证者利用群公钥仅可以验证群签名的正确性，但不能确定群中的签名者。

（5）追踪。群管理者利用群私钥可以对群成员生成的群签名进行追踪，并披露签名者的身份。

2. 环签名

环签名（ring signature）不同于群签名，它在构造匿名集合的过程中不需要配置过程，也不需要管理者。在环签名中，签名者将自己的公钥和另外一些公钥（对应的私钥未知）进行混淆，构成匿名公钥集合，然后再对消息进行签名。这样，对于验证者而言，无法区分签名来自匿名公钥集合中的哪一个公钥（也就是无法区分真正的签名者）。环签名的原理如图 9-13 所示。环签名的一般流程可以概括为以下 4 个步骤：

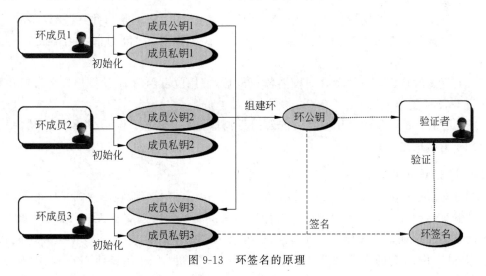

图 9-13　环签名的原理

（1）初始化。为每个环成员分配一对公私钥（pk_i 和 sk_i，$i=1,2,\cdots,n$）。

（2）组建环。组建一个环：$U = U_1, U_2, \cdots, U_n$。

（3）签名。假设 U_k 是签名者（$1 \leqslant k \leqslant n$），签名者输入消息 m 和 n 个环成员的公钥（匿名公钥集合为 $L = \{pk_1, pk_2, \cdots, pk_n\}$）以及签名者自己的私钥 sk_k 后，输出对消息 m 的环签名 R。

（4）验证。采用一个确定性算法，在输入 (m, R) 后，若 R 为 m 的环签名则输出 True，否则输出 False。

群签名和环签名都满足匿名性，即都是以个体代表群体签名的体制，验证者能验证签名为群体中某个成员所签，但并不能知道具体是哪个成员，以达到签名者匿名的作用。然而，群签名相较环签名具备可追踪性——群管理员可以撤销签名，披露真正的签名者身份；环签名本身无法披露签名者身份，除非签名者自己想暴露或者在签名中添加额外的信息。群签名由群管理员管理；环签名不需要管理，签名者只需选择一个成员集合，获得其公钥，然后公布这个集合即可，所有成员平等。

3. 盲签名

盲签名（blind signature）的概念首先由 David Chaum 于 1982 年提出[348]。盲签名涉及签名者和使用者两类主体，可以实现签名者在不知道消息内容的情况下对消息进行签名，进而保证消息的机密性。盲签名的效果可以类比为：使用者将需要签名的消息放入信封，签名者对信封签名以实现对消息本身的签名。

按照 David Chaum 对盲签名的定义，一个盲签名需要满足以下 3 个要求：

（1）盲性（blindness）。签名者不知道其所签的消息内容。

（2）不可追踪性（untraceability）。签名公开后，签名者无法将其所签的消息和签名使用者关联起来。

（3）无关联性（unlinkability）。同一使用者的两条不同消息的签名不能关联起来。

基于上述要求，一种盲签名的流程如下[349]：

（1）消息盲化。使用者使用盲化函数 B 将消息 m 盲化为 $B(m)$，并发送给签名者。

（2）盲签名。签名者使用自己的私钥对 $B(m)$ 进行签名，得到盲签名 $bsig = S(B(m))$。

（3）盲签名脱盲。使用者收到盲签名 $bsig$ 后，使用脱盲函数 B' 计算出签名者对消息的脱盲签名 $sig = B'(bsig) = S(m)$。

（4）签名验证。使用者用签名者的公钥对脱盲签名 sig 进行验证，若验证成功，则说明得到了有效的签名。

4. 零知识证明

零知识证明（zero-knowledge proof）指证明者（prover）有可能在不透露具体数据的情况下让验证者（verifier）相信数据的真实性。零知识证明可以是交互式的，即证明者面对每个验证者都要证明一次数据的真实性；也可以是非交互式的，即证明者创建一份证明，任何使用这份证明的人都可以进行验证。零知识证明目前有多种实现方式，如 zk-SNARKS、zk-STARKS、PLONK 以及 Bulletproofs 等。下面给出一个零知识证明的示例。假设一个山洞里面有两条路（A 和 B），这两条路由一扇门隔开，要说出密码才能通过这扇门。Alice 希望向 Bob 证明她知道开这扇门的密码,但不想将密码透露给 Bob。因此,Bob 需要站在山洞外,Alice 从其中一条路走进山洞,而 Bob 并不知道她选了哪条路。接着,Bob 指定 Alice 从其中一条路走出山洞(这是随机选择的)。如果 Alice 最初选择从 A 进入山洞,但 Bob 让她从 B 走出山洞,唯一的方法就是穿过那扇门,而穿过门必须知道密码。为了充分证明 Alice 真的知道门的密码,而不是运气好(Bob 指定的正是 Alice 走进山洞的同一条路),这个过程可以重复多次。

盲签名和零知识证明的主要区别在于它们解决的问题不同。盲签名解决了"一个签名者如何在没有看到内容的情况下签名"这个问题,而零知识证明解决了"如何证明一个人知道问题的答案而不说出答案"这个问题。

基于匿名凭证的解决方案的实施细节决定了它输出的假名类型及其属性。例如,身份混合器(Identity Mixer,Idemix)是一种基于 CL 签名[350]的零知识证明匿名凭证系统,可以通过多种方式实例化以输出不同类型的假名。

9.3.3　典型身份隐私保护系统

当前,较为著名的匿名系统应用实例包括由 IBM 公司开发的身份混合器(Idemix)[347]以及由微软公司开发的 U-Prove[351]。它们都提供了一系列能与匿名系统相结合的加密套件,两者的实现流程相似,最大的区分在于电子签名机制: Idemix 基于 Camenisch-Lysyanskaya 数字签名方案[350],而 U-Prove 则基于 Brands[352]的数字签名方案。

1. Idemix

Idemix 具备强大的身份验证和隐私保护能力,能够实现用户身份的匿名性与不可链接性。前者指不用明示用户身份即可执行相关交易/操作;后者指当一个用户执行多项操作时,攻击者无法将这些操作关联到一个用户。Idemix 利用零知识证明技术实现个人属性选择性披露——根据具体场景对服务商(验证者)披露相关属性组合。Idemix 的工作流程如图 9-14 所示,参与实体包括用户 U、签发者 O_I 以及验证者 O_V。其中,用户拥有一个主密钥 S_U,与自己被签发的凭证绑定,即只有拥有凭证中包含的主密钥值的用户才能完成对凭证的出示;签发者 O_I 和验证者 O_V 拥有各自的公私钥对 PK/SK。Idemix 的工作流程描述如下:

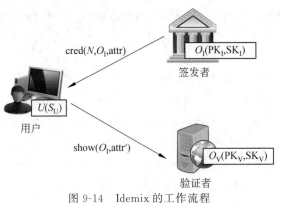

图 9-14　Idemix 的工作流程

(1) 用户 U 联系签发者 O_1，O_1 为其创立假名 N。

(2) 若 N 有资格获得具有属性 attr 的证书，则 O_1 通过为包含 attr 和 N 的申明签名生成证书 C 发送给 U，即 $\mathrm{cred}(N, O_1, \mathrm{attr})$。

(3) 用户 U 可将 C 发送给 O_V，即 $\mathrm{show}(O_1, \mathrm{attr}')$，使用零知识证明技术使 O_V 确信以下信息：

- 用户 U 拥有 O_1 签名认证过的 N 和 attr。
- 用户 U 知道与 N 相关的 S_U。

然而，在该过程中用户 U 不会向 O_V 透露任何多余信息，尤其不会直接向 O_V 发送实际的凭证。这种展示凭证的方式以及证明的零知识属性确保了凭证的多次不同出示之间的不可链接性。各组织只能通过假名识别用户。

此外，在协商一致的条件下，可以由可信第三方完成凭证的去匿名化，具体流程如图 9-15 所示，其中 $\mathrm{EV_D}(N)$ 代表可信第三方使用公钥 $\mathrm{PK_D}$ 加密 N。

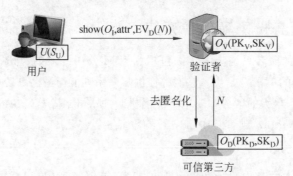

图 9-15　Idemix 去匿名化流程

Idemix 有以下安全特性：任何组织只能通过假名识别用户；一个用户的不同假名之间不能够被连接以识别该用户；用户能够证明自己拥有某些属性的凭证，但是不需要披露凭证本身；用户可以有选择地向服务提供商披露自己的属性信息；不同用户之间不能分享自己的凭证信息；在双方协商一致的条件下，可以交由可信第三方进行去匿名化操作。

2. U-Prove

U-Prove 技术基于公钥证书实现属性的可选择披露以及证书验证的不可关联性，常被应用于匿名凭证系统。所谓不可关联性，即无法确定同一角色或身份的关联。例如，在协议 P 中角色 R 有多次会话，攻击者从外部无法区分两次会话中的消息是否源自同一角色，此时，称协议 P 保持 R 的不可关联性。

U-Prove 技术的核心是 U-Prove 令牌。U-Prove 令牌是任何类型的信息（称为属性）的加密保护集合。它由权威来源通过签发协议（issuance protocol）发给用户，随后由用户通过出示协议（presentation protocol）呈现给校验者，参见图 9-16。由于 U-Prove 令牌只是一个二进制字符串，它可以通过任何电子网络签发和出示。为了执行 U-Prove 协议，所有参与者都需要有代表其运行的计算设备。U-Prove 作为一种实施认证的加密解决方案，通过确保用户最低限度地公开个人信息减小隐私泄露的危害。

对于使用 U-Prove 技术的匿名系统，签发者有一个初始化阶段。在该阶段中，签发

图 9-16　U-Prove 系统结构

者需要生成令牌规范(token specification)、签发者参数(issuer parameter)以及秘密签发密钥(secret issuance key)。其中,令牌规范描述编码到令牌中的属性类型以及对应的编码机制(如密码哈希函数等);签发者参数是服务提供商用来验证呈现令牌真实性的加密信息,包含签发者的公钥、加密安全哈希算法的标识符、撤销信息(如果支持撤销过程)等,该参数的效用相当于 PKI 体系中的 CA 证书;秘密签发密钥用于签发令牌,需保密存储。

1) 签发协议

如果用户要从签发者那里获取 U-Prove 令牌,双方必须参与 U-Prove 签发协议的实例,并由用户通过一种秘密的形式展示它的属性,其具体过程如图 9-17 所示。签发协议本质上是一种加密协议,它将任何要编码到 U-Prove 令牌中的用户属性作为其输入。但 U-Prove 技术的创新特性源于签发协议的密码学设计:一方面,签发者的签名不是基于传统的 RSA 或者 DSA 实现的;另一方面,签发协议能够使用户对签发者隐藏某些隐私属性。

图 9-17　U-Prove 签发协议的具体过程

签发协议的过程包括以下 4 个步骤:

(1) 用户向签发者请求一个 U-Prove 令牌。

(2) 签发者在向用户发送 U-Prove 令牌之前,评估用户是否有资格获得令牌,并确认将编码到令牌中的语句与正确的用户有关。该过程可能要求发行者在其自己的域内对用户进行身份认证,认证通过后,签发者会使用私钥为用户请求的令牌生成一个签名并将其返回给用户。

(3) 用户为当前 U-Prove 令牌生成一个公私密钥对,用户使用公钥以及签发者参数生成一个证明(proof)发送给签发者。

(4) 签发者收到证明后,验证并生成令牌,即对用户属性的零知识证明,其中包含签发者的盲签名、由签发者设置的属性以及撤销信息(如果支持撤销过程)。

签发协议能够保障以下安全属性:

• 完整性和来源真实性。每个签的 U-Prove 令牌都包含其签发者应用其私钥在整个内容上创建的不可伪造的数字签名。签发者的签名作为 U-Prove 令牌的真实性标记,使任何人都可以验证 U-Prove 令牌是由签发者签发的,并且其内容没有被更改。

- 重放攻击预防。每个 U-Prove 令牌中还包含只有用户知道的公钥。用户在签发协议期间随机生成该公钥及其对应的私钥。与 U-Prove 令牌的公钥不同,这个私钥不是 U-Prove 令牌的一部分,用户在使用 U-Prove 令牌时从不透露它。用户通过该私钥针对验证者的质询计算一个出示证明,以预防使用相同 U-Prove 令牌创建多个出示证明的场景。

2) 出示协议

在用户获得 U-Prove 令牌后,会基于个人需求与对应的验证者取得联系,双方通过参与 U-Prove 出示协议的实例建立可信任关系,具体过程如图 9-18 所示。

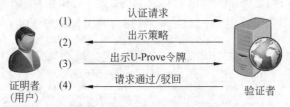

图 9-18   U-Prove 出示协议的具体过程

(1) 用户向验证者发送认证请求。

(2) 验证方返回出示策略,其中定义了其接受的 U-Prove 令牌类型、必须披露的属性和应该使用的谓词等。此外,验证方还会返回一个出示质询(presentation challenge),其中必须包含一个质询值(nonce),它是一串永远不会重复使用的数字。

(3) 用户提供 U-Prove 令牌的属性、签发者的签名和用户为 U-Prove 令牌指定的公钥,并根据验证方发送的出示质询,使用 U-Prove 令牌的私钥计算一个出示证明(presentation proof)。针对出示证明的计算能够说明 U-Prove 令牌(包括其公开的属性)是由知道其对应的私钥的一方提出的。即使所有验证者和签发者勾结,试图任意检查使用相同 U-Prove 令牌创建的多个出示证明,并且违反签发协议和出示协议,该安全机制仍然有效。因此,验证者无法重放呈现给他们的 U-Prove 令牌。

(4) 验证者校验用户提供的 U-Prove 令牌。验证用户出示的 U-Prove 令牌不需要任何秘密信息专用硬件或与签发者进行实时通信,需要的只是签发 U-Prove 令牌所依据的签发者参数的真实副本。在验证了用户提供的 U-Prove 令牌后,用户和验证者之间其余会话的安全性就与初始身份验证事件紧密关联起来了。

U-Prove 技术使应用程序开发人员能够协调看似冲突的安全和隐私目标(包括匿名性),并允许将数字身份声明有效地与智能卡等防篡改设备的使用联系起来。U-Prove 技术常见的应用领域包括跨域企业身份和访问管理、电子政务单点登录(SSO)和数据共享、电子健康记录、匿名电子投票、基于策略的数字权限管理、社交网络数据可移植性和电子支付等[353]。

9.3.4   应用场景及实例

1. 电子身份/证件系统

为了实现虚拟社会真实身份管理,签发电子身份标识(electronic Identity,eID)已成为当前许多国家发展计划中的普遍实践。电子身份的推广有助于实现网络虚拟身份的有效识别,为政府加强互联网活动综合管控提供有效路径[354]。

与以往的证件信息系统相比,电子身份/证件系统可以保证网络服务机构在不泄露用户个人信息的前提下有效识别用户的真实身份,为网络实名制与个人信息保护之间的矛盾提供了良好的解决方案[355]。然而,如今个人信息泄露问题越来越尖锐,究其原因是安全有效的网络信任与身份管理体系的缺失。为保证用户身份的真实性和合法性,规避用户隐私被窃取或者贩卖的风险,将匿名凭证相关技术应用于网络身份管理体系是解决网络实名制与个人信息保护之间的冲突的必然选择。此外,对与电子身份/证件系统相关的法律制度必须加以研究、完善。

2. 车路协同系统

在车联网的车路协同场景中,车辆与车辆(Vehicle-to-Vehicle,V2V)以及车辆与交通基础设施(Vehicle-to-Infrastructure,V2I)之间的通信需要对通信实体的身份进行认证,否则黑客很容易假冒车辆攻击正常行驶的车辆或交通基础设施。车辆的标识可以采用车辆唯一标识码(Vehicle Identification Number,VIN)和车牌号等。然而,出于个人信息保护的要求,VIN 和车牌号这样的信息并不能随意泄露或体现在终端车辆的认证过程中,由此就有了车辆身份匿名化需求。

当前在车联网中最主流的身份匿名化方法是基于 PKI 的假名证书技术,其总体架构如图 9-19 所示。首先,假名化 CA 对接根 CA 与车场云端,由其验证车辆的车牌号、VIN 等身份信息后,为对应车辆生成一个假名化的唯一标识,并将车辆真实信息与假名存储在关系数据库中;其次,从属 CA 基于每个车辆由假名化 CA 生成的假名对应生成数字证书(假名证书)及公私钥对;最后,所有车辆可以基于假名证书完成 V2V 的鉴权与加密,实现身份的隐私保护。

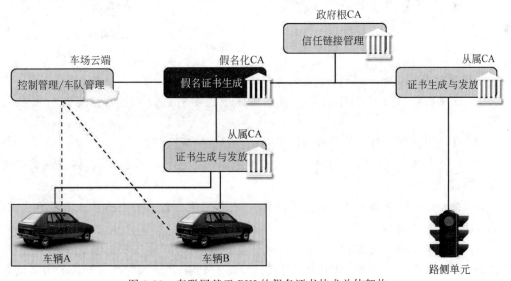

图 9-19　车联网基于 PKI 的假名证书技术总体架构

3. 电子票据系统

证书是由第三方(即签发者)向个人颁发的资格、能力或权限的证明。该人(即证明者)随后可以使用该证书向另一方(即验证者)证明其资格、能力或权限。匿名凭证可以视为现实证书(例如会员证书、护照或员工卡)在安全性上的延伸,或获得某些服务的某种票(例如电影票或公共交通票)[356]。这些凭证通常通过姓名和/或照片与特定的人绑定,匿名凭证恰好可以很好地满足应用场景的需求,同时解决当前电子票据系统中可通过用户身份信息对用户行为进行追踪的隐私安全问题。此外,9.3.3 节提及的 Idemix 和 U-Prove 原型系统在设计中都考虑了在电子票据系统中的应用。

9.4 位置隐私保护

9.4.1 位置隐私保护系统结构

位置隐私保护方案的系统结构主要分为客户端结构、中心服务结构和点对点结构3 类。

1. 客户端结构

位置隐私保护系统的客户端结构如图 9-20 所示,移动用户和位置服务提供商的位置服务器两者分别作为客户端与服务器端直接通信。该结构要求在客户端实现位置匿名化处理,由此对移动设备有较高计算与存储功能要求[357]。

① 匿名化处理　　② 匿名查询请求
④ 结果处理　　　③ 查询结果集
移动用户　　　　　　　　　　　位置服务器

图 9-20　客户端结构

客户端结构的处理流程如下:

(1) 移动用户在本地利用假名或者模糊区域技术对自身的位置信息进行匿名化处理。

(2) 移动用户将匿名地址和服务请求一同发送给位置服务器。

(3) 位置服务器根据移动用户发送过来的匿名位置进行数据的查询,将查询结果集发送给移动用户。

(4) 移动用户收到查询结果集以后,根据自己的真实位置从中找出自己需要的结果,至此一次服务请求完成。

客户端结构的优点有结构比较简单、易于实现、容易与其他技术集合在一起。然而,该结构存在许多缺陷。首先,对用户所持移动设备的要求过高。其次,该结构的匿名机制仅根据独立移动端的知识实施,不会考虑周围环境的用户情况。假设移动用户通过降低自身的位置分辨率构造一个匿名区域,但该匿名区域中只有一个用户,那么移动用户的真实位置则很容易被攻击者破解,从而将移动用户的身份与位置信息进行匹配,最终造成用户隐私的泄露。

2. 中心服务结构

中心服务结构如图 9-21 所示,它由移动用户、位置匿名服务器和位置服务提供商的位置服务器 3 部分组成。

图 9-21　中心服务结构

中心服务结构的建立是以位置匿名服务器可信为前提的[358]。这种结构有以下功能:

- 管理用户数据。记录并更新移动用户自定义的位置隐私需求参数。
- 管理位置信息。记录并更新移动用户发送的位置信息。
- 匿名化处理。根据移动用户自身所定义的位置隐私需求参数,计算用于代替该区域内移动用户真实地理位置的匿名区域。
- 结果处理。对位置服务器的查询结果集进行筛选。

中心服务结构的位置隐私服务整体业务流程如下:

(1) 移动用户从信息服务应用发起查询请求。

(2) 位置匿名服务器进行根据用户请求进行匿名化处理,如以空间范围代替用户的详细地址,并发送给位置服务器。

(3) 位置服务器将根据匿名位置信息获取的查询结果集返回给位置匿名服务器。

(4) 位置匿名服务器筛选出精确结果返回给移动用户。

中心服务结构的优点是位置匿名服务器的存在降低了对用户所持移动设备的要求,很多工作(例如匿名)都是由位置匿名服务器完成的,这样既能保护用户的位置隐私,又能够提供高质量的服务。然而,该结构的缺点也很明显。首先,包括信息收集和存储、地址匿名处理和位置服务器返回结果的过滤在内的所有的工作都由位置匿名服务器完成,而位置匿名服务器的处理速度决定了整个服务过程的效率,因此位置匿名服务器一旦出现问题,整个系统都会瘫痪。其次,一旦位置匿名服务器出现了安全问题,就会导致严重的用户隐私泄露。

3. 点对点结构

点对点(Peer-to-Peer,P2P)是一种分布式网络结构,其中的每个参与者可同时充当服务器和客户的角色,如图 9-22 所示。而点对点结构要求每一个用户移动设备都具备独立的运算能力和存储能力,并且移动用户之间要在平等的基础上进行合作[359]。每一个移动设备都需要有两块无线网卡,其中一块与其他移动用户通信协商并构建匿名集合,另一块用于与位置服务提供商进行通信。

图 9-22 点对点结构

点对点结构的位置隐私服务整体业务流程如下：

（1）移动用户需要请求位置服务时会使用相关协议广播消息，满足一定要求的移动用户协作构建一个匿名集合。

（2）处在同一个匿名集合中的所有移动用户都使用该集合进行匿名请求，将真实地址替换为匿名集合代理用户位置或者锚点。

（3）位置服务器根据请求信息进行查询，并将查询结果集返回给发起查询请求的移动用户。

（4）收到查询结果集的移动用户自行进行过滤处理，得到精确结果。

在点对点结构中，匿名的过程可以由用户的移动设备完成，也可以从匿名组中选出头节点负责完成。采用后一种方式时，查询结果集将由位置服务提供商的位置服务器返回给头节点。头节点对查询结果集进行处理，然后将正确的结果或者无法正确处理的结果子集返回给发出请求的用户。

点对点结构和中心服务结构的不同之处在于：点对点结构的匿名是用户自发组织的，用户之间关系平等，不用担心中心匿名服务器可能带来的性能瓶颈。而点对点结构与客户端结构相比，虽然表面看两者同样划分为客户端与服务器端两部分，但点对点结构的匿名算法将会考虑到周边环境中的其他用户。然而，点对点结构也存在一定的缺陷：首先，点对点结构中的每个参与者之间并不能实现完全的可信，如果其中出现了恶意攻击者，同样会为位置服务引入位置隐私隐患；其次，该结构对资源的要求较高，包括移动设备的计算与存储资源以及网络通信资源。

9.4.2 位置隐私保护方案

位置隐私保护方案为用户使用位置服务提供安全保障。用户向位置服务提供商发出的请求消息可以表示为(User ID，Location，Query)，其中，User ID 表示移动用户的身份标识符，Location 表示用户位置信息，Query 表示用户请求的服务，例如"查询附近 1km 内的所有商圈"等。

1. 假名匿名技术

假名匿名技术指将用户所发送的请求消息中的 User ID 替换为一个假身份标识，而 Location 与 Query 信息都不更改的位置隐私保护方式。该技术能够在实施用户身份隐私保护的前提下保障查询结果的精确性（因为位置信息未经匿名化处理）。假名匿名技术通常应用于客户端结构以及中心服务结构中。对于客户端结构,移动用户依据自身设备的计算制定对假名的变更策略,因为对周围环境感知能力的缺失,很有可能造成同一时刻有两个假名相同的用户定位在不同地点的情景,从而使攻击者轻易地推测出用户使用了假名。中心服务结构对假名匿名技术有更好的适配度,因为其能通过感知周围环境以及了解其他用户的信息制定更为鲁棒的假名变更策略。

假名匿名技术在有些情景中并不能抵御数据关联攻击。因为特定用户的生活习惯决定了其历史位置信息可能存在一定的模式,攻击者可以通过分析、关联大量的位置信息以及背景知识找到假名之间的关联,并确定真实的用户身份。为了应对该威胁,一方面可以对假名进行定期更换,另一方面可以使用混合区(mix zone)匿名方法。

混合区匿名方法用于保护连续发布位置信息的用户的位置隐私。该方法将用户访问的空间区域划分为应用区和混合区两类:在应用区,用户可以自由地利用信息服务应用提出位置服务请求并接收相关响应;在混合区中,用户被禁止使用任何位置服务,如图 9-23 所示。此外,用户在离开混合区之后还需要更换自己的假名。然而,该方法无法适用于连续性很强的位置服务,例如导航系统等。

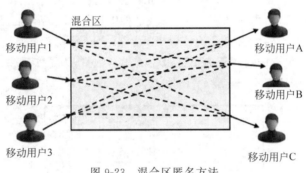

图 9-23 混合区匿名方法

2. 虚假位置技术

虚假位置技术如图 9-24 所示。当用户发起寻找附近商圈的请求时,虚假位置技术将偏离真实地址的虚假地址发送给位置服务提供商。假名匿名技术的保护强度由真假位置之间的距离决定。距离越远,保护强度越高,相应的服务质量越差。

图 9-24 虚假位置技术

另一种虚假位置方案基于哑元位置技术,它要求用户在请求服务过程中除自身真实位置外额外再加入若干虚假位置信息。服务器不仅响应真实位置的请求,还会响应其他虚假位置的请求,从而使攻击者无法从中分辨出用户的真正位置。假设用户的初始查询信息为(UserID,Real_Loc,Query),Real_Loc 为用户的当前位置,那么使用虚假位置技术后用户的查询信息将变为(UserID,Real_Loc,Dummy_Loc1,Dummy_Loc2,Query),其中 Dummy_Loc1 和 Dummy_Loc2 为生成的虚假位置。哑元位置技术的关键在于如何生成无法被区分的虚假位置信息,若虚假位置出现在湖泊或人烟稀少的大山中,则攻击者可以将其直接排除。虚假位置可以直接由客户端产生(但客户端通常缺少全局的环境上下文等信息),也可以由可信第三方服务器产生。

3. 空间模糊技术

空间模糊技术通过加大移动对象发布位置数据的空间粒度达到隐私保护的目的,即将用户提交的位置精度从一个精确的点模糊为一个区域。最常见的空间模糊技术基于四叉树结构实现。如图 9-25 所示,首先将地理空间递归划分为不同层次的树结构——将已知范围的空间分成 4 个相等的正方形空间,如此递归进行下去,直到最小的正方形面积达到用户所允许的最小匿名区域面积为止,在该过程中,每个正方形对应四叉树中的一个节点。用户每隔一段时间就会将自己的位置坐标上报给位置匿名服务器,由位置匿名服务器统计、更新四叉树范围中各个正方形区域中的用户数量,为了实现每次用户向位置服务提供商发送的模糊区域都不只包含一个用户。

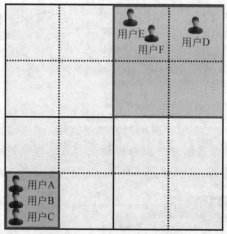

图 9-25　空间模糊技术示例

传统的 k-匿名模型通常与该技术相结合,即,在一定空间范围内,某个用户的位置信息至少与其他 $k-1$ 个用户的位置信息无法相互区分。具体示例如图 9-26 所示,在该匿名区里的 5 名用户不可区分。

4. 时空匿名技术

时空匿名在空间匿名的基础上增加了时间维度,将匿名空间扩展为一个时空区域,即在使用空间区域代替用户具体位置的同时,延迟响应时间。下面用三维坐标系说明时空

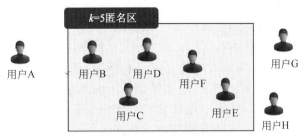

图 9-26　基于 k-匿名模型的空间模糊技术

匿名技术。在空间区域代替用户具体位置以后,同时将位置服务请求信息的匿名时间延长,在这个时间段中,会有更多的信息出现在这个空间区域,这时可以寻找合适的匿名群。如图 9-27 所示,时空匿名模型使用匿名时空区域(图 9-27 中的长方体)代替用户的具体位置之后,用户以相同的概率处于该时空区域中的任何一个位置。

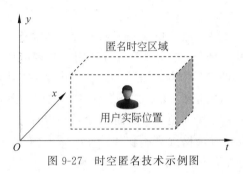

图 9-27　时空匿名技术示例图

9.5　数据关联隐私保护

9.5.1　物联网数据管理框架

当前,物联网领域面向数据收集的数据管理方法是"用户同意对应服务提供商(如社交网络、智能手机平台、旅行应用程序、智能家居设备等)使用个人相关数据",服务提供商根据用户授权访问的数据提供相关分析服务。然而,第三方服务可能会收集不同用户的特征与数据,精准推测用户的需求,进一步从中牟利。如果在收集数据过程中引入加强用户对自身的数据控制的管理方法,能使后续数据分析中可能产生的隐私问题最小化。考虑到隐私问题,个人信息管理服务(Personal Information Management Service,PIMS),或称为个人数据存储(Personal Data Store,PDS),在物联网领域盛行。其基本思路是:用户保留对个人数据的更多控制权,并且通常由他们自己或代表他们行事的第三方 PIMS 提供商存储数据。虽然服务提供商在获得用户同意后可以出于特定目的访问数据,但 PIMS 的方式更加透明——数据主体认为合适的任何对象都可以访问用户数据,应用范围更广。有许多 PIMS 提供商的行为方式略有不同,业务模式也不同。常见的 PIMS 系统列举如下:

(1) **Meeco**[360]提供了一个允许用户存储个人数据并管理谁能够访问这些数据的安全

平台。它支持用户更新数据并将其推送给他们同意的第三方,或者根据用户偏好允许第三方向用户提交数据访问申请,然后向用户支付相应的费用。Meeco 提供了智能手机应用程序,并正在引入分布式账本技术以提供数据交互的审计跟踪功能。

(2) **Digi.me**[361]为用户提供了从各种账户和服务(例如社交媒体、健康 App、金融 App 等)收集个人数据的能力。然后,这些数据被组织并存储在用户选择的个人云服务上,并与移动应用程序同步,使用户能够搜索和浏览他们的个人数据。用户可以通过 Digi.me 兼容应用程序授予一些应用程序对其数据的访问权限,这些应用程序可以代表用户与一系列服务提供商合作。

(3) **OpenPDS**[362]是麻省理工学院媒体实验室开发的一个平台,它结合了一种名为 SafeAnswers 的数据披露问答方法。与传统的用数据本身响应第三方的请求不同,OpenPDS 通过算法评估答案并做出响应,从而确保数据本身永远不会被披露。该系统的开发是为了解决数据匿名化技术未能充分保护其数据在大型数据集中的组织之间共享的个人身份的问题。

(4) **Databox**[363]项目提供了一个位于用户家中的联网设备。该设备能够整理和管理来自在线和离线来源的用户数据,并控制第三方对用户数据的访问。它支持使用安装在物理设备或云中的经批准的第三方应用程序,这些应用程序能够根据用户提供的访问级别与用户的数据进行交互。它按照 OpenPDS 的方法,确保应用程序可以处理数据,而数据本身不会离开 Databox 的管理范围,从而不会将所有信息交给应用程序提供者。Databox 对物联网的关注使其能够处理不仅属于个人而且属于一个群体的数据(可能是同一家庭的成员,其数据由家中的设备和传感器收集)。

除了 PIMS,还有许多旨在提高数据管理与收集隐私透明度的机制,它们对各方之间的交互进行规范。与 PIMS 相关的一种方法是同意收据(consent receipt),其重点是管理同意(consent)而不是存储数据本身。Kantara Initiative 提出了同意收据[364]的规范——提供一种标准化方式记录用户的"同意",并提供用户可读的收据。该方法适用于 PIMS,也可以更广泛地应用于任何需要提高数据透明度的场景。此外,它还为数据控制者提供了一种简单的方法证明已获得用户同意。一些服务提供商已经采用了该规范,包括作为同意管理平台的 Consentua[365],支持用户管理其数据的使用方式以及组织,以实现数据透明度和合法合规性。

现在已被弃用的 W3C P3P(Platform for Privacy Preferences Project,隐私偏好项目平台)[366]方法,定义了 Web 服务的隐私偏好交换语言的规范。P3P 使 Web 服务能够以用户可以轻松检索和理解的标准格式表达其隐私政策[367]。其流程如图 9-28 所示。

图 9-28　P3P 流程

（1）服务器端呈现一段机器可读的 P3P 提议，其中表明服务器端将对用户的哪些隐私数据进行收集以及这些数据的用途、存储方式和时间、数据后续发布策略等。

（2）用户代理（如网页浏览器）负责与服务器端或者其他用户代理做异步的协议匹配，并对 P3P 提议进行翻译，然后与用户已经制定的隐私偏好策略进行比较，当两者匹配时达成一次 P3P 认同，并指导接下来的数据共享。

其中，用户数据信息存放在个人数据仓库中，一般位于可信任的第三方机构。

用户管理访问（User Managed Access，UMA）[366,367]制定了基于 OAuth 和联合授权机制的数据访问授权框架。其目标是实现由策略或访问批准驱动的各方共享，而不要求在数据被访问时数据主体必须参与，从而减少整个数据管理过程的开销。Kantara Initiative 于 2015 年批准了 UMA 1.0 版，此后创建了很多应用实例，包括 Forgerock[368]（一个在金融、医疗保健和零售等行业提供授权访问管理服务的身份隐私保护平台）。

9.5.2　物联网数据关联隐私保护框架

9.5.1 节介绍了面向数据收集时物联网系统可采用的隐私保护方法。本节面向数据发布过程讨论可行的隐私处理框架。针对数据关联攻击的数据发布防护主要通过数据匿名化/差分隐私应对。然而，这两种隐私保护方案向物联网领域的迁移存在诸多挑战，详见 9.2.5 节。本节讲述如何将数据匿名化/差分隐私应用到物联网场景，解决隐私安全问题，增强系统安全性。

物联网数据关联隐私保护框架如图 9-29 所示，由智能设备/传感器产生的数据汇聚为原始数据流，隐私处理引擎定义数据匿名算法，对输入的原始数据流进行处理，进一步分析、识别其中包含的隐私信息，并在发布到第三方应用程序或者公开之前使用安全的算法进行匿名化/差分隐私处理。

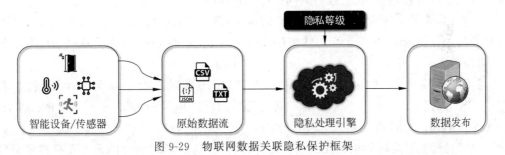

图 9-29　物联网数据关联隐私保护框架

具体的处理流程概述如下：

（1）确定数据的发布模型，定义匿名数据集的发布方式。

（2）确定可接受的重识别风险阈值和匿名化效果，用于定义算法中的匿名化参数。

（3）对物联网数据属性进行分类。在这个过程中，需要将属性定义为直接标识符、间接标识符和非标识符。

（4）删除未使用的属性。由于物联网中某些属性可能会丢失或收集到异常数据，此过程将删除所有未使用的数据属性。

（5）通过应用 k-匿名性、l-多样性、t-紧密度、差分隐私或这些技术的组合，处理直接和间接标识符。

（6）如果需要，评估风险或匿名化质量，调整参数并重复步骤（5）。

（7）检查待发布匿名数据集的效果。如果满足要求，则可以发布；否则需要重新设计隐私处理过程。

在物联网的部分场景中，对连续、瞬态且通常无界的数据流的匿名处理有较高的实时性需求。下面给出当前应对该需求的常见方法。

首先给出物联网数据流的定义。

【定义 9-5】 物联网数据流。一个由智能传感器产生的物联网数据流定义为

$$IS = \{pid, X_t\}$$

其中，pid 表示数据产生主体的身份标识符；$X_t = \{a_1, a_2, \cdots, a_m, q_1, q_2, \cdots, q_n\}$ 为数据产生主体的属性集合，$q_1, q_2, \cdots, q_n$ 表示间接标识符属性，$a_1, a_2, \cdots, a_m$ 表示其他属性。

针对该类数据，CASTLE[369] 提出自适应集群连续匿名流数据，这是一种基于集群的方案，即利用间接标识符属性定义一个参数空间（metric space），将每一个数据元组建模为参数空间中的一个点。CASTLE 将动态输入的元组整合为簇，并且在将属于相同簇的元组经由相同的泛化过程进行处理，使之满足 k-匿名要求后发布给第三方服务商。其中，满足 k-匿名要求的物联网数据流定义如下。

【定义 9-6】 k-匿名的物联网数据流。令 IS_{out} 为 IS 匿名化的数据流，匿名算法 $\mathcal{A}$ 被用于执行数据流的匿名化处理，则 $\mathcal{A}: IS \rightarrow IS_{out}$，其中 IS_{out} 满足以下条件：

（1）对于 $\forall t \in IS$，都有一个对应的 $\exists t' \in IS_{out}$。

（2）$\forall t' \in IS_{out}, DP(EQ(t')) \geq k, EQ(t') = \{t | t \in IS \cap \mathcal{A}(t).q_i = t'.q_i, q_i \in A_t\}$。

其中，DP 表示一个簇中不同个体的数目；EQ 为等价类（Equivalence Class）；$\mathcal{A}(t).q_i$，亦即 $t'.q_i$，表示 t 经过匿名化处理后的间接标识符属性。

另外，为满足物联网场景中对实时性的需求，即为了限制传入数据和相应的匿名输出之间的最大允许延时，再给出延时约束（delay constraint）的定义，从而实现动态匿名数据流，确保匿名的新鲜度。

【定义 9-7】 延时约束。令输入数据为 IS，输出数据为 IS_{out}，δ 为一个正整数，若 $\forall t' \in IS_{out}$ 满足 $t'.ts - t.ts < \delta$，则称 F 满足延时约束。其中，t 为 IS 中 t' 对应的元组，ts 表示元组的到达时间，δ 为最大允许延时。

对于已经超过延时约束的元组会立刻发布；尚未达到延时约束的元组没有被划分到任何一个 k-匿名簇，应对其进一步执行合并与区分操作以创建一个新的 k-匿名簇。

9.6 本章小结

随着物联网的飞速发展，越来越多的设备接入了互联网，大量的敏感信息在节点间通过有线或无线的方式传递，这些数据与用户有着极高的关联性，存在极高的隐私泄露风险。因此，物联网隐私安全已成为亟待研究的热点问题。首先，本章对物联网场景下的隐私含义进行了详细解读；在此基础上，围绕物联网数据隐私模型分析数据流生命周期的各

个环节存在的身份隐私威胁、位置隐私威胁以及数据关联隐私威胁;其次,本章对数据假名化、数据匿名化、差分隐私等现有数据隐私保护方案进行了详细介绍,并针对其在物联网场景下的应用挑战与可行性进行了分析;最后,本章结合前面提出的隐私威胁场景,讲解物联网身份隐私保护、位置隐私保护与数据关联隐私保护的具体方法与应用实例。

 # 习题

1. 列举当前物联网面临的隐私威胁,并结合物联网数据生命周期叙述其产生的原因。

2. l-多样性隐私模型不能抵御(　　　)(多选)。

    A. 同质性攻击　　　　B. 背景知识攻击　　　　C. 相似性攻击　　　　D. 偏斜攻击

3. 列举至少 3 种匿名化技术。

4. 匿名凭证可以使用_____、_____、_____、_____和_____等隐私保护技术实现用户应用服务的身份隐私保护。

5. 列举几种常见的位置隐私保护方法,并阐述具体实现原理。

6. 设计一种物联网数据管理框架,并简述设计思路。

7. 简述物联网隐私处理框架的基本流程与思路。

第10章
物联网安全标准化

本章综述与物联网安全相关的国内外标准化工作进展,从国际标准化组织、国内标准化组织和产业联盟3方面阐述与物联网安全相关的标准,介绍我国的网络安全等级保护制度2.0国家标准中针对物联网安全的规范性描述,并对国外相关标准进行讨论。

 ## 物联网安全标准化概述

随着物联网技术和应用的飞速发展,国内外的标准化组织展开了针对物联网安全的标准化工作。图10-1梳理了国内外物联网安全标准化的进展。其中主要涉及的标准化工作如下:

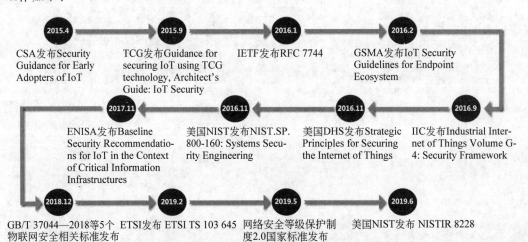

图 10-1 物联网安全标准化的进展

- 2015 年 4 月,CSA 发布 Security Guidance for Early Adopters of IoT[370]。
- 2015 年 9 月,TCG 发布 Guidance for securing IoT using TCG technology, Architect's Guide:IoT Security[371]。
- 2016 年 1 月,IETF 发布 RFC 7744[372]。
- 2016 年 2 月,GSMA 发布 IoT Security Guidelines for Endpoint Ecosystem[373]。
- 2016 年 9 月,IIC 发布 Industrial Internet of Things Volume G-4:Security

Framework[374]。

- 2016 年 11 月，美国 DHS 发布 Strategic Principles for Securing the Internet of Things[375]，美国 NIST 发布 NIST.SP.800-160：Systems Security Engineering[376]。
- 2017 年 11 月，ENISA 发布 Baseline Security Recommendations for IoT in the context of Critical Information Infrastructures[377]。
- 2018 年 12 月，GB/T 37044—2018[378]等 5 个与物联网安全相关的国家标准发布。
- 2019 年 2 月，ETSI 发布 ETSI TS 103 645[379]。
- 2019 年 5 月，网络安全等级保护制度 2.0 国家标准[380-382]发布。
- 2019 年 6 月，美国 NIST 发布 NISTIR 8228[383]。

实际上，各个标准化组织的标准规定不尽统一，出发点与核心关注点也各有差异。本节从以下 3 方面介绍国内外标准化组织在物联网安全标准化方面的具体情况[384]：

- 国际标准化组织。包括 ISO/IEC、3GPP、ETSI、ITU-T 等，其物联网安全标准聚焦于安全体系框架、网络安全、隐私保护、设备安全，侧重于基础框架和技术。
- 国内物联网安全标准化工作组。包括工信部电子标签标准工作组、信息设备资源共享协同服务（闪联）标准工作组、国家传感器网络标准工作组（WGSN）和中国通信标准化协会（CCSA）。我国侧重于物联网安全监管和技术保障，目前的物联网安全标准化工作主要涉及安全参考模型、感知及无线安全技术、重点行业应用等领域。
- 产业联盟。包括 5G 汽车联盟（5GAA）、工业互联网联盟（IIC）在内的产业联盟也开展了相关的物联网安全标准化工作，侧重于物联网的重点应用领域（如车联网、工业物联网），研究具体应用场景下的物联网安全标准。

10.1.1 国际标准化组织

国际上开展物联网安全标准化工作的主要组织基本上处于起步阶段，各标准化组织自成体系，内容涉及架构、传感、编码、数据处理、应用等。下面介绍主要的国际标准化组织开展的物联网安全标准化工作。

1. ISO/IEC

ISO/IEC JTC 1 是国际标准化组织（ISO）和国际电工委员会（IEC）在原 ISO/TC97（信息技术委员会）、IEC/TC47/SC47B（微处理机分委员会）和 IEC/TC83（信息技术设备委员会）的基础上，于 1987 年合并组建而成的联合技术委员会，名为信息技术委员会，旨在制定、维护和促进信息技术和信息通信技术领域的标准。ISO/IEC JTC 1 下的 SC 27（安全技术分委员会）主要开展信息安全标准化工作，SC41（物联网及相关技术分委员会）主要开展物联网相关技术标准化工作。此外，SC25（信息技术设备互联分委员会）对智能家居系统、家庭网关等物联网应用安全也制定了相关标准。

在物联网安全方面，目前的 ISO/IEC 标准主要集中于体系架构和安全技术两方面，具体包括加密轻量化、认证和隐私控制等。表 10-1 列举了 ISO/IEC 部分物联网安全标准。

表 10-1 ISO/IEC 部分物联网安全标准

标准编号	标准名称	主要内容
ISO/IEC 30141：2018	Internet of Things(IoT)-Reference architecture	规定了物联网系统特性、概念模型、参考模型、参考体系结构视图以及物联网可信性
ISO/IEC 24767-1：2008	Information technology—Home network security—Part 1：Security requirements	规定了来自家庭内部或外部的家庭网络安全需求，为安全机制的设计提供了指导，并且提供了分析联网设备威胁的方法和定义特定安全需求的方法
ISO/IEC 24767-2：2009	Information technology—Home network security—Part 2：Internal security services：Secure Communication Protocol for Middleware (SCPM)	规定了家庭网络中 IT 能力有限的设备的安全性，提出了 SCPM 协议，为不能支持 Internet 安全协议的设备提供网络安全支持
ISO/IEC 29192-2：2019	Information security—Lightweight cryptography—Part 2：Block ciphers	规定了 3 种块密码（PRESENT、CLEFIA、LEA），适用于需要轻量级加密实现的应用程序
ISO/IEC 29192-1：2012	Information technology—Security techniques—Lightweight cryptography—Part 1：General	规定了适用于 ISO/IEC 29192 后续部分的术语和定义，以及相关机制的安全要求、分类要求和实施要求
ISO/IEC 29192-3：2012	Information technology—Security techniques—Lightweight cryptography—Part 3：Stream ciphers	为轻量级密码指定了两个专用的密钥流生成器——Enocoro 和 Trivium
ISO/IEC 29192-4：2013	Information technology—Security techniques—Lightweight cryptography—Part 4：Mechanisms using asymmetric techniques	规定了使用非对称技术的 3 种轻量级机制：基于椭圆曲线上离散对数的单向认证机制，用于单向认证和会话密钥建立的认证轻量级密钥交换机制，基于身份的签名机制
ISO/IEC 29192-5：2016	Information technology—Security techniques—Lightweight cryptography—Part 5：Hash-functions	规定了 3 种适用于需要轻量级加密实现的应用程序的哈希函数：PHOTON、SPONGENT 和 Lesamnta-LW
ISO/IEC 29192-6：2019	Information technology—Lightweight cryptography—Part 6：Message authentication codes (MACs)	规定了适用于轻量级加密机制的应用程序的 MAC 算法：LightMAC，Tsudik's keymode 和 Chaskey-12
ISO/IEC 29192-7：2019	Information security—Lightweight cryptography—Part 7：Broadcast authentication protocols	规定了广播认证协议，即在广播设置中提供数据完整性和实体认证的协议
ISO/IEC 30118-5：2018	Information technology—Open Connectivity Foundation (OCF) Specification—Part 5：Smart home device specification	其核心规范规定了智能家居设备的核心架构、接口协议和服务
IEC TS 62443-1-1：2009	Industrial communication networks—Network and system security—Part 1-1：Terminology, concepts and models	定义了工业自动化和控制系统(IACS)安全性的术语、概念和模型

标 准 编 号	标 准 名 称	主 要 内 容
IEC 62443-2-1：2010	Industrial communication networks-Network and system security-Part 2-1：Establishing an industrial automation and control system security program	定义了为工业自动化和控制系统建立网络安全管理系统（CSMS）所需的要素，并提供了有关如何开发这些要素的指南
IEC TR 62443-3-1：2009	Industrial communication networks-Network and system security-Part 3-1：Security technologies for industrial automation and control systems	提供了对各种网络安全工具、缓解对策和技术的最新评估，可应用于现代基于电子的工业自动化和控制系统对众多工业和基础设施的监管和监视
IEC 62443-3-3：2013	Industrial communication networks-Network and system security-Part 3-3：System security requirements and security levels	提供了与 IEC 62443-1-1 中描述的 7 个基本要求相关的详细技术控制系统要求
IEC 62443-4-1：2018	Security for industrial automation and control systems-Part 4-1：Secure product development lifecycle requirements	定义了用于工业自动化和控制系统环境中的产品与网络安全相关的安全开发生命周期（SDL）要求，并提供了有关如何满足每个元素所述要求的指南

2. ITU-T

国际电信联盟（ITU）是联合国的一个专门机构，由电信标准化部门（ITU-T）、无线通信部门（ITU-R）和电信发展部分（ITU-D）组成。其中，ITU-T 近年来在物联网安全方面的主要成果体现在生物测定安全以及提供安全通信服务的内容上，ITU-T 的 SG17 和 SG20 Q6 两个研究组负责安全标准的制定。目前，ITU-T 发布和在研的与物联网安全相关的主要标准如表 10-2 所示。

SG20 Q6 聚焦于物联网和智慧城市的安全标准[384]，目前已发布的相关标准有 ITU-T Y.4103《物联网应用的通用要求》、ITU-T Y.4115《物联网设备能力开放的参考架构》、ITU-T Y.4119《基于物联网的自动应急响系统要求和能力框架》和 ITU-T Y.4205《物联网相关众包系统的要求和参考模型》。SG17 规划了物联网安全系列标准 ITU-T X.1360～X.1369，已发布了 ITU-T X.1361《基于网关模型的物联网安全框架》和 ITU-T X.1362《物联网环境的简单加密规程》。

与此同时，ITU-T 积极开展车联网安全标准化工作，由 SG17 Q13 负责，已发布 ITU-T X.1373《智能交通系统通信设备的安全软件更新能力》，在研的标准项目集中在车联网安全指导原则、车辆外部接入设备安全需求、车内系统入侵检测方法、基于大数据的异常行为检测、数据分类及安全需求和网联车安全需求等方面。

表 10-2　ITU-T 发布和在研的与物联网安全相关的主要标准

标 准 编 号	标 准 名 称	主 要 内 容
ITU-T Y.4103	Common requirements for Internet of things (IoT) applications	包括对物联网应用的通用要求，通过互操作性信息和通信技术，将各种物理事物和虚拟事物连接起来，实现高级服务

标准编号	标准名称	主要内容
ITU-T Y.2060	Overview of the Internet of things	概述了物联网,阐明了物联网的概念和范围,确定了物联网的基本特征和高级要求,并描述了物联网参考模型
ITU-T Y.4115	Reference architecture for IoT device capability exposure	阐明了物联网设备功能开放(IoT DCE)的概念,并提供了 IoT DCE 的参考体系结构,该体系结构支持 DCE 设备(例如智能手机、平板计算机和家庭网关)中的物联网应用程序,以访问由连接到 DCE 设备的物联网设备开放的设备功能
ITU-T Y.4119	Requirements and capability framework for IoT-based automotive emergency response system	概述了基于物联网的汽车应急响应系统(AERS),确定了 AERS 对售后设备的要求,并提供了 AERS 的能力框架
ITU-T Y.4205	Requirements and reference model of IoT-related crowdsourced systems	阐述了众包系统的概念,规定了物联网相关的众包系统的参考模型,以支持通过采用众包原则的系统提供的物联网应用和服务,并确定了相关的安全性、隐私和信任问题
ITU-T X.1361	Security framework for the Internet of things based on the gateway model	分析了物联网环境中的安全威胁和挑战,并描述了可以应对和缓解这些威胁和挑战的能力,提供了使用安全网关的物联网的安全框架,用于确定缓解和应对物联网的这些威胁和挑战所需的安全功能
ITU-T X.1362	Simple encryption procedure for Internet of things (IoT) environments	规定了用于物联网设备的带有关联掩码数据(EAMD)的加密
ITU-T X.1373	Secure software update capability for intelligent transportation system communication devices	借助适当的安全控制措施,为远程更新服务器和车辆之间提供了安全的软件更新方案,并定义了安全更新的流程和内容建议
ITU-T X.eivnsec	Security guidelines for the Ethernet-based in-vehicle networks	为基于以太网的车载网络提供了安全指导,涵盖了车载以太网的参考模型、威胁分析、用例等
ITU-T X.fstiscv	Framework of security threat information sharing for connected vehicles	定义了联网车辆的安全威胁信息,旨在帮助各组织保护自身免受威胁或对相关行为进行检测
ITU-T X.edrsec	Security guidelines for cloud-based event data recorders in automotive environment	为基于云的事件数据记录仪提供了安全指导,梳理了在收集、传输、存储、管理和使用事件数据过程中存在的各种漏洞,并提供了安全要求和用例
ITU-T X.itssec-2	Security guidelines for V2X communication systems	为 V2X 通信系统提供了安全指导
ITU-T X.itssec-3	Security requirements for external devices with vehicle access capability	定义了车载诊断Ⅱ(OBD-Ⅱ)端口连接等接入设备的安全要求,并且做了相应的威胁分析
ITU-T X.itssec-4	Methodologies for intrusion detection system on in-vehicle systems	重点关注在控制器区域网络(CAN)之类的车载网络上如何检测入侵和恶意活动,并对车辆内部网络和系统的攻击类型进行了分类和分析,还提供了带有轻量级插件的体系结构框架,其中包括专门的检测模型,并考虑了车辆系统和网络环境的特征

续表

标准编号	标准名称	主要内容
ITU-T X.itssec-5	Security guidelines for vehicular edge computing	为车辆边缘计算提供了安全指导,包括车辆边缘计算的威胁分析、安全要求和使用案例
ITU-T X.mdcv	Security-related misbehaviour detection mechanism based on big data analysis for connected vehicles	为联网汽车提供了与安全相关的异常行为检测机制,定义了所需的数据类型和整套检测机制的步骤
ITU-T X.srcd	Security requirements for categorized data in V2X communication	提出了针对 V2X 通信数据保护的安全要求,并且定义了数据的安全等级

3. ETSI

欧洲电信标准化协会(ETSI)是由欧共体委员会于 1988 年批准建立的一个非营利性的电信标准化组织。ETSI 的研究领域主要是电信业以及与其他组织合作的信息及广播技术领域。ETSI 下设 13 个技术委员会,其中涉及物联网领域的有 M2M 技术委员会(TC M2M)和安全技术委员会(TC SEC)。

ETSI M2M 技术委员会发布的物联网标准详细说明了与 M2M 系统相关的安全需求[385],在机密性、完整性、身份认证以及访问控制这些基本需求上进行了详细阐述,并给出了系统需要防范的潜在威胁的特例;部分标准还阐述了 M2M 系统的功能架构,提出了高层的架构方案,并分析了架构中各部分涉及的安全模块。其中涉及物联网安全的标准主要是 TR 103 167《M2M 业务层安全威胁分析对策》,它分析了 20 多种安全威胁,并提出了针对物联网安全威胁的相应对策。

ETSI 安全技术委员会主要关注智能卡、电子签名和合法监听等与物联网安全相关的领域,该技术委员会发布的与物联网安全相关的标准主要是关于智能卡的安全标准。2019 年 2 月,ETSI 安全技术委员会发布了第一个消费类物联网安全标准 ETSI TS 103 645《消费类物联网安全》,建立了联网消费类设备的安全基线,并为未来物联网认证方案的制定奠定了基础。

此外,ETSI 还制定了认证授权、量子安全威胁评估以及物联网组认证安全机制分析等标准。

表 10-3 列举了 ETSI 发布的部分物联网安全标准。

表 10-3　ETSI 发布的部分物联网安全标准

标准编号	标准名称	主要内容
TR 103 167	Machine-to-Machine Communications (M2M); Threat analysis and counter-measures to M2M service layer	分析了针对 M2M 功能体系结构、服务层和接口的 21 种安全威胁,并提出了针对物联网安全威胁的相应对策
TS 102 225	Smart Cards; Secured packet structure for UICC based applications (Release 11)	指定了不同传输和安全机制的安全包的结构,适用于网络中的实体与通用集成电路卡(UICC)中的实体之间的安全数据包交换

续表

标 准 编 号	标 准 名 称	主 要 内 容
TS 103 645	Cyber Security for Consumer Internet of Things	针对连接到网络基础设施的消费者设备及其相关服务的安全规定了高级别的要求,并为参与消费者物联网开发和制造的组织提供了相关安全指导

4. IETF

互联网工程任务组(IETF)是一个公开性质的大型民间国际团体,汇集了与互联网架构和互联网顺利运作相关的网络设计者、运营者、投资人和研究人员,主要任务是负责互联网相关技术标准的研发和制定。IETF 研发了 IP 网络中的授权、认证、审计等协议标准,如 IPSec 协议、IP 安全策略、PKI、传输层安全协议等。针对物联网终端资源有限、低功耗等特性,也提出了相应的协议优化,包括 6LoWPAN[386]、CoAP[387]、TLS/DTLS 等协议标准。

10.1.2 国内标准化组织

1. TC260

在通用网络安全领域,全国信息安全标准化技术委员会(TC260)至今已发布 300 多项国家信息安全标准,其中,部分通用的安全标准,如风险预警、风险处理、漏洞管理、密码算法、密钥管理、PKI、通信协议(IPSec、SSL 等)、安全评估、等级保护等安全标准,同样适用于广义的物联网安全。

在专门的物联网安全领域,TC260 制定了 GB/T 37044—2018《信息安全技术 物联网安全参考模型及通用要求》、GB/T 37033—2018《信息安全技术 射频识别系统密码应用技术要求》、GB/T 36951—2018《信息安全技术 物联网感知终端应用安全技术要求》、GB/T 37024—2018《信息安全技术 物联网感知层网关安全技术要求》、GB/T 37025—2018《信息安全技术 物联网数据传输安全技术要求》、GB/T 37093—2018《信息安全技术 物联网感知层接入通信网的安全要求》、GB/T 36323—2018《信息安全技术 工业控制系统安全管理基本要求》等国家标准,并启动了医疗行业安全指南、工业互联网平台安全、智慧城市安全体系框架、汽车网络安全技术要求等标准的研究。表 10-4 列举了部分物联网安全领域的国家标准[385]。

表 10-4 部分物联网安全领域的国家标准

标 准 编 号	标 准 名 称	应用领域
GB/T 37044—2018	信息安全技术 物联网安全参考模型及通用要求	总体
GB/T 37033—2018	信息安全技术 射频识别系统密码应用技术要求	射频识别
GB/T 36951—2018	信息安全技术 物联网感知终端应用安全技术要求	终端
GB/T 37024—2018	信息安全技术 物联网感知层网关安全技术要求	终端/网关

续表

标 准 编 号	标 准 名 称	应用领域
GB/T 37025—2018	信息安全技术 物联网数据传输安全技术要求	数据传输
GB/T 37093—2018	信息安全技术 物联网感知层接入通信网的安全要求	接入/互联
GB/T 36323—2018	信息安全技术 工业控制系统安全管理基本要求	工控系统
GB/T 35317—2017	公安物联网系统信息安全等级保护要求	公安物联网
GB/T 35318—2017	公安物联网感知终端安全防护技术要求	公安物联网
GB/T 35592—2017	公安物联网感知终端接入安全技术要求	公安物联网
GB 35114—2017	公共安全视频监控联网信息安全技术要求	公共安全视频监控
GB/T 35290—2017	信息安全技术 射频识别(RFID)系统通用安全技术要求	射频识别
GB/T 31507—2015	信息安全技术 智能卡通用安全检测指南	智能卡
GB/T 35101—2017	信息安全技术 智能卡读写机具安全技术要求(EAL4 增强)	智能卡
GB/T 33563—2017	信息安全技术 无线局域网客户端安全技术要求(评估保障级 2 级)	无线局域网
GB/T 33565—2017	信息安全技术 无线局域网接入系统安全技术要求(评估保障级 2 级)	无线局域网
GB/T 35286—2017	信息安全技术 低速无线个域网空口安全测试规范	个域网
GB/T 30269.601—2016	信息技术 传感器网络 第 601 部分:信息安全:通用技术规范	传感器网络
GB/T 30269.602—2017	信息技术 传感器网络 第 602 部分:信息安全:低速率无线传感器网络网络层和应用支持子层安全规范	传感器网络

2. CCSA

中国通信标准化协会(CCSA)的物联网安全标准化工作侧重于通信网络和系统,CCSA 中的安全领域标准化工作主要由 TC5(无线通信安全技术委员会)的 WG1(有线网络安全工作组)、WG2(无线网络安全工作组)、WG3(安全管理工作组)和 WG4(安全基础工作组)负责。目前已完成了 YD/T 3339—2018《面向物联网的蜂窝窄带接入安全技术要求和测试方法》、YDB 171—2017《物联网感知层协议安全技术要求》、YDB 173—2017《物联网终端嵌入式操作系统安全技术要求》、YDB 172—2017《物联网感知通信系统安全等级保护基本要求》等标准。

10.1.3 产业联盟

1. 5GAA

5G 汽车联盟(5GAA)在 2018 年新成立了 ESP 工作组,专门讨论基于蜂窝网络的车联网(Cellular-based V2X,C-V2X)安全相关问题。

目前,5GAA ESP 工作组主要围绕 4 个方向展开项目研究,分别是地区性隐私和安全法规及其需求研究,安全凭据管理系统(Security Credential Management System,SCMS)简化机制研究,SCMS 对 C-V2X 的影响分析研究,以及适用于各地区的车联网简化安全架构研究。其中,前 3 个项目旨在研究全球各地区的隐私及安全法规政策,在 SCMS 的基础上针对 C-V2X 场景研究简化的车联网安全假设及安全机制,最终成为第 4 个项目的输入,形成能够满足全球各地区隐私及安全法规要求的简化的安全架构方案。

2. IIC

工业互联网联盟(IIC)通过建立开放式互通性标准促进现实世界和数字世界的融合,推动工业互联网加快落地。

在工业物联网(Industrial IoT,IIoT)安全方面,IIC 于 2016 年发布了《工业物联网安全参考框架》,旨在推动产业界对于如何保障工业物联网安全达成共识,提供了自身安全性(security)、隐私权(privacy)、弹性(resilience)、可靠性(reliability)、保他安全性(safety)五大特性的细节,有助于定义风险、评估、威胁、评量与性能指标。在此安全框架的基础上,IIC 开发了一种物联网安全成熟度模型,帮助企业利用现有的安全框架达到它们自己定义的物联网安全成熟度目标级别。

3. GSMA

全球移动通信系统协会(GSMA)代表全球运营商的共同权益,就运营商在物联网领域的安全实践进行了积极的探索和研究。GSMA 目前已经发布了物联网安全指南文档集,为物联网技术和服务提供者在构建安全产品时提供一系列安全指南,包括《物联网安全指南概述》《物联网终端生态系统安全指南》《运营商物联网安全指南》《物联网服务生态系统安全指南》《物联网安全评估流程》《物联网安全评估检查表》等,以确保整个服务周期实施最佳安全实践。

4. AII

工业互联网产业联盟(AII)是在工业和信息化部的指导下,于 2016 年 2 月 1 日由工业、信息通信业、互联网等领域百余家单位共同发起成立的,旨在加快我国工业互联网发展,推进工业互联网产学研用协同发展。目前,该联盟成员数量超过 2000 家,先后从工业互联网顶层设计、技术研发、标准研制、测试床(testbed)、产业实践、国际合作等多方面开展工作,发布了《工业互联网平台白皮书》《工业数字孪生白皮书》《工业互联网密码应用发展白皮书》《5G+TSN 融合部署场景与技术发展白皮书》《城市轨道交通工业互联网技术白皮书》,并提供了工业互联网平台、测试床、应用案例、网络与安全等系列成果,广泛参与国内外大型工业互联网相关活动,为政府决策、产业发展提供智力支持。目前联盟已经成为我国具有国际影响力的工业互联网产业生态载体。

10.2 国内外相关标准介绍

10.2.1 网络安全等级保护制度 2.0 国家标准

网络安全等级保护制度 2.0 国家标准(简称等保 2.0 标准)[380-382]中扩大了等级保护

对象的范围,在传统网络的基础上增加了云计算、移动互联、物联网、工业控制系统和大数据。等保 2.0 标准中写入了可信计算保护,从一级到四级全部提出了可信验证空间;在安全框架中明确提出了态势感知的要求,系统需要具备识别、报警和分析安全事件的能力,并且实现持续安全运营服务,同时对用户进行可视化展示。

在等保 2.0 标准的网络安全等级保护基本要求中,针对物联网应用场景提出了安全防护要求,网络层和应用层按照网络安全通用要求进行保护,感知层按照物联网安全扩展要求进行保护。物联网安全扩展要求包括安全物理环境、安全区域边界、安全计算环境和安全运维管理。网络安全等级保护设计技术要求中提出了物联网安全等级保护技术设计框架,结合物联网系统的特点,构建在安全管理中心支持下的安全计算环境、安全区域边界、安全通信网络三重防御体系。安全管理中心支持下的物联网系统安全等级保护技术设计框架如图 10-2 所示。物联网感知层和应用层都由完成计算任务的计算环境和连接网络通信域的区域边界组成。

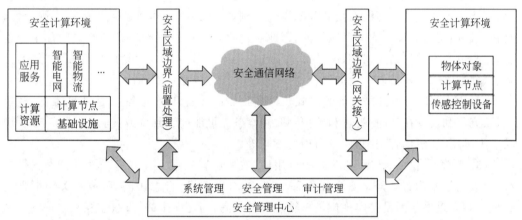

图 10-2 安全管理中心支持下的物联网系统安全等级保护技术设计框架

安全管理中心支持下的物联网系统安全等级保护技术设计框架由以下 4 部分组成:

(1) 安全计算环境。包括物联网系统感知层和应用层中对定级系统的信息进行存储、处理及安全实施安全策略的相关部件,如感知层中的物体对象、计算节点、传感控制设备以及应用层中的计算资源和应用服务等。

(2) 安全区域边界。包括物联网系统安全计算环境边界以及安全计算环境与安全通信网络之间实现连接并实施安全策略的相关部件,如感知层和网络层之间的边界、网络层和应用层之间的边界等。

(3) 安全通信网络。包括物联网系统安全计算环境和安全区域之间进行信息传输及实施安全策略的相关部件,如网络层的通信网络以及感知层和应用层内部安全计算环境之间的通信网络等。

(4) 安全管理中心。对物联网系统的安全策略及安全计算环境、安全区域边界和安全通信网络上的安全机制实施统一管理的平台,包括系统管理、安全管理和审计管理 3 部分,只有第一级及第二级的安全保护环境有安全管理中心。

在等保 2.0 标准的网络安全等级保护测评要求中提出了安全测评通用要求和针对物

联网的安全测评扩展要求。

10.2.2 国外相关标准

1. NIST IR 8228

美国国家标准与技术研究院(NIST)直属美国商务部,提供物理、生物、工程、测量技术、测量方法方面的标准和服务。NIST 发布了首份物联网风险管理指南报告[383],帮助管理人员理解物联网特性,并管理物联网设备在生命周期内面临的风险,以保证设备安全、数据安全和用户隐私。报告中分析了影响物联网设备网络安全和隐私风险的因素,总结了保护物联网设备网络安全和减少隐私风险的 3 个安全目标,并给出了缓解安全风险的建议。

该报告从 3 方面分析了影响物联网设备网络安全和隐私风险的因素:

(1) 设备与物理世界的交互。多数物联网设备和物理世界的交互不同于传统 IT 设备,可能在多方面影响网络安全和隐私风险。例如,传感器采集到的数据带有不确定性,且传感器使用的环境上下文可能不同,因此对传感器数据的正确理解和有效管理十分重要,以避免产生错误结果;物联网的海量设备采集到的数据包含大量用户隐私,在数据传输、处理过程中需要采取一定的保密、访问控制等措施以避免隐私泄露。

(2) 访问、管理和监视设备的方式。许多物联网设备几乎是黑盒,透明度很低,授权人员、流程和设备在访问、管理和监控物联网设备时可能会遇到挑战,例如缺少接口、管理功能不可用、规模化管理困难、生命周期不同等。

(3) 设备网络安全和隐私功能的可用性、效率和有效性。许多物联网设备不支持传统 IT 设备通常内置的网络安全和隐私功能(如事件记录、日志访问等)或相关功能强度较低。对海量物联网设备实现规模化管理难度较高,随之而来的管理、监视和维护物联网设备所需的工作量过大。传统 IT 网络的网络安全和隐私功能不适用于物联网应用场景。

为保护物联网设备网络安全和减少隐私风险,该报告中总结了 3 个目标:保护设备安全,保护数据安全,保护用户隐私,并指出了这 3 个目标对应的安全防护措施以及可能遇到的安全挑战。为解决物联网设备的网络安全和隐私风险提出了以下思路:首先,了解影响物联网设备网络安全和隐私风险的因素,以及在实施相应缓解措施时可能遇到的安全挑战;然后,根据具体应用的需求和网络特点调整安全防护策略和流程,以应对整个物联网设备生命周期中的安全挑战;最后,及时更新升级安全防护措施。

2.《保障物联网安全战略原则 v1.0》

美国国土安全部(DHS)发布的《保障物联网安全战略原则 v1.0》中提出了 6 条原则,以帮助物联网开发人员、制造商、服务提供商和消费者在开发、制造、部署或使用物联网设备时确保安全性。6 条原则的具体内容如下[375]:

(1) 在设计开发阶段考虑安全问题,可以避免设备使用后期出现安全问题产生高昂的业务中断和重建成本。例如,Mirai 病毒使用默认密码和弱密码攻击物联网设备,因此用户应该拥有修改相关默认设置的权限;物联网设备使用主流操作系统,以避免因使用旧版操作系统带来的安全隐患;对设备的硬件进行完整性保护。

（2）加强安全更新和漏洞管理,对于设备使用过程中发现的漏洞通过更新和漏洞管理策略缓解。设备的安全更新可以通过网络、第三方供应商、自动化方式等进行,更新需要考虑物联网设备的使用期限问题;开发漏洞自动化处理更新机制,根据应急响应组织提供的漏洞报告定期进行漏洞分析和预警。

（3）采用最佳安全实践。针对传统 IT 和网络安全的很多操作实践可以应用于物联网应用场景,参考相关的实践指南,以适当的方式应用于物联网。

（4）优先考虑高风险问题。不同物联网系统考虑的安全风险不同,不同的用户、设备造成的安全故障严重程度也不同,因此需要考虑具体应用、设备的使用环境和安全需求,设计相应的安全机制。此外,针对特殊的、关键的领域需要加强对设备接入的身份认证。

（5）提高物联网生命周期的透明度。设备的开发商和使用者需要了解供应链和设备软硬件的漏洞情况,提高整个生命周期的透明度,可以帮助开发商和使用者更好地进行风险识别、应用安全措施和风险管理。

（6）谨慎接入互联网。物联网设备接入网络时,设备的开发商、生产商和使用者需要充分考虑可能产生的中断和其他安全风险。建议对接入的设备进行身份认证和访问控制,减少不必要的设备接入,可以配置替代性连接方案以缓解中断等安全风险对物联网的影响。

10.3　本章小结

物联网在工业、社会民生产业得到广泛的应用,对国家政治、经济、关键基础设施均产生重要的影响。因此各大经济体均十分重视物联网的战略布局,在政策上给予大力支持,关注相关标准的制定,加速推进产业化进程。相关企业也纷纷开始布局,在芯片、系统、云服务、应用等层面进行研究,产业的整体规模逐年扩大,产业链结构趋向完整。

习题

1. 简要描述国际标准化组织在物联网安全标准化工作上的关注焦点以及相关研究工作。

2. 简要描述国内标准化组织在物联网安全标准化工作上的关注焦点以及相关研究工作。

3. 简要描述产业联盟在物联网安全标准化工作上的关注焦点以及相关研究工作。

4. 简述等保 2.0 中提出的物联网安全扩展要求。

5. 结合感知层安全威胁及防御方案的知识,谈谈你对物联网安全中感知层安全防护的理解和建议。

6. 结合网络层安全威胁及防御方案的知识,谈谈你对物联网安全中网络层安全防护的理解和建议。

7. 结合感知层安全威胁及防御方案的知识,谈谈你对物联网安全中应用层安全防护的理解和建议。

8. 结合物联网隐私安全的相关知识,谈谈你对物联网安全中隐私保护的理解和建议。

参 考 文 献

［1］ MADAKAM S, LAKE V, LAKE V, et al. Internet of Things（IoT）: A literature review［J］. Journal of Computer and Communications, 2015, 3(05): 164.

［2］ PALERMO F. Internet of things done wrong stifles innovation［EB/OL］. (2014-07-07)［2023-11-03］. https://www. informationweek. com/machine-learning-ai/internet-of-things-done-wrong-stifles-innovation.

［3］ WEISER M. The computer for the 21st century［J］. IEEE Pervasive Computing, 2002, 1(1): 19-25.

［4］ RAJI R S. Smart networks for control［J］. IEEE Spectrum, 1994, 31(6): 49-55.

［5］ PONTIN J. ETC: Bill joy's six webs［EB/OL］. (2005-09-29)［2023-11-03］. https://www.technologyreview.com/2005/09/29/230292/etc-bill-joys-six-webs/.

［6］ MIT. MIT Auto-Id Laboratory［EB/OL］. (1985-5-23)［2023-11-03］. https://autoid.mit.edu/.

［7］ 孙其博, 刘杰, 黎羴, 等. 物联网: 概念, 架构与关键技术研究综述［J］. 北京邮电大学学报, 2010, 33(3): 1-9.

［8］ International Telecommunication Union. Internet Reports 2005: The Internet of Things［R］. 2005.

［9］ ZHU H B, YANG L X, YU Q. Investigation of technical thought and application strategy for the internet of things［J］. Journal of China Institute of Communications, 2010, 31(11): 2-9.

［10］ 仇保利, 胡志昂, 范红, 等. 物联网安全保障技术实现与应用［M］. 北京: 清华大学出版社, 2017.

［11］ ARM Limited, The route to a trillion devices(White paper)［R］. 2017.

［12］ The GSM Association, The Mobile Economy 2020(White paper)［R］. 2020.

［13］ 中国信息通信研究院, 物联网白皮书［R］. 2020.

［14］ Preddio Technologies Inc. Understanding IoT(White paper)［R］. 2021.

［15］ 绿盟科技创新中心. 物联网安全白皮书［R］. 2016.

［16］ KREBS B. Who Makes the IoT Things Under Attack? ［EB/OL］. (2016-10-03)［2023-11-03］. https://krebsonsecurity.com/2016/10/who-makes-the-iot-things-under-attack/.

［17］ SEAMAN C. UPnProxy: Eternal Silence［EB/OL］. (2022-01-27)［2023-11-03］. https://www.akamai.com/blog/security/upnproxy-eternal-silence.

［18］ KERCKHOFFS A. La cryptographie militaire［J］. Journal des Sciences Militaires, 1883, IX(1): 5-83.

［19］ SHANNON C E. A mathematical theory of cryptography［R］. Bell System Technical Memo MM 45-110-02, 1945.

［20］ RIVEST R. The RC4 encryption algorithm［J］. RSA Data Security Inc Document, 1992, 20(1): 86-96.

［21］ BIHAM E, SHAMIR A. Differential cryptanalysis of DES-like cryptosystems［J］. Journal of Cryptology, 1991, 4(1): 3-72.

［22］ 刘建伟, 王育民. 网络安全: 技术与实践［M］. 4 版. 北京: 清华大学出版社, 2019.

［23］ 杨波. 现代密码学［M］. 4 版. 北京: 清华大学出版社, 2017.

［24］ LEANDER G, PAAR C, POSCHMANN A, et al. New lightweight DES variants［C］//Fast Software Encryption：14th International Workshop，March 26-28，2007，Luxembourg. Berlin：Springer，2007：196-210.

[25] TUCHMAN W. Hellman presents no shortcut solutions to the DES[J]. IEEE Spectrum，1979，16(7)：40-41.

[26] MORRIS J，ELAINE B，JAMES R，et al. Advanced Encryption Standard（AES）[EB/OL]. (2001-11-26)[2023-11-03]. https://www.nist.gov/publications/advanced-encryption-standard-aes.

[27] SCHNEIER B. Description of a new variable-length key，64-bit block cipher（Blowfish）[C]//International workshop on fast software encryption，December 9 - 11，1993，Cambridge. Berlin，Heidelberg：Springer，1993：191-204.

[28] 国家密码管理局. 无线局域网产品使用的 SM4 密码算法[EB/OL]. (2005-02-05)[2023-11-03]. http://www.sca.gov.cn/sca/c100061/201611/1002423/files/330480f731f64elea75128211ea0dc27.pdf.

[29] NIST. Block Cipher Techniques[EB/OL]. (2017-01-04)[2023-11-03]. http://csrc.nist.gov/groups/ST/toolkit/BCM/documents/proposedmodes/ctr/ctr-spec.pdf.

[30] DIFFIE W，HELLMAN M E. Multiuser cryptographic techniques[C]//Proceedings of the National Computer Conference and Exposition，June 7-10，1976，New York：ACM，1976：109-112.

[31] DIFFIE W，HELLMAN M. New directions in cryptography[J]. IEEE Transactions on Information Theory，1976，22(6)：644-654.

[32] BLAKE I F，GAREFALAKIS T. On the complexity of the discrete logarithm and Diffie-Hellman problems[J]. J. Complex，2004(20)：148-170.

[33] 国家密码管理局. 国家密码管理局关于发布《SM2 椭圆曲线公钥密码算法》公告[EB/OL]. (2010-12-17)[2023-11-03]. https://oscca.gov.cn/sca/xxgk/2010-12/17/content_1002386.shtml.

[34] SSH. SSH Protocol[EB/OL]. (1995-08-19)[2023-11-03]. https://www.ssh.com/ssh.

[35] Wikipedia. Secure Shell Protocol[EB/OL].(2001-11-07)[2023-11-03]. https://en.wikipedia.org/wiki/Secure_Shell_Protocol.

[36] JAMES F，KEITH W. 计算机网络——自顶向下方法[M]. 陈鸣，译. 北京：机械工业出版社，2014.

[37] 戴国华，余骏华. NB-IoT 的产生背景、标准发展以及特性和业务研究[J]. 移动通信，2016，40(07)：31-36.

[38] 邹玉龙，丁晓进，王全全. NB-IoT 关键技术及应用前景[J]. 中兴通信技术，2017，23(01)：43-46.

[39] 王鹏，刘志杰，郑欣. LoRa 无线网络技术与应用现状研究[J]. 信息通信技术，2017，11(05)：65-70.

[40] 郭恋恋. 基于 LoRa 技术的农业温室监测系统设计与实现[D]. 合肥：安徽大学，2018.

[41] 王东，吕文涛. 基于 LoRa 和地磁传感器的智能停车系统[J]. 重庆理工大学学报(自然科学版)，2018，32(01)：158-165.

[42] ZiFiSense 纵行科技. ZETA 新一代 LPWAN2.0 技术[EB/OL]. (2012-10-19)[2023-11-03]. https://www.zifisense.com/zeta/.

[43] Wikipedia. Bluetooth[EB/OL].(2001-05-15)[2023-11-03]. https://en.wikipedia.org/wiki/Bluetooth.

[44] ERGEN S C. ZigBee/IEEE 802.15.4 Summary[EB/OL]. (2006-02-27)[2023-11-03]. https://pages.cs.wisc.edu/~suman/courses/707/papers/zigbee.pdf.

[45] 周怡颐，凌志浩，吴勤勤. ZigBee 无线通信技术及其应用探讨[J]. 自动化仪表，2005，2005(06)：5-9.

[46] 蒋挺，赵成林. 紫蜂技术及其应用[M]. 北京：北京邮电大学出版社，2006.

[47] 张胜. 基于远程医疗系统的 ZigBee 和 GPRS 网络设计[D]. 北京：北京邮电大学，2015.

[48] Wikipedia. Wi-Fi[EB/OL].（2002-07-24）[2023-11-03]. https://en.wikipedia.org/wiki/Wi-Fi.

[49] ElectronicNotes. Wi-Fi Generation Numbering[EB/OL].（2018-12-27）[2023-11-03]. https://www.electronics-notes.com/articles/connectivity/wifi-ieee-802-11/wifi-alliance-generations-designations-numbers.php.

[50] 华为. 华为 Wi-Fi 6(802.11ax)技术白皮书[EB/OL].（2019-10-22）[2023-11-03]. https://e.huawei.com/cn/material/networking/wlan/b3f46485597c4d72b43a6a27c6480646.

[51] IEEE 802 Committee. IEEE Standards for Local Area Networks：Carrier Sense Multiple Access with Collision Detection（CSMA/CD）Access Method and Physical Layer Specifications：IEEE Std 802.3-1985[S]. US：IEEE，1985.

[52] Wikipedia. Ethernet[EB/OL].（2001-11-04）[2023-11-03]. https://en.wikipedia.org/wiki/Ethernet.

[53] ISO/IEC JTC 1. Information Technology Message Queueing Telemetry Transport（MQTT）：ISO/IEC 20922：2016(E)[S]. Switzerland：ISO/IEC，2016.

[54] OASIS Committee Specification 01. MQTT Version 5.0[S]. OASIS，2017.

[55] 纪大峣. 物联网设备消息传输协议系统的研究与实现[D]. 杭州：浙江大学，2019.

[56] IETF. The Constrained Application Protocol（CoAP）：RFC7252[S]. IETF，2014.

[57] Wikipedia. Constrained Application Protocol[EB/OL].（2011-08-22）[2023-11-03]. https://en.wikipedia.org/wiki/Constrained_Application_Protocol.

[58] ISO/IEC JTC 1. Information Technology—Advanced Message Queuing Protocol（AMQP）v1.0：ISO/IEC 19464：2014[S]. ISO/IEC，2014.

[59] Wikipedia. Advanced Message Queuing Protocol[EB/OL].（2006-06-21）[2023-11-03]. https://en.wikipedia.org/wiki/Advanced_Message_Queuing_Protocol.

[60] IETF. Extensible Messaging and Presence Protocol（XMPP）：RFC3920[S]. IETF，2004.

[61] Wikipedia. XMPP[EB/OL].（2003-03-06）[2023-11-03]. https://en.wikipedia.org/wiki/XMPP.

[62] 威廉·斯托林斯. 网络安全基础：应用与标准[M]. 白国强，译. 5 版. 北京：清华大学出版社，2014.

[63] 吴旻峰. 物联网安全认证技术研究[J]. 计算机光盘软件与应用，2012(11)：159.

[64] HOODA P. Challenge Response Authentication Mechanism（CRAM）[EB/OL].（2022-03-15）[2023-11-03]. https://www.geeksforgeeks.org/challenge-response-authentication-mechanism-cram/.

[65] MIT. Addressing dictionary attack risks[EB/OL].（2023-08-15）[2023-11-03]. https://web.mit.edu/kerberos/krb5-latest/doc/admin/dictionary.html#：～：text＝An％20offline％20dictionary％20attack％20is％20performed％20by％20obtaining，be％20performed％20much％20faster％20than％20an％20online％20attack.

[66] 百度百科. 动态口令[EB/OL].（2011-06-29）[2023-11-03]. https://baike.baidu.com/item/％E5％8A％A8％E6％80％81％E5％8F％A3％E4％BB％A4/5097921.

[67] 国家密码管理局. 动态口令密码应用技术规范：GM/T 0021—2012[S/OL]. http://www.gmbz.org.cn/main/viewfile/20180110021012257484.html.

[68] Microsoft. Securing Public Key Infrastructure (PKI) [EB/OL]. (2016-08-31) [2023-11-03]. https://learn.microsoft.com/en-us/previous-versions/windows/it-pro/windows-server-2012-R2-and-2012/dn786443 (v=ws.11).

[69] Network Working Group. Internet X.509 Public Key Infrastructure Certificate and Certificate Revocation List (CRL) Profile[EB/OL]. (2008-05-01) [2023-11-03]. https://www.rfc-editor.org/rfc/rfc5280.

[70] GSM Association. Security Algorithms[EB/OL]. (2012-07-01) [2023-11-03]. https://www.gsma.com/security/security-algorithms/.

[71] Wikipedia. Hardware security module [EB/OL]. (2005-12-20) [2023-11-03]. https://en.wikipedia.org/wiki/Hardware_security_module.

[72] Wikipedia. Trusted Platform Module [EB/OL]. (2005-10-18) [2023-11-03]. https://en.wikipedia.org/wiki/Trusted_Platform_Module.

[73] OSTERBURG J, PARTHASARATHY T, RAGHAVAN T E S, et al. Development of a mathematical formula for the calculation of fingerprint probabilities based on individual characteristics [J]. J. Am. Statistical Assoc., 1977, 72(360): 772-778.

[74] JAIN A, HONG L, BOLLE R. On-line fingerprint verification[J]. IEEE Transactions on Pattern Analysis and Machine Intelligence, 1997, 19(4): 302-314.

[75] JAIN A K, CHEN Y, DEMIRKUS M. Pores and ridges: high-resolution fingerprint matching using level 3 features[J]. IEEE Transactions on Pattern Analysis and Machine Intelligence, 2007, 29(1): 15-27.

[76] PANKANTI S, PRABHAKAR S, JAIN A K. On the individuality of fingerprints[J]. IEEE Transactions on Pattern Analysis and Machine Intelligence, 2002, 24(8): 1010-1025.

[77] MALTONI D, MAIO D, JAIN A K, et al. FVC2004 指纹数据库[EB/OL]. (2009-02-04) [2023-11-03]. http://bias.csr.unibo.it/fvc2004/download.asp.

[78] 罗希平, 田捷. 自动指纹识别中的图像增强和细节匹配算法[J]. 软件学报, 2002(05): 946-956.

[79] ULUDAG U, PANKANTI S, PRABHAKAR S, et al. Biometric cryptosystems: issues and challenges[J]. Proceedings of the IEEE, 2004, 92(6): 948-960.

[80] ATAL B S. Effectiveness of linear prediction characteristics of the speech wave for automatic speaker identification and verification[J]. The Journal of the Acoustical Society of America, 1974, 55(6): 1304-1312.

[81] VERGIN R, O'SHAUGHNESSY D, FARHAT A. Generalized mel frequency cepstral coefficients for large-vocabulary speaker-independent continuous-speech recognition[J]. IEEE Transactions on Speech and Audio Processing, 1999, 7(5): 525-532.

[82] HUANG J T, LI J, GONG Y. An analysis of convolutional neural networks for speech recognition[C]//2015 IEEE International Conference on Acoustics, Speech and Signal Processing (ICASSP), 19-24 April 2015, South Brisbane, QLD, Australia. New York: IEEE, 2015: 4989-4993.

[83] REYNOLDS D A, ROSE R C. Robust text-independent speaker identification using Gaussian mixture speaker models[J]. IEEE Transactions on Speech and Audio Processing, 1995, 3(1): 72-83.

[84] REYNOLDS D A, QUATIERI T F, DUNN R B. Speaker Verification Using Adapted Gaussian Mixture Models[J]. Digital Signal Processing, 2000, 10(1-3): 19-41.

[85] WAN V, RENALS S. Speaker verification using sequence discriminant support vector machines [J]. IEEE Transactions on Speech and Audio Processing, 2005, 13(2): 203-210.

[86] BLEDSOE W. Man-Machine Facial Recognition Technical Report[R]. Palo Alto: Panoramic Research Inc, 1966.

[87] KANADE T. Computer recognition of human faces[D]. Kyoto: Kyoto University, 1974.

[88] STEFFENS J, ELAGIN E, NEVEN H. PersonSpotter-fast and robust system for human detection, tracking and recognition[C]//Proceedings Third IEEE International Conference on Automatic Face and Gesture Recognition, 14-16 April 1998, Nara, Japan. New York: IEEE, 1998: 516-521.

[89] TURK M, PENTLAND A. Eigenfaces for recognition[J]. Journal of Cognitive Neuroscience, 1991, 3(1): 71-86.

[90] DEMPSTER A P, LAIRD N M, RUBIN D B. Maximum likelihood from incomplete data via the EM algorithm[J]. Journal of the Royal Statistical Society-Series B: Methodological 1977, 39(1): 1-38.

[91] KUMAR N, BERGA A C, BELHUMEUR P N, et al. Attribute and simile classifiers for face verification[C]//Proceedings of the 12th International Conference on Computer Vision, 29 September 2009 - 02 October 2009, Kyoto, Japan. New York: IEEE, 2009: 365-372.

[92] 中国科学院自动化研究所. CASIA Iris 数据[EB/OL]. (2010-01-18)[2023-11-03]. http://biometrics.idealtest.org.

[93] DAUGMAN J G. High confidence visual recognition of persons by a test of statistical independence[J]. IEEE Transactions on Pattern Analysis and Machine Intelligence, 1993, 15(11): 1148-1161.

[94] GABOR D. Theory of communication[J]. Inst. Elect. Eng., 1946, 93: 429-459.

[95] WILDES R P, ASMUTH J C, GREEN G L, et al. A machine vision system for iris recognition [J]. Vision Applicat., 1996, 9: 1-8.

[96] STROCHLIC N. Famed "Afghan Girl" Finally Gets a Home[EB/OL]. (2017-12-13)[2023-11-03]. https://www.nationalgeographic.com/pages/article/afghan-girl-home-afghanistan.

[97] YILMAZ Y, GUNN S R, HALAK B. Lightweight PUF-based authentication protocol for IoT device[C]//IEEE 3rd IVSW, July 2-4, Costa Brava, Spain. New York: IEEE, 2018: 38-43.

[98] GILL P. Dude, where's that IP? Circumventing measurement-based IP geolocation[C]//19th USENIX Security Symposium (USENIX Security 10), 11-13 August, 2010, Washington, DC, America. Berkeley: USENIX, 2010.

[99] DAVIS C, VIXIE P, GOODWIN T, et al. A means for expressing location information in the domain name system[R]. RFC 1876. IETF, 1996.

[100] GUEYE B, ZIVIANI A, CROVELLA M, et al. Constraint-based geolocation of Internet hosts [J]. IEEE/ACM Transactions on Networking, 2006, 14(6): 1219-1232.

[101] CAPKUN S, RASMUSSEN K, CAGALJ M, et al. Secure location verification with hidden and mobile base stations[J]. IEEE Transactions on Mobile Computing, 2008, 7(4): 470-483.

[102] ZHANG Y, LIU W, FANG Y, et al. Secure localization and authentication in ultra-wideband sensor networks[J]. IEEE Journal on Selected areas in communications, 2006, 24(4): 829-835.

[103] DANEV B, ZANETTI D, CAPKUN S. On physical-layer identification of wireless devices[J]. ACM Computing Surveys (CSUR), 2012, 45(1): 1-29.

[104] KIM J J, HONG S P. A method of risk assessment for multi-factor authentication[J]. Journal of Information Processing Systems, 2011, 7(1): 187-198.

[105] KHAN S, PARKINSON S, GRANT L, et al. Biometric systems utilising health data from wearable devices: applications and future challenges in computer security[J]. ACM Computing Surveys (CSUR), 2020, 53(4): 1-29.

[106] FIDO. Simpler and Stronger Authentication[EB/OL]. (2023-11-03)[2023-11-03]. https://fidoalliance.org.

[107] FAN C I, LIN Y H. Provably secure remote truly three-factor authentication scheme with privacy protection on biometrics[J]. IEEE Transactions on Information Forensics and Security, 2009, 4(4): 933-945.

[108] 闫宏强, 王琳杰. 物联网中的认证技术研究[J]. 通信学报, 2020, 41(7): 213-222.

[109] MAZON-OLIVO B, PAN A. Internet of things: state-of-the-art, computing paradigms and reference architectures[J]. IEEE Latin America Transactions, 2021, 20(1): 49-63.

[110] MUZAMMAL S M, MURUGESAN R K, JHANJHI N Z. A comprehensive review on secure routing in Internet of Things: Mitigation methods and trust-based approaches[J]. IEEE Internet of Things Journal, 2020, 8(6): 4186-4210.

[111] PANCHAL G, SAMANTA D, DAS A K, et al. Designing secure and efficient biometric-based access mechanism for cloud services[J]. IEEE Transactions on Cloud Computing, 2020, 10(2): 749-761.

[112] MALL P, AMIN R, DAS A K, et al. PUF-based authentication and key agreement protocols for IoT, WSNs, and Smart Grids: a comprehensive survey[J]. IEEE Internet of Things Journal, 2022, 9(11): 8205-8228.

[113] AL-TURJMAN F, ALTURJMAN S. Context-sensitive access in Industrial Internet of Things (IIoT) healthcare applications[J]. IEEE Transactions on Industrial Informatics, 2018, 14(6): 2736-2744.

[114] AL-GARADI M A, MOHAMED A, AL-ALI A K, et al. A survey of machine and deep learning methods for Internet of Things (IoT) security[J]. IEEE Communications Surveys & Tutorials, 2020, 22(3): 1646-1685.

[115] HAN J, CHUNG A J, SINHA M K, et al. Do you feel what I hear? Enabling autonomous IoT device pairing using different sensor types[C]//2018 IEEE Symposium on Security and Privacy, May 21-23, 2018, San Francisco, CA. New York: IEEE, 2018: 836-852.

[116] PATEL V M, RATHA N K, CHELLAPPA R. Cancelable biometrics: A review[J]. IEEE Signal Processing Magazine, 2015, 32(5): 54-65.

[117] LI X, WANG M, WANG H, et al. Toward secure and efficient communication for the Internet of Things[J]. IEEE/ACM Transactions on Networking, 2019, 27(2): 621-634.

[118] Home Assistant. Awaken your home[EB/OL]. (2023-11-03)[2023-11-03]. https://www.home-assistant.io/.

[119] FERNANDES E, JUNG J, PRAKASH A. Security analysis of emerging smart home applications[C]//2016 IEEE symposium on security and privacy (SP), May 22-26, 2016, San Jose, California. New York: IEEE, 2016: 636-654.

[120] ZHANG W, MENG Y, LIU Y, et al. Homonit: Monitoring smart home apps from encrypted traffic[C]//Proceedings of the 2018 ACM SIGSAC Conference on Computer and Communica-

tions Security，Oct 15-19，2018，Toronto，Canada. New York：ACM，2018：1074-1088.

[121] BIRNBACH S，EBERZ S，MARTINOVIC I. Peeves：Physical event verification in smart homes
［C］//Proceedings of the 2019 ACM SIGSAC Conference on Computer and Communications Se-
curity，Nov 11-15，2019，London，UK. New York：ACM，2019：1455-1467.

[122] FU C，ZENG Q，DU X. HAWatcher：Semantics-aware anomaly detection for appified smart
homes［C］//30th USENIX Security Symposium（USENIX Security 21），Aug 11-13，2021，On-
line. Berkeley：USENIX，2021：4223-4240.

[123] 贾铁军,侯丽波,倪振松,等. 网络安全实用技术［M］. 3 版. 北京：清华大学出版社，2021.

[124] STAMP M.信息安全原理与实践［M］. 张戈，译. 2 版.北京：清华大学出版社，2013.

[125] LV Z，HU B，LV H. Infrastructure monitoring and operation for smart cities based on IoT sys-
tem［J］. IEEE Transactions on Industrial Informatics，2019，16(3)：1957-1962.

[126] RUSSELL B，VAN DUREN D. Practical Internet of Things security［M］. Birmingham：Packt
Publishing Ltd，2016.

[127] COPE S. Mosquitto ACL—Configuring and testing MQTT topic restrictions［EB/OL］.（2023-
07-11）［2023-11-03］. http：//www. steves-internet-guide. com/topic-restriction-mosquitto-config-
uration/.

[128] Apple.共享您家的控制权［EB/OL］.（2023-11-03）［2023-11-03］. https：//support.apple.com/zh-
cn/HT208709.

[129] Amazon. What is Alexa［EB/OL］.（2023-11-03）［2023-11-03］. https：//developer.amazon.com/
alexa.

[130] Google. A home that knows how to help［EB/OL］.（2023-11-03）［2023-11-03］. https：//assis-
tant.google.com/smart-home/.

[131] IFTTT. Automation for business and home［EB/OL］.（2023-11-03）［2023-11-03］. https：//iftt.
com/.

[132] OKTA. OAuth 2.0 Authorization Framework［EB/OL］.（2023-11-03）［2023-11-03］. https：//
auth0.com/docs/authenticate/protocols/oauth.

[133] CHEN J，XU F，DONG S，et al. Authorization inconsistency in IoT third-party integration［J］.
IET Information Security，2022，16(2)：133-143.

[134] 李孟珂，余祥宣. 基于角色的访问控制技术及应用［J］. 计算机应用研究，2000，17(10)：44-47.

[135] EMQ Technologies Inc.面向物联网的数据基础设施白皮书［EB/OL］.（2021-11-26）［2023-11-
03］. https：//www.emqx.com/zh/resources/data-infrastructure-for-iot.

[136] RIZZARDI A，SICARI S，MIORANDI D，et al. AUPS：An open source AUthenticated Pub-
lish/Subscribe system for the Internet of Things［J］. Information Systems，2016，62(12)：29-
41.

[137] EDU J S，SUCH J M，SUAREZ-TANGIL G. Smart home personal assistants：a security and
privacy review［J］. ACM Computing Surveys（CSUR），2020，53(6)：1-36.

[138] EMQ Technologies Inc. EMQX［EB/OL］.（2019-08-09）［2023-11-03］. https：//github. com/
emqx/emqx/blob/master/README-CN.md.

[139] JIA Y，XING L，MAO Y，et al. Burglars' iot paradise：Understanding and mitigating security
risks of general messaging protocols on iot clouds［C］//2020 IEEE Symposium on Security and
Privacy（SP），May 18-20，2020，San Francisco，California. New York：IEEE，2020：465-481.

[140] CELIK Z B，FERNANDES E，PAULEY E，et al. Program analysis of commodity IoT applica-

tions for security and privacy：Challenges and opportunities[J]. ACM Computing Surveys (CSUR)，2019，52(4)：1-30.

[141] CHEN X，ZHANG X，ELLIOT M，et al. Fix the leaking tap：A survey of trigger-action programming (TAP) security issues, detection techniques and solutions[J]. Computers & Security，2022，120(1)：102812-102830.

[142] XIAO Y，JIA Y，LIU C，et al. Edge computing security：State of the art and challenges[J]. Proceedings of the IEEE，2019，107(8)：1608-1631.

[143] CHEN J，PATRA J，PRADEL M，et al. A survey of compiler testing[J]. ACM Computing Surveys (CSUR)，2020，53(1)：1-36.

[144] CHIFOR B C，BICA I，PATRICIU V V，et al. A security authorization scheme for smart home Internet of Things devices[J]. Future Generation Computer Systems，2018，86(1)：740-749.

[145] NESHENKO N，BOU-HARB E，CRICHIGNO J，et al. Demystifying IoT security：An exhaustive survey on IoT vulnerabilities and a first empirical look on Internet-scale IoT exploitations[J]. IEEE Communications Surveys & Tutorials，2019，21(3)：2702-2733.

[146] CHANG Z，LIU S，XIONG X，et al. A survey of recent advances in edge-computing-powered artificial intelligence of things[J]. IEEE Internet of Things Journal，2021，8(18)：13849-13875.

[147] LEI T，QIN Z，WANG Z，et al. EveDroid：Event-aware Android malware detection against model degrading for IoT devices[J]. IEEE Internet of Things Journal，2019，6(4)：6668-6680.

[148] BHAT P，DUTTA K. A survey on various threats and current state of security in android platform[J]. ACM Computing Surveys (CSUR)，2019，52(1)：1-35.

[149] GU J，XU Y C，XU H，et al. Privacy concerns for mobile app download：An elaboration likelihood model perspective[J]. Decision Support Systems，2017，94(1)：19-28.

[150] TAM K，FEIZOLLAH A，ANUAR N B，et al. The evolution of android malware and android analysis techniques[J]. ACM Computing Surveys (CSUR)，2017，49(4)：1-41.

[151] ACQUISTI A，ADJERID I，BALEBAKO R，et al. Nudges for privacy and security：Understanding and assisting users' choices online[J]. ACM Computing Surveys (CSUR)，2017，50(3)：1-41.

[152] CHEN J，PATRA J，PRADEL M，et al. A survey of compiler testing[J]. ACM Computing Surveys (CSUR)，2020，53(1)：1-36.

[153] SARKER I H，KHAN A I，ABUSHARK Y B，et al. Internet of Things (IoT) security intelligence：a comprehensive overview, machine learning solutions and research directions[J]. Mobile Networks and Applications，2023，28(1)：296-312.

[154] TIAN Y，ZHANG N，LIN Y-H，et al. Smartauth：user-centered authorization for the Internet of Things[C]//26th USENIX Security Symposium, Aug 16-18, 2017, Vancouver, Canada. Berkeley：USENIX，2017：361-378.

[155] WAN Y，XU K，WANG F，et al. IoT Athena：Unveiling IoT device activities from network traffic[J]. IEEE Transactions on Wireless Communications，2021，21(1)：651-664.

[156] 新京报. 巴纳拜·杰克：这个黑客不太黑[EB/OL]. (2013-08-04)[2023-11-03]. http://epaper. bjnews.com.cn/html/2013-08/04/content_455015.htm.

[157] 新京报.戴着"人工心脏"生活[EB/OL]. (2021-04-22)[2023-11-03]. https://www.bjnews. cn/detail/161905727615013.html.

[158] 环球网.腾讯安全携手企业解决安全问题推动行业合作常态化[EB/OL]. (2018-10-25)[2023-

11-03]. https：//tech.huanqiu.com/article/9CaKrnKe366，2018-10-25/2022-08-30.

[159] GHIMIRE B，RAWAT D B. Recent advances on federated learning for cybersecurity and cyber-security for federated learning for internet of things[J]. IEEE Internet of Things Journal，2022，9(11)：8229-8249.

[160] LARSON S. FDA confirms that St. Jude's cardiac devices can be hacked[EB/OL].(2017-01-09)[2023-11-03]. https：//money.cnn.com/2017/01/09/technology/fda-st-jude-cardiac-hack/index.html.

[161] 国家标准化管理委员会. 信息安全技术物联网感知终端应用安全技术要求：GB/T 36951—2018[S]. 2018.

[162] HUSSAIN F，HUSSAIN R，HASSAN S A，et al. Machine learning in IoT security：Current solutions and future challenges[J]. IEEE Communications Surveys & Tutorials，2020，22(3)：1686-1721.

[163] SU J，VARGAS D V，SAKURAI K. One pixel attack for fooling deep neural networks[J]. IEEE Transactions on Evolutionary Computation，2019，23(5)：828-841.

[164] BIRNBACH S，EBERZ S，MARTINOVIC I. Haunted house：Physical smart home event verification in the presence of compromised sensors[J]. ACM Transactions on Internet of Things，2022，3(3)：1-28.

[165] LIU L，LU S，ZHONG R，et al. Computing systems for autonomous driving：State of the art and challenges[J]. IEEE Internet of Things Journal，2020，8(8)：6469-6486.

[166] LABRADO C，THAPLIYAL H. Design of a piezoelectric-based physically unclonable function for IoT security[J]. IEEE Internet of Things Journal，2018，6(2)：2770-2777.

[167] GAO C，WANG G，SHI W，et al. Autonomous driving security：State of the art and challenges[J]. IEEE Internet of Things Journal，2021，9(10)：7572-7595.

[168] ZENDEHDEL G A，KAUR R，CHOPRA I，et al. Automated security assessment framework for wearable BLE-enabled health monitoring devices[J]. ACM Transactions on Internet Technology (TOIT)，2021，22(1)：1-31.

[169] TZITZIS A，MEGALOU S，SIACHALOU S，et al. Localization of RFID tags by a moving robot，via phase unwrapping and non-linear optimization[J]. IEEE Journal of Radio Frequency Identification，2019，3(4)：216-226.

[170] HE D，ZEADALLY S. An analysis of RFID authentication schemes for Internet of Things in healthcare environment using elliptic curve cryptography[J]. IEEE Internet of Things Journal，2014，2(1)：72-83.

[171] 周世杰，张文清，罗嘉庆. 射频识别(RFID)隐私保护技术综述[J]. 软件学报，2015，26(4)：960-976.

[172] 高建良，贺建飚. 物联网 RFID 原理与技术[M]. 2 版. 北京：电子工业出版社，2017.

[173] GARBELINI M E，WANG C，CHATTOPADHYAY S，et al. SweynTooth：Unleashing mayhem over Bluetooth Low Energy[C]//2020 USENIX Annual Technical Conference (USENIX ATC 20)，July 15-17，2020，Online. Berkeley：USENIX，2020：911-925.

[174] BARMAN L，DUMUR A，PYRGELIS A，et al. Every byte matters：Traffic analysis of bluetooth wearable devices[J]. Proceedings of the ACM on Interactive，Mobile，Wearable and Ubiquitous Technologies，2021，5(2)：1-45.

[175] KHALID U，ASIM M，BAKER T，et al. A decentralized lightweight blockchain-based authenti-

cation mechanism for IoT systems[J]. Cluster Computing，2020，23(3)：2067-2087.

[176] LU Y，DA XU L. Internet of Things (IoT) cybersecurity research：A review of current research topics[J]. IEEE Internet of Things Journal，2018，6(2)：2103-2115.

[177] BANG A O，RAO U P. EMBOF-RPL：Improved RPL for early detection and isolation of rank attack in RPL-based Internet of Things[J]. Peer-to-Peer Networking and Applications，2022，15 (1)：642-665.

[178] LIN J，YU W，ZHANG N，et al. A survey on Internet of Things：Architecture，enabling technologies，security and privacy，and applications[J]. IEEE Internet of Things Journal，2017，4 (5)：1125-1142.

[179] VANGALA A，DAS A K，KUMAR N，et al. Smart secure sensing for IoT-based agriculture：Blockchain perspective[J]. IEEE Sensors Journal，2020，21(16)：17591-17607.

[180] LEE P，CLARK A，BUSHNELL L，et al. A passivity framework for modeling and mitigating wormhole attacks on networked control systems[J]. IEEE Transactions on Automatic Control，2014，59(12)：3224-3237.

[181] ANTHI E，WILLIAMS L，SŁOWIŃSKA M，et al. A supervised intrusion detection system for smart home IoT devices[J]. IEEE Internet of Things Journal，2019，6(5)：9042-9053.

[182] SHEN C，LIU C，TAN H，et al. Hybrid-augmented device fingerprinting for intrusion detection in industrial control system networks[J]. IEEE Wireless Communications，2018，25(6)：26-31.

[183] ATZORI L，IERA A，MORABITO G. The Internet of Things：A survey[J]. Computer Networks，2010，54(15)：2787-2805.

[184] SERROR M，HACK S，HENZE M，et al. Challenges and opportunities in securing the industrial Internet of Things[J]. IEEE Transactions on Industrial Informatics，2020，17(5)：2985-2996.

[185] ALAM I，SHARIF K，LI F，et al. A survey of network virtualization techniques for Internet of Things using SDN and NFV[J]. ACM Computing Surveys (CSUR)，2020，53(2)：1-40.

[186] CHA S C，YEH K H，CHEN J F. Toward a robust security paradigm for Bluetooth Low Energy-based smart objects in the Internet of Things[J]. Sensors，2017，17(10)：2348.

[187] 王骞,奚正波.网络安全隔离技术探讨[J].中国新通信，2022，24(10)：113-115.

[188] FURQAN H M，HAMAMREH J M，ARSLAN H. New physical layer key generation dimensions：Subcarrier indices/positions-based key generation[J]. IEEE Communications Letters，2020，25(1)：59-63.

[189] NAGAJAYANTHI B. Decades of Internet of Things towards twenty-first century：A research-based introspective[J]. Wireless Personal Communications，2022，123(4)：3661-3697.

[190] 曾梦岐,陶建军,冯中华.5G 通信安全进展研究[J].通信技术，2017，50(4)：779-784.

[191] 中国信息通信研究院.云计算白皮书（2022 年）[EB/OL].（2022-08-19）[2023-11-03]. http://www.caict.ac.cn/english/research/whitepapers/202208/t20220819_407680.html.

[192] 中国信息通信研究院.物联网安全白皮书（2018 年）[EB/OL].（2018-09-19）[2023-11-03]. http://www.caict.ac.cn/kxyj/qwfb/bps/201809/t20180919_185439.htm.

[193] AHMAD K，ALAM M S，UDZIR N I. Security of NoSQL database against intruders[J]. Recent Patents on Engineering，2019，13(1)：5-12.

[194] SAHAFIZADEH E，NEMATBAKHSH M A. A survey on security issues in Big Data and NoSQL[J]. Advances in Computer Science：an International Journal，2015，4(4)：68-72.

[195] MALHOTRA P，SINGH Y，ANAND P，et al. Internet of Things：Evolution，concerns and se-

curity challenges[J]. Sensors，2021，21(5)：1809-1842.

[196] FAHD K，VENKATRAMAN S，HAMMEED F K. A comparative study of NoSQL system vulnerabilities with big data[J]. Int. J. Manag. Inf. Technol，2019，11(4)：1-19.

[197] SICARI S，RIZZARDI A，COEN-PORISINI A. Security & privacy issues and challenges in NoSQL databases[J]. Computer Networks，2022，206：108828.

[198] SHAHRIAR H，HADDAD H M. Security vulnerabilities of NoSQL and SQL databases for mooc applications[J]. International Journal of Digital Society (IJDS)，2017，8(1)：1244-1250.

[199] SAMARAWEERA G D，CHANG J M. Security and privacy implications on database systems in Big Data era：A survey[J]. IEEE Transactions on Knowledge and Data Engineering，2019，33 (1)：239-258.

[200] Microsoft. Always Encrypted (Database Engine) [EB/OL]. (2023-04-21)[2023-11-03]. https：//docs. microsoft. com/en-us/sql/relational-databases/security/encryption/always-encrypted-database-engine?view=sql-server-2017.

[201] POPA R A，REDFIELD C M S，ZELDOVICH N，et al. CryptDB：Protecting confidentiality with encrypted query processing[C]//Proceedings of the twenty-third ACM symposium on operating systems principles，Oct 23-26，2011，Cascais，Portugal. New York：Association for Computing Machinery，2011：85-100.

[202] PATTUK E，KANTARCIOGLU M，KHADILKAR V，et al. Bigsecret：A secure data management framework for key-value stores[C]//2013 IEEE Sixth International Conference on Cloud Computing，Jun 28-Jul 3，2013，California，USA. NW Washington DC：IEEE Computer Society，2013：147-154.

[203] AHMADIAN M，PLOCHAN F，ROESSLER Z，et al. SecureNoSQL：An approach for secure search of encrypted NoSQL databases in the public cloud[J]. International Journal of Information Management，2017，37(2)：63-74.

[204] FRAMEWORK DNBDI. Draft NIST big data interoperability framework：Volume 6，reference architecture[J]. NIST Special Publication，2015，1500(1)：6.

[205] Oracle. Oracle Database Security guide[EB/OL]. (2023-09-22)[2023-11-03]. https：//docs.oracle.com/en/database/oracle/oracle-database/19/dbseg/index.html.

[206] Apache. Apache Log4j[EB/OL]. (2023-10-20)[2023-11-03]. https：//logging.apache.org/log4j/2.x/.

[207] GULCU C. Simple logging facade for Java[EB/OL].(2023-11-03)[2023-11-03]. https：//www.slf4j.org/manual.html.

[208] 吴大鹏，张普宁，王汝言. "端-边-云"协同的智慧物联网[J]. 物联网学报，2018，2(3)：21-28.

[209] KUMAR M，SHARMA S C，GOEL A，et al. A comprehensive survey for scheduling techniques in cloud computing[J]. Journal of Network and Computer Applications，2019，143(1)：1-33.

[210] Google. Google Cloud IoT[EB/OL]. (2023-11-03)[2023-11-03]. https：//cloud.google.com/solutions/iot.

[211] Google. Android Things[EB/OL]. (2020-03-26)[2023-11-03]. https：//developer.android.com/things/get-started/.

[212] Amazon. AWS IoT Core[EB/OL]. (2023-11-01)[2023-11-03]. https：//aws.amazon.com/iot-core/.

[213] Amazon. AWS IoT Button[EB/OL]. (2023-11-01)[2023-11-03]. https：//aws.amazon.com/iot-

button/.

[214] Microsoft. Azure IoT solution accelerators[EB/OL]. (2023-11-03)[2023-11-03]. https://azure. microsoft.com/en-us/features/iot-accelerators/.

[215] 马立川, 裴庆祺, 肖慧子. 万物互联背景下的边缘计算安全需求与挑战[J]. 中兴通讯技术, 2019, 25(3): 37-42.

[216] SHI W, SUN H, CAO J, et al. Edge computing-an emerging computing model for the Internet of everything era[J]. Journal of Computer Research and Development, 2017, 54(5): 907-924.

[217] 云计算开源产业联盟. 云计算与边缘计算协同九大应用场景[R/OL]. (2019-07-04)[2023-11-03]. http://www.caict.ac.cn/kxyj/qwfb/bps/201907/P020190704540095940639.pdf.

[218] Google. Edge TPU[EB/OL]. (2023-10-31)[2023-11-03]. https://cloud.google.com/edge-tpu.

[219] Google. Bringing intelligence to the edge with Cloud IoT[EB/OL]. (2018-07-26)[2023-11-03]. https://cloud.google.com/blog/products/gcp/bringing-intelligence-edge-cloud-iot.

[220] Amazon. AWS IoT Greengrass[EB/OL]. (2023-11-01)[2023-11-03]. https://aws.amazon.com/cn/greengrass/.

[221] Microsoft. Azure IoT Edge[EB/OL]. (2023-11-01)[2023-11-03]. https://azure.microsoft.com/en-us/services/iot-edge.

[222] 阿里云. Link IoT Edge[EB/OL]. (2022-05-26)[2023-11-03]. https://www.alibabacloud.com/zh/product/linkiotedge.

[223] 海尔. 卡奥斯 COSMOPlat[EB/OL]. (2021-03-19)[2023-11-03]. https://www.haier.com/haier_cosmoplat/.

[224] 中国信息通信研究院. 云计算白皮书(2021年)[R/OL]. (2021-07-27)[2023-11-03]. http://www.caict.ac.cn/kxyj/qwfb/bps/202107/P020210727458966329996.pdf.

[225] 边缘计算产业联盟, 工业互联网产业联盟. 边缘计算与云计算系统白皮书[R/OL]. (2019-02-21)[2023-11-03]. http://www.ecconsortium.org/Uploads/file/20190221/1550718911180625.pdf.

[226] HE D, ZEADALLY S, WU L, et al. Analysis of handover authentication protocols for mobile wireless networks using identity-based public key cryptography[J]. Computer Networks, 2017, 128(1): 154-163.

[227] 边缘计算产业联盟, 工业互联网产业联盟. 边缘计算安全白皮书[R/OL]. (2022-04-18)[2023-11-03]. http://www.ecconsortium.org/Uploads/file/20220418/20220418182745_95696.pdf.

[228] 张锦春, 逄利华. 面向物联网架构的数据库系统概述[J]. 办公自动化: 综合月刊, 2014 (4): 39-42.

[229] 方巍, 郑玉, 徐江. 大数据: 概念、技术及应用研究综述[J]. 南京信息工程大学学报: 自然科学版, 2014, 6(5): 405-419.

[230] RATHORE M M, AHMAD A, PAUL A, et al. Urban planning and building smart cities based on the Internet of Things using big data analytics[J]. Computer Networks, 2016, 101(1): 63-80.

[231] RATHORE M M, PAUL A, HONG W H, et al. Exploiting IoT and big data analytics: Defining smart digital city using real-time urban data[J]. Sustainable Cities and Society, 2018, 40(1): 600-610.

[232] SUN Y, SONG H, JARA A J, et al. Internet of Things and big data analytics for smart and connected communities[J]. IEEE Access, 2016, 4(1): 766-773.

[233] ŽARKO I P, PRIPUŽIĆ K, SERRANO M, et al. IoT data management methods and optimisa-

tion algorithms for mobile publish/subscribe services in cloud environments[C]//2014 European Conference on Networks and Communications (EuCNC), Jun 23/26, Bologna, Italy. Piscataway: IEEE, 2014: 1-5.

[234] HROMIC H, LE PHUOC D, SERRANO M, et al. Real time analysis of sensor data for the Internet of Things by means of clustering and event processing[C]//2015 IEEE International Conference on Communications (ICC), Jun 8-12, 2015, London, UK. Piscataway: IEEE, 2015: 685-691.

[235] PLAGERAS A P, PSANNIS K E, STERGIOU C, et al. Efficient IoT-based sensor Big Data collection-processing and analysis in smart buildings[J]. Future Generation Computer Systems, 2018, 82(1): 349-357.

[236] YASSINE A, SINGH S, HOSSAIN M S, et al. IoT big data analytics for smart homes with fog and cloud computing[J]. Future Generation Computer Systems, 2019, 91(1): 563-573.

[237] DERGUECH W, BRUKE E, CURRY E. An autonomic approach to real-time predictive analytics using open data and Internet of Things[C]//2014 IEEE 11th International Conference on Ubiquitous Intelligence and Computing and 2014 IEEE 11th International Conference on Autonomic and Trusted Computing and 2014 IEEE 14th International Conference on Scalable Computing and Communications and Its Associated Workshops, Dec 9-12, 2014, Denpasar, Bali, Indonesia. Los Alamitos: IEEE Computer Society, 2014: 204-211.

[238] DE PRADO A G, ORTIZ G, BOUBETA-PUIG J, et al. Air4People: A smart air quality monitoring and context-aware notification system[J].Journal of Universal Computer Science, 2018, 24(7): 846-863.

[239] TRILLES S, BELMONTE Ò, SCHADE S, et al. A domain-independent methodology to analyze IoT data streams in real-time. A proof of concept implementation for anomaly detection from environmental data[J]. International Journal of Digital Earth, 2017, 10(1): 103-120.

[240] YACCHIREMA D C, SARABIA-JÁCOME D, PALAU C E, et al. A smart system for sleep monitoring by integrating IoT with big data analytics[J]. IEEE Access, 2018, 6(1): 35988-36001.

[241] AKHTAR U, KHATTAK A M, LEE S. Challenges in managing real-time data in Health Information System (HIS)[C]//Inclusive Smart Cities and Digital Health: 14th International Conference on Smart Homes and Health Telematics, ICOST 2016, May 25-27, 2016, Wuhan, China. Berlin: Springer, 2016: 305-313.

[242] IBM. Apache MapReduce[EB/OL]. (2023-11-03)[2023-11-03]. https://www.ibm.com/analytics/hadoop/mapreduce.

[243] Apache. Apache Storm[EB/OL]. (2023-08-28)[2023-11-03].https://storm.apache.org/.

[244] Wikipedia. Apache Spark[EB/OL]. (2023-11-02)[2023-11-03]. https://en.wikipedia.org/wiki/Apache_Spark.

[245] MAVRIDIS I, KARATZA H. Performance evaluation of cloud-based log file analysis with Apache Hadoop and Apache Spark[J]. Journal of Systems and Software, 2017, 125(1): 133-151.

[246] ZAHARIA M, XIN R S, WENDELL P, et al. Apache spark: a unified engine for big data processing[J]. Communications of the ACM, 2016, 59(11): 56-65.

[247] VAN DER VEEN J S, VAN DER WAAIJ B, LAZOVIK E, et al. Dynamically scaling apache storm for the analysis of streaming data[C]//2015 IEEE First International Conference on Big

Data Computing Service and Applications，Mar 30-Apr 2，2015，Redwood City，CA，USA. Piscataway：IEEE，2015：154-161.

[248] IT 常青树. 大数据安全防护方法研究与建议[EB/OL].（2019-03-14）[2023-11-03]. http://www. djbh. net/webdev/web/AcademicianColumnAction. do? p = getYszl&id = 8a818256675-e91ab01697ab054b000e1.

[249] BANSAL M，CHANA I，CLARKE S. A survey on iot big data：current status，13 V's challenges，and future directions[J]. ACM Computing Surveys (CSUR)，2020，53(6)：1-59.

[250] KOLOZALI S，BERMUDEZ-EDO M，PUSCHMANN D，et al. A knowledge-based approach for real-time iot data stream annotation and processing[C]//2014 IEEE International Conference on Internet of Things (iThings)，and IEEE Green Computing and Communications (GreenCom) and IEEE Cyber，Physical and Social Computing (CPSCom)，Sept 1-3，2014，Taipei，China. Piscataway：IEEE，2014：215-222.

[251] CAO Q H，KHAN I，FARAHBAKHSH R，et al. A trust model for data sharing in smart cities [C]//2016 IEEE International Conference on Communications (ICC)，May 23-27，2016，Kuala Lumpur，Malaysia. Piscataway：IEEE，2016：1-7.

[252] ZHENG R，JIANG J，HAO X，et al. bcBIM：A blockchain-based big data model for BIM modification audit and provenance in mobile cloud[J]. Mathematical Problems in Engineering，2019：534-538.

[253] HU J，LIN H，GUO X，et al. DTCS：An integrated strategy for enhancing data trustworthiness in mobile crowdsourcing[J]. IEEE Internet of Things Journal，2018，5(6)：4663-4671.

[254] YAN Z，ZHANG P，VASILAKOS A V. A security and trust framework for virtualized networks and software-defined networking[J]. Security and Communication Networks，2016，9 (16)：3059-3069.

[255] STERGIOU C，PSANNIS K E，KIM B G，et al. Secure integration of IoT and cloud computing [J]. Future Generation Computer Systems，2018，78(1)：964-975.

[256] WANG H，WANG Z，DOMINGO-FERRER J. Anonymous and secure aggregation scheme in fog-based public cloud computing[J]. Future Generation Computer Systems，2018，78(1)：712-719.

[257] YANG Y，ZHENG X，CHANG V，et al. Semantic keyword searchable proxy re-encryption for postquantum secure cloud storage[J]. Concurrency and Computation：Practice and Experience，2017，29(19)：e4211.

[258] YANG Y，ZHENG X，TANG C. Lightweight distributed secure data management system for health Internet of Things[J]. Journal of Network and Computer Applications，2017，89(1)：26-37.

[259] SONG T，LI R，MEI B，et al. A privacy preserving communication protocol for IoT applications in smart homes[J]. IEEE Internet of Things Journal，2017，4(6)：1844-1852.

[260] MEMOS V A，PSANNIS K E，ISHIBASHI Y，et al. An efficient algorithm for media-based surveillance system (EAMSuS) in IoT smart city framework[J]. Future Generation Computer Systems，2018，83(1)：619-628.

[261] DWORK C. Differential privacy[C]//33th International Colloquium on Automata，Languages，and Programming，Jul 10-14，2006，Venice，Italy. Berlin，Heidelberg：Springer，2006：1-12.

[262] DU M，WANG K，CHEN Y，et al. Big data privacy preserving in multi-access edge computing

for heterogeneous Internet of Things[J]. IEEE Communications Magazine, 2018, 56(8): 62-67.

[263] YANG Y, ZHENG X, GUO W, et al. Privacy-preserving fusion of IoT and big data for e-health [J]. Future Generation Computer Systems, 2018, 86(1): 1437-1455.

[264] WAZID M, DAS A K, BHAT V, et al. LAM-CIoT: Lightweight authentication mechanism in cloud-based IoT environment[J]. Journal of Network and Computer Applications, 2020, 150 (1): 102496.

[265] YU S, WANG C, REN K, et al. Achieving secure, scalable, and fine-grained data access control in cloud computing[C]//2010 Proceedings IEEE INFOCOM, Mar 14-19, 2010, San Diego, California, USA. Piscataway: IEEE, 2010: 1-9.

[266] BYUN J W, BERTINO E, LI N. Purpose based access control of complex data for privacy protection[C]//Proceedings of the tenth ACM symposium on Access control models and technologies, June 1-3, 2005, Stockholm Sweden. New York: Association for Computing Machinery, 2005: 102-110.

[267] 冯子龙, 封文英, 韩磊, 等. 互联网时代下指纹检测与人脸识别系统的应用特点及发展趋势[J]. 数码设计, 2019(5): 5-6.

[268] 张翠平, 苏光大. 人脸识别技术综述[J]. 中国图象图形学报: A 辑, 2000, 2000 (11): 885-894.

[269] RASHID R A, MAHALIN N H, SARIJARI M A, et al. Security system using biometric technology: Design and implementation of Voice Recognition System (VRS)[C]//2008 International Conference on Computer and Communication Engineering, May 13-15, 2008, Kuala Lumpur, Malaysia. Piscataway: IEEE, 2008: 898-902.

[270] DAUGMAN J. How iris recognition works[J]. IEEE Transactions on Circuits and Systems for Video Technology, 2004, 14(1): 21-30.

[271] KONG A, ZHANG D, KAMEL M. A survey of palmprint recognition[J]. Pattern Recognition, 2009, 42(7): 1408-1418.

[272] RIBEIRO B, GONÇALVES I, SANTOS S, et al. Deep learning networks for off-line handwritten signature recognition[C]//Progress in Pattern Recognition, Image Analysis, Computer Vision, and Applications: 16th Iberoamerican Congress, CIARP 2011, November 15-18, 2011, Pucón, Chile. Berlin: Springer, 2011: 523-532.

[273] CHAUHAN J, SENEVIRATNE S, HU Y, et al. Breathing-based authentication on resource-constrained IoT devices using recurrent neural networks[J]. Computer, 2018, 51(5): 60-67.

[274] HNATIUC M, GEMAN O, AVRAM A G, et al. Human signature identification using IoT technology and gait recognition[J]. Electronics, 2021, 10(7): 852.

[275] PERUMAL T, CHUI Y L, AHMADON M A B, et al. IoT based activity recognition among smart home residents[C]//2017 IEEE 6th Global Conference on Consumer Electronics (GCCE), Oct 24-27, 2017, Nagoya, Japan. Piscataway: IEEE, 2017: 1-2.

[276] WU H, HAN H, WANG X, et al. Research on artificial intelligence enhancing Internet of Things security: A survey[J]. IEEE Access, 2020, 8(1): 153826-153848.

[277] KIM G, LEE S, KIM S. A novel hybrid intrusion detection method integrating anomaly detection with misuse detection[J]. Expert Systems with Applications, 2014, 41(4): 1690-1700.

[278] LI J, ZHAO Z, LI R, et al. Ai-based two-stage intrusion detection for software defined IoT networks[J]. IEEE Internet of Things Journal, 2018, 6(2): 2093-2102.

[279] BOSMAN H H W J, IACCA G, TEJADA A, et al. Ensembles of incremental learners to detect

anomalies in Ad hoc sensor networks[J]. Ad hoc Networks, 2015, 35(1): 14-36.

[280] XIAO L, WAN X, LU X, et al. IoT security techniques based on machine learning: How do IoT devices use AI to enhance security? [J]. IEEE Signal Processing Magazine, 2018, 35(5): 41-49.

[281] YOUSEFI-AZAR M, VARADHARAJAN V, HAMEY L, et al. Autoencoder-based feature learning for cyber security applications[C]//2017 International Joint Conference on Neural Networks (IJCNN), May 14-19, 2017, Anchorage, Alaska, USA. Piscataway: IEEE, 2017: 3854-3861.

[282] MCLAUGHLIN N, MARTINEZ DEL RINCON J, KANG B J, et al. Deep android malware detection[C]//Proceedings of the Seventh ACM Conference on Data and Application Security and Privacy, March 22-24, 2017, Scottsdale, Arizona, USA. New York: Association for Computing Machinery, 2017: 301-308.

[283] KANG W M, MOON S Y, PARK J H. An enhanced security framework for home appliances in smart home[J]. Human-centric Computing and Information Sciences, 2017, 7(1): 1-12.

[284] JIA Y J, CHEN Q A, WANG S, et al. ContexloT: Towards providing contextual integrity to appified IoT platforms[C]//24th Annual Network and Distributed System Security Symposium (NDSS 2017), Feb 26-Mar 01, 2017, San Diego: Internet Society, 2017, 2(2): 2.2.

[285] MAJUMDAR S, JARRAYA Y, OQAILY M, et al. Leaps: Learning-based proactive security auditing for clouds[C]//Computer Security—ESORICS 2017: 22nd European Symposium on Research in Computer Security, Sept 11-15, 2017, Oslo, Norway. Berlin: Springger, 2017: 265-285.

[286] MOHAMMADI M, AL-FUQAHA A, SOROUR S, et al. Deep learning for IoT big data and streaming analytics: A survey[J]. IEEE Communications Surveys & Tutorials, 2018, 20(4): 2923-2960.

[287] LECUN Y, BENGIO Y, HINTON G. Deep learning[J]. Nature, 2015, 521(7553): 436-444.

[288] SUN L, DOU Y, YANG C, et al. Adversarial attack and defense on graph data: A survey[J]. IEEE Transactions on Knowledge and Data Engineering, 2023, 35(8): 7693-7711.

[289] NGUYEN T D, RIEGER P, MIETTINEN M, et al. Poisoning attacks on federated learning-based IoT intrusion detection system[C]//Proc. Workshop Decentralized IoT Syst. Secur. (DISS), Feb 23, 2020, San Diego, California. Virginia: Internet Society, 2020: 1-7.

[290] ZHANG J, CHEN B, CHENG X, et al. PoisonGAN: Generative poisoning attacks against federated learning in edge computing systems[J]. IEEE Internet of Things Journal, 2020, 8(5): 3310-3322.

[291] CAUWENBERGHS G. Incremental and decremental support vector machine learning[J]. Advance in Neural Information Processing Systems, 2001, 13(1): 409-423.

[292] JAGIELSKI M, OPREA A, BIGGIO B, et al. Manipulating machine learning: Poisoning attacks and countermeasures for regression learning[C]//2018 IEEE Symposium on Security and Privacy (SP), May 20-24, 2018, San Francisco, CA. New York: IEEE, 2018: 19-35.

[293] ULLAH S S, ULLAH I, KHATTAK H, et al. A lightweight identity-based signature scheme for mitigation of content poisoning attack in named data networking with Internet of Things[J]. IEEE Access, 2020, 8(1): 98910-98928.

[294] BARACALDO N, CHEN B, LUDWIG H, et al. Detecting poisoning attacks on machine learn-

ing in IoT environments[C]//2018 IEEE International Congress on Internet of Things (ICIOT),
Jul 02-07, San Francisco, CA. New York: IEEE, 2018: 57-64.

[295] QIU H, DONG T, ZHANG T, et al. Adversarial attacks against network intrusion detection in
IoT systems[J]. IEEE Internet of Things Journal, 2020, 8(13): 10327-10335.

[296] LIU X, DU X, ZHANG X, et al. Adversarial samples on android malware detection systems for
IoT systems[J]. Sensors, 2019, 19(4): 974.

[297] CHERNIKOVA A, OPREA A, NITA-ROTARU C, et al. Are self-driving cars secure? evasion
attacks against deep neural networks for steering angle prediction[C]//2019 IEEE Security and
Privacy Workshops (SPW), May 23, 2019, San Francisco. Piscataway: IEEE, 2019: 132-137.

[298] TU J, LI H, YAN X, et al. Exploring adversarial robustness of multi-sensor perception systems
in self driving[EB/OL]. (2021-01-17)[2023-11-03]. https://arxiv.org/abs/2101.06784v1.

[299] YUAN X, CHEN Y, ZHAO Y, et al. CommanderSong: A systematic approach for practical
adversarial voice recognition[C]//27th USENIX Security Symposium (USENIX Security 18),
Aug 15-17, 2018, Baltimore, MD. Berkeley: USENIX, 2018: 49-64.

[300] TRAMER F, KURAKIN A, PAPERNOT N, et al.Ensemble adversarial training: Attacks and
defenses[J]. Stat, 2018, 1050(1): 22.

[301] CELIK Z B, MCDANIEL P, TAN G. Soteria: Automated IoT safety and security analysis[C]//
2018 USENIX Annual Technical Conference, July 11-13, 2018, Boston, Massachusetts. Berke-
ley: USENIX, 2018: 147-158.

[302] JEON J, PARK J H, JEONG Y-S. Dynamic analysis for IoT malware detection with convolution
neural network model[J]. IEEE Access, 2020, 8: 96899-96911.

[303] YAO Y, ZHOU W, JIA Y, et al. Identifying privilege separation vulnerabilities in IoT firmware
with symbolic execution[C]//European Symposium on Research in Computer Security, Septem-
ber 23-27, 2019, Luxembourg. Berlin, Heidelberg: Springer, 2019: 638-657.

[304] KUMAR D, SHEN K, CASE B, et al. All things considered: An analysis of IoT devices on
home networks [C]//Proceedings of the 28th USENIX Security Symposium, August 14-16,
2019, Santa Clara, California. Berkeley: USENIX, 2019: 1169-1185.

[305] ZHENG Y, DAVANIAN A, YIN H, et al. FIRM-AFL: high-throughput greybox fuzzing of
IoT firmware via augmented process emulation[C]//28th USENIX Security Symposium (USE-
NIX Security 19), August 14-16, 2019, Santa Clara, California. Berkeley: USENIX, 2019:
1099-1114.

[306] FALCO G, VISWANATHAN A, CALDERA C, et al. A master attack methodology for an AI-
based automated attack planner for smart cities[J]. IEEEAccess, 2018, 6: 48360-48373.

[307] UETAKE Y, SANADA A, KUSAKA T, et al. Side-channel attack using order 4 element a-
gainst curve25519 on atmega328p[C]//2018 International Symposium on Information Theory
and Its Applications (ISITA), Octorber 28-31, 2018, Singapore. New York: IEEE, 2018: 618-
622.

[308] GNAD D R, KRAUTTER J, TAHOORI M B, et al. Leaky noise: New side-channel attack vec-
tors in mixed-signal IoT devices[J]. IACR Transactions on Cryptographic Hardware and Embed-
ded Systems, 2019, 2019(3): 305-339.

[309] BACKES M, DüRMUTH M, GERLING S, et al. Acoustic side-channel attacks on printers
[C]//USENIX Security Symposium, August 11-13, 2010, Washington DC. Berkeley: USE-

NIX,2010：307-322.

[310] YAN Q, WANG M, HUANG W, et al. Automatically synthesizing DoS attack traces using generative adversarial networks[J]. International Journal of Machine Learning and Cybernetics, 2019, 10(12)：3387-3396.

[311] KOLIAS C, KAMBOURAKIS G, STAVROU A, et al. DDoS in the IoT：Mirai and other botnets[J]. Computer, 2017, 50(7)：80-84.

[312] NGUYEN H-T, NGO Q-D, LE V-H. A novel graph-based approach for IoT botnet detection [J]. International Journal of Information Security, 2020, 19(5)：567-577.

[313] RAJAN A, JITHISH J, SANKARAN S. Sybil attack in IoT：Modelling and defenses[C]//2017 International Conference on Advances in Computing, Communications and Informatics (ICAC-CI), September 13-16, 2017, Manipal. New York：IEEE, 2017：2323-2327.

[314] LU C X, LI Y, XIANGLI Y, et al. Nowhere to hide：Cross-modal identity leakage between biometrics and devices[C]//Proceedings of The Web Conference 2020, April 20-24, 2020, Taipei, China. New York：Assoc Computing Machinery, 2020：212-223.

[315] CHAUDHARY P, GUPTA B B, CHUI K T, et al. Shielding smart home IoT devices against adverse effects of XSS using AI model[C]//2021 IEEE International Conference on Consumer Electronics (ICCE), January 10-12, 2021, Las Vegas, Nevada. New York：IEEE, 2021：1-5.

[316] ALSUBAEI F, ABUHUSSEIN A, SHIVA S. Security and privacy in the Internet of Medical Things：Taxonomy and risk assessment[C]//2017 IEEE 42nd Conference on Local Computer Networks Workshops (LCN Workshops), October 09-12, 2017, Singapore. New York：IEEE, 2017：112-120.

[317] RIZVI S, KURTZ A, PFEFFER J, et al. Securing the Internet of Things (IoT)：A security taxonomy for IoT[C]//2018 17th IEEE International Conference On Trust, Security And Privacy In Computing And Communications and 12th IEEE International Conference On Big Data Science And Engineering (TrustCom/BigDataSE), August 01-03, 2018, New York. New York：IEEE, 2018：163-168.

[318] SÁNCHEZ P M S, VALERO J M J, CELDRÁN A H, et al. A survey on device behavior fingerprinting：Data sources, techniques, application scenarios, and datasets[J]. IEEE Communications Surveys & Tutorials, 2021, 23(2)：1048-1077.

[319] YU J Y, KIM Y G. Analysis of IoT platform security：A survey[C]//2019 International Conference on Platform Technology and Service (PlatCon), January 28-30, 2019, Jeju. New York：IEEE, 2019：139-143.

[320] IBM. MQTT[EB/OL]. (2023-10-30)[2023-11-05]. https：//mqtt.org/.

[321] SANTIAGO H R, TERESA V M, RAQUEL L, et al. MQTT security：A novel fuzzing approach[J]. Wireless Communications & Mobile Computing, 2018, 2018：1-11.

[322] SEQUEIROS J B F, CHIMUCO F T, SAMAILA M G, et al. Attack and system modeling applied to IoT, cloud, and mobile ecosystems：Embedding security by design[J]. ACM Computing Surveys (CSUR), 2020, 53(2)：1-32.

[323] KOUICEM D E, BOUABDALLAH A, LAKHLEF H. Internet of Things security：A top-down survey[J]. Computer Networks, 2018, 141：199-221.

[324] WICHERS D, WILLIAMS J. OWASP Top-10 2017[EB/OL]. (2021-05-09)[2023-11-05]. https：//owasp.org/www-pdf-archive/OWASP_Top_10-2017_％28en％29.pdf.pdf.

[325] ROSENBERG I, SHABTAI A, ROKACH L, et al. Generic black-box end-to-end attack against state of the art API call based malware classifiers[C]//International Symposium on Research in Attacks, Intrusions, and Defenses, September 10-12, 2018, Heraklion. Berlin, Heidelberg: Springer, 2018: 490-510.

[326] SELIEM M, ELGAZZAR K, KHALIL K. Towards privacy preserving IoT environments: A survey[J]. Wireless Communications & Mobile Computing, 2018, 2018: 1-15.

[327] WACHTER S. Normative challenges of identification in the Internet of Things: Privacy, profiling, discrimination, and the GDPR[J]. Computer Law & Security Review, 2018, 34(3): 436-449.

[328] JIA X, FENG Q, MA C. An efficient anti-collision protocol for RFID tag identification[J]. IEEE Communications Letters, 2010, 14(11): 1014-1016.

[329] ZIEGELDORF J H, MORCHON O G, WEHRLE K. Privacy in the Internet of Things: threats and challenges[J]. Security and Communication Networks, 2014, 7(12): 2728-2742.

[330] LIU X, KRAHNSTOEVER N, YU T, et al. What are customers looking at? Advanced video and signal based surveillance[C]//2007 IEEE Conference on Advanced Video and Signal Based Surveillance, September 05-07, 2007, London. New York: IEEE, 2007: 405-410.

[331] SENIOR A, BROWN L, HAMPAPUR A, et al. Video analytics for retail[C]//2007 IEEE Conference on Advanced Video and Signal Based Surveillance, September 05-07, 2007, London. New York: IEEE, 2007: 424-428.

[332] MIT Center for Biological and Computational Learning (CBCL). CBCL software[EB/OL]. (2001-08-15) [2023-11-15]. http://cbcl.mit.edu/software-datasets/ FaceData2.html.

[333] FINKENZELLER K. RFID handbook: Fundamentals and applications in contactless smart cards, radio frequency identification and near-field communication[M]. 3nd ed. New York: Wiley, 2010.

[334] VAN DEURSEN T. 50 ways to break RFID privacy[C]. Privacy and Identity Management for Life, IFIP Advances in Information and Communication Technology. Berlin, Heidelberg: Springer, 2011: 192-205.

[335] DANEV B, HEYDT-BENJAMIN T S, CAPKUN S. Physical-layer identification of RFID devices[C]//Proceedings of the 18th Conference on USENIX Security Symposium, August 10-14, 2009, Montreal. Berkeley: USENIX, 2009: 199-214.

[336] PETERSON Z N, BURNS R C, HERRING J, et al. Secure deletion for a versioning file system [C]//4th USENIX Conference on File and Storage Technologies (FAST), December 13-16, 2005, San Francisco, California. Berkeley: USENIX, 2005: 143-154.

[337] Connectivity Standards Alliance. ZigBee FAQs | Frequently Asked Questions - CSA-IoT [EB/OL]. (2023-08-03)[2023-11-05]. https://csa-iot.org/all-solutions/zigbee/zigbee-faq/.

[338] Z-Wave Alliance. Better and safer smart homes are built on Z-Wave[EB/OL]. (2022-10-30) [2023-11-05]. https://www.z-wave.com/

[339] Bluetooth SIG Inc. Core specification | Bluetooth technology website[EB/OL]. (2023-04-13) [2023.11-05].https://www.bluetooth.com/specifications/specs/core-specification-4-0/.

[340] PAPST F, STRICKER N, ENTEZARI R, et al. To share or not to share: on location privacy in IoT sensor data[C]//2022 IEEE/ACM Seventh International Conference on Internet of Things Design and Implementation (IoTDI), May 04-06, 2022, Milano. NewYork: IEEE, 2022: 128-

140.

[341] 刘强，李桐，于洋，等. 面向可穿戴设备的数据安全隐私保护技术综述[J]. 计算机研究与发展，2018，55(1)：14-29.

[342] Path Intelligence. Path Intelligence—A lifestyle and liberation resource[EB/OL]. (2023-01-03)[2023-11-05]. http://www.pathintelligence.com/.

[343] Nearbuy. Deals in New Delhi[EB/OL]. (2022-09-04)[2023-11-05]. https://www.nearbuy.com/.

[344] Wikipedia. quasi-identifier[EB/OL]. (2022-12-17)[2023-11-05]. https://en.wikipedia.org/wiki/Quasi-identifier.

[345] Singaporean Personal Data Protection Commission，PDPC. Guide to basic anonymisation[EB/OL]. (2022-06-07)[2023-11-05]. https://www.pdpc.gov.sg/-/media/Files/PDPC/PDF-Files/Advisory-Guidelines/Guide-to-Basic-Anonymisation-31-March-2022.ashx.

[346] DWORK C. Differential privacy：A survey of results[C]//International Conference on Theory and Applications of Models of Computation，Arpil 25-29，2008，Xian. Berlin，Heidelberg：Springer，2008：1-19.

[347] CAMENISCH J，VAN HERREWEGHEN E. Design and implementation of the idemix anonymous credential system[C]//Proceedings of the 9th ACM Conference on Computer and Communications Security，November 18-22，2002，Washington DC. New York：ACM，2002：21-30.

[348] CHAUM D. Blind signature system[C]//Advances in Cryptology，August 21-24，1983，Santa Barbara，California. Berlin，Heidelberg：Springer，1983：153-156.

[349] 任伟. 数字签名与安全协议[M]. 北京：清华大学出版社，2015.

[350] CAMENISCH J，LYSYANSKAYA A. An efficient system for non-transferable anonymous credentials with optional anonymity revocation[C]//International Conference on the Theory and Application of Cryptographic Techniques (EUROCRYPT 2001)，May 06-10，2001，Innsbruck. Berlin，Heidelberg：Springer，2001：93-118.

[351] PAQUIN C，ZAVERUCHA G. U-prove cryptographic specification v1.1[EB/OL]. (2018-01-04)[2023-11-05]. https://www.microsoft.com/en-us/research/wp-content/uploads/2016/02/U-Prove20Cryptographic20Specification20V1.1.pdf

[352] STEIN G. Rethinking public key infrastructures and digital certificates：Building in privacy[J]. Journal of Urban Technology，2001，8(3)：143-145.

[353] GONZALEZ-TABLAS A I，ALCAIDE A，DE FUENTES J M，et al. Privacy-preserving and accountable on-the-road prosecution of invalid vehicular mandatory authorizations[J]. Adhoc Networks，2013，11(8)：2693-2709.

[354] 赵丽莉，江智茹，马民虎. 比利时电子身份管理制度评鉴[J]. 图书情报工作，2011，55(20)：52.

[355] 杨珂，王俊生. 基于 eID 的网络身份制与个人信息保护法律制度研究[J]. 信息安全研究，2019，5(5)：440-447.

[356] MOSTOWSKI W，VULLERS P. Efficient U-Prove implementation for anonymous credentials on smart cards[C]//International Conference on Security and Privacy in Communication Systems，September 7-9，2011，London. Berlin，Heidelberg：Springer，2011：243-260.

[357] GHINITA G，KALNIS P，KHOSHGOZARAN A，et al. Private queries in location based services：anonymizers are not necessary[C]//Proceedings of the 2008 ACM SIGMOD Interna-

tional Conference on Management of data，June 09-12，2008，Vancouver. New York：ACM，2008：121-132.

[358] MOKBEL M F，CHOW C Y，AREF W G. The New Casper：A Privacy-Aware Location-Based Database Server[C]//2007 IEEE 23rd International Conference on Data Engineering，April 15-20，2007，Istanbul. New York：IEEE，2015：1499-1500.

[359] CHOW C Y，MOKBEL M F，LIU X. A peer-to-peer spatial cloaking algorithm for anonymous location-based service[C]//Proceedings of the 14th Annual ACM International Symposium on Advances in Geographic Information Systems，November 10-11，2006，Virginia，Arlington. New York：ACM，2006：171-178.

[360] Meeco. Meeco[EB/OL]. (2023-06-03)[2023-11-05]. https：//meeco.me/.

[361] World Data Exchange. World Data Exchange Platform—get instant consented access to your users' personal data[EB/OL]. (2023-07-25)[2023-11-05]. https：//worlddataexchange.com/.

[362] OPENPDS/SAFEANSWERS. openPDS/SafeAnswers—The privacy-preserving Personal Data Store[EB/OL]. (2015-05-17)[2023-11-05]. http：//openpds.media.mit.edu/.

[363] HADDADI H，MORTIER R，MCAULEY D，et al. Databox[EB/OL]. (2020-06-10)[2023-11-05]. https：//github.com/me-box/databox.

[364] European Commission Directorate-General for Communications Networks，Content and Technology Media and Data Unit G.1—Data Policy and Innovation. An emerging offer of "personal information management services"—Current state of service offers and challenges[EB/OL]. (2016-11-23)[2023.11.05]. https：//ec.europa.eu/newsroom/dae/document.cfm?doc_id=40118.

[365] KnowNow Information Limited. Consentua[EB/OL]. (2023-10-04)[2023-11-05]. https：//consentua.com/.

[366] W3C. The Platform for Privacy Preferences 1.0 (P3P1.0) specification[EB/OL]. (2018-10-24)[2023-11-05]. http：//www.w3.org/TR/P3P/.

[367] DAVIES J，FORTUNA C. The Internet of Things：From data to insight[M]. London：John Wiley & Sons，2020.

[368] ForgeRock. Digital identity for consumers and workforce[EB/OL]. (2023-11-03)[2023-11-05]. https：//www.forgerock.com/.

[369] CAO J，CARMINATI B，FERRARI E，et al. Castle：Continuously anonymizing data streams [J]. IEEE Transactions on Dependable and Secure Computing，2010，8(3)：337-352.

[370] RUSSELL B，GARLATI C，LINGENFELTER D. Security guidance for early adopters of the Internet of Things (IoT) [EB/OL]. (2019-08-15)[2023-11-05]. https：//downloads.cloudsecurityalliance.org/whitepapers/Security_Guidance_for_Early_Adopters_of_the_Internet_of_Things.pdf.

[371] Trusted Computing Group. Guidance for securing iot using TCG technology，version 1.0，revision 21[EB/OL]. (2023-05-02)[2023-11-05]. http：//www.trustedcomputinggroup.org/wp-content/uploads/TCG_Guidance_for_Securing_IoT_1_0r21.pdf.

[372] SEITZ L，GERDES S，SELANDER G，et al. Use cases for authentication and authorization in constrained environments[EB/OL]. (2016-01-29)[2023-11-05]. https：//www.rfc-editor.org/rfc/pdfrfc/rfc7744.txt.pdf.

[373] SMITH I，BAILEY D. IoT Security Guidelines for Endpoint Ecosystem[R]. GSM Association，Tech. Rep.. 2016.

[374] SCHRECKER S，SOROUSH H，MOLINA J，et al. Industrial Internet of Things volume g4：security framework[EB/OL]. (2022-05-17)[2023-11-05]. https://iotsecuritymapping.com/wp-content/uploads/2022/05/IIC-Industrial-Internet-of-Things.pdf.

[375] US Department of Homeland Security. Strategic principles for securing the Internet of Things (IoT)[R]. 2016.

[376] ROSS R，MCEVILLEY M，OREN J C. NIST SP 800-160 systems security engineering：Considerations for a multidisciplinary approach in the engineering of trustworthy secure systems [EB/OL]. (2020-01-27)[2023-11-06]. https://tsapps.nist.gov/publication/get_pdf.cfm?pub_id =922194.

[377] ENISA. Baseline security recommen-dations for IoT in the context of critical information infra-structures[R]. 2017.

[378] 全国信息安全标准化技术委员会. 信息安全技术 物联网安全参考模型及通用要求：GB/T 37044—2018[S]. 北京：中国标准出版社，2018.

[379] ETSI. Cyber security for consumer Internet of Things：TS 103 645 V1.1.1[R]. 2019.

[380] 全国信息安全标准化技术委员会. 信息安全技术 网络安全等级保护基本要求：GB/T 22239—2019[S]. 北京：中国标准出版社，2019.

[381] 全国信息安全标准化技术委员会. 信息安全技术 网络安全等级保护测评要求：GB/T 28448—2019[S]. 北京：中国标准出版社，2019.

[382] 全国信息安全标准化技术委员会. 信息安全技术 网络安全等级保护安全设计技术要求：GB/T 25070—2019[S]. 北京：中国标准出版社，2019.

[383] BOECKL K，FAGAN M，FISHER W，et al. Considerations for managing Internet of Things (IoT) cybersecurity and privacy risks[EB/OL]. (2019-06-25)[2023-11-05]. https://nvlpubs. nist.gov/nistpubs/ir/2019/NIST.IR.8228.pdf.

[384] 全国信息安全标准化技术委员会通信安全标准工作组. 物联网安全标准化白皮书[R]. 2019.

[385] 杨明.物联网安全标准化现状[J].保密科学技术，2018，2018(09)：36-42.

[386] IETF. IPv6 over Low power WPAN (6LoWPAN)，RFC 6282[R/OL]. (2011-09-07)[2023-11-05]. https://www.ietf.org/rfc/rfc6282.txt.

[387] IETF. Constrained Application Protocol (CoAP)，RFC 7252[R/OL]. (2014-06-27)[2023-11-05]. https://www.ietf.org/rfc/rfc7252.txt.